新时代新理念职业教育（含技师教育）教材·铁道机车类

活页式、工作手册式新形态教材

电力机车控制

主　编　苏　桃　张婧靓

副主编　董燕英

主　审　高立明

北京交通大学出版社

·北京·

内容简介

本书内容主要以 SS_4 型、HXD_1 型、HXD_3 型电力机车为例，分别介绍电力机车工作原理、电力机车调速与电气制动、电力机车主电路、电力机车辅助电路、电力机车控制电路等方面的内容。为了提升学生的职业技能，本书还介绍了电力机车高、低压试验和电力机车应急故障处理办法。

本书除可作为职业院校铁道类相关专业的教材外，还可作为成人教育、职工培训教材，以及司机提职考试培训用书和有关技术人员的参考用书。

图书在版编目（CIP）数据

电力机车控制 / 苏桃，张婧靓主编. -- 北京 : 北京交通大学出版社，2024. 8.

ISBN 978-7-5121-5293-9

Ⅰ. U264.91

中国国家版本馆 CIP 数据核字第 2024RC8234 号

电力机车控制

DIANLI JICHE KONGZHI

策划编辑：刘　辉　　责任编辑：郭东青

出版发行：北京交通大学出版社　　电话：010-51686414　　http://www.bjtup.com.cn

地　　址：北京市海淀区高梁桥斜街 44 号　　邮编：100044

印 刷 者：艺堂印刷（天津）有限公司

经　　销：全国新华书店

开　　本：185 mm×260 mm　　印张：14　　字数：385 千字

版 印 次：2024 年 8 月第 1 版　　2024 年 8 月第 1 次印刷

印　　数：1～1 500 册　　定价：49.00 元

本书如有质量问题，请向北京交通大学出版社质监组反映。对您的意见和批评，我们表示欢迎和感谢。

投诉电话：010-51686043，51686008；传真：010-62225406；E-mail：press@bjtu.edu.cn。

前　言

“电力机车控制”是电力机车运用与检修专业的一门专业核心课程，是培养电力机车乘务人员与检修人员技能与理论知识的一门必修课程。我们以“电力机车运用与检修专业人才培养方案”和课程标准为依据编写了本书。本书采用项目引领、任务驱动的教学模式编写，先提出任务目标，然后对任务中涉及的相关知识进行阐述，并通过实操练习让学生更好地掌握该项技能。

电力机车电路的识读是电力机车司机、学习司机应该掌握的一项重要内容，是机车运行过程中司机预防并排除机车线路故障的必备知识，本书以 SS_4 型、HXD_1 型、HXD_3 型电力机车为例，分别介绍电力机车工作原理、电力机车调速与电气制动、电力机车主电路、电力机车辅助电路、电力机车控制电路等方面的内容，还介绍了电力机车高、低压试验和电力机车应急故障处理办法。本书采用活页式教材的形式，可根据授课需求灵活使用。书中*号的内容为选学。

本书由多年从事电力机车运用与检修专业教学的教师与多年从事现场实际工作的工程技术人员合作编写，数字资源丰富，有与教材配套的 PPT 和授课的视频或微课，是一本既适合理论教学，又贴近生产实际的教材，具有很强的实用性。本书可作为大、中专院校相关专业学生的学习用书，也可作为各级企业培训相关技术人员的培训用书。

本书由太原铁路机械学校高立明担任主审，太原铁路机械学校苏桃和太原铁路机械学校张婧靓担任主编，太原铁路机械学校董燕英担任副主编。太原铁路机械学校张婧靓编写项目 1、项目 2，太原铁路机械学校苏桃编写项目 3、项目 4、太原铁路机械学校韩培智编写项目 5、项目 6，太原铁路机械学校杜凯伦编写项目 7、项目 8，太原铁路机械学校董燕英编写项目 9、项目 10、项目 11。

本书在编写过程中得到了中国铁路太原局集团有限公司机务处、湖东电力机务段、侯马北机务段、太原机务段的大力支持，对这些单位在校企合作中所做出的突出贡献表示诚挚的谢意。

由于编者水平和时间有限，书中难免有缺陷和不足，恳请读者对书中不妥之处进行批评指正。

编　者

2024 年 5 月

目　录

项目 1　电力机车概述……1

任务 1.1　电力机车发展历程……1
任务 1.2　电力机车工作原理……6

项目 2　电力机车调速与电气制动……14

任务 2.1　交—直型电力机车的调速方法……15
任务 2.2　交—直型电力机车的相控调压……19
*任务 2.3　提高交—直型电力机车功率因素的方法……23
任务 2.4　交—直—交型电力机车的调速……26
*任务 2.5　四象限整流器……30
任务 2.6　电力机车电气制动……35

项目 3　SS_4 型电力机车主、辅电路……42

任务 3.1　SS_4 型电力机车主电路……43
任务 3.2　SS_4 型电力机车辅助电路……55

项目 4　SS_4 型电力机车控制电路……61

任务 4.1　联锁方法与重联电路……62
任务 4.2　SS_4 型电力机车（非 LCU 车）控制电路……65
任务 4.3　逻辑控制单元……100
任务 4.4　DC110 V 电源柜……106
任务 4.5　电子控制柜……108

项目 5　SS_4 型电力机车电气试验及应急故障处理……111

任务 5.1　SS_4 型电力机车低压试验的组织与实施……111
任务 5.2　SS_4 型电力机车高压试验的组织与实施……117
任务 5.3　SS_4 型电力机车应急故障处理……120

项目 6　HXD_1 型电力机车主、辅电路……130

任务 6.1　概述……130
任务 6.2　HXD_1 型电力机车主电路……132
任务 6.3　HXD_1 型电力机车辅助电路……137

项目 7　HXD_1 型电力机车微机网络控制系统 …… 140

任务 7.1　HXD_1 型电力机车微机网络控制系统概述 …… 140
任务 7.2　TCN 列车通信网络 …… 142
任务 7.3　机车控制功能 …… 144

项目 8　HXD_1 型电力机车电气试验及应急故障处理 …… 152

任务 8.1　HXD_1 型电力机车试验组织与实施 …… 152
任务 8.2　HXD_1 型电力机车应急故障处理 …… 158

项目 9　HXD_3 型电力机车主、辅电路 …… 164

任务 9.1　概述 …… 165
任务 9.2　HXD_3 型电力机车主电路 …… 167
任务 9.3　HXD_3 型电力机车辅助电路 …… 173

项目 10　HXD_3 型电力机车微机网络控制系统 …… 181

任务 10.1　概述 …… 181
任务 10.2　TCMS 和微机显示屏 …… 183
任务 10.3　网络控制系统 …… 190
任务 10.4　机车控制电路 …… 194

项目 11　HXD_3 型电力机车电气试验及应急故障处理 …… 207

任务 11.1　HXD_3 型电力机车低压试验的组织与实施 …… 207
任务 11.2　HXD_3 型电力机车高压试验的组织与实施 …… 210
任务 11.3　HXD_3 型电力机车应急故障处理 …… 213

参考文献 …… 218

注：*为选学内容。

项目1　电力机车概述

项目导读

电力机车是一种通过外部接触网或钢轨供给电能，由牵引电动机驱动的现代化牵引动力设备，其包括铁路运输中牵引车列的电力机车和担任客运任务的城际电动车组，以及城市交通运输中的地下铁道电动车组、无轨电车等。我们这里讨论铁路运输中牵引车列的电力机车。

本章主要介绍国内外电力机车的发展历程、电力机车的分类、电力机车的特点及优越性，以及电力机车牵引控制系统的概念。

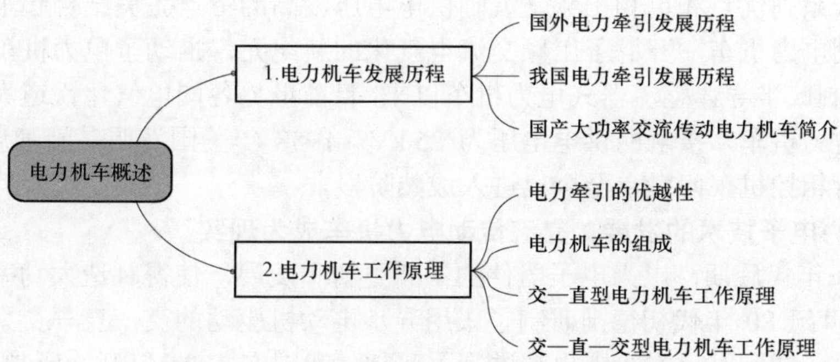

任务 1.1　电力机车发展历程

任务说明

自 1879 年 5 月 31 日德国西门子和哈尔斯克公司在柏林举办的世界博览会上展出世界第一条长约 300 m 的电气化铁路以来，电力牵引已有一百多年的历史。

自 1958 年试制成功第一台电力机车以来，在 60 多年的发展历程中，我国电力牵引发展经历了四个阶段，形成了四代产品。第一代，二极管全波整流和调压开关调幅式有级调压；第二代，调压开关粗调和晶闸管相控微调相结合的级间平滑调压；第三代，多段桥晶闸管相控无级调压；第四代，变频调速交流传动系统。

通过学习，了解国内外电力机车的发展历程。

任务目标

- 了解国外电力牵引的发展。
- 了解国内电力牵引的发展。
- 了解国产和谐系列大功率电力机车的应用情况。

内容讲解

1.1.1 国外电力牵引发展历程

1. 电力牵引发展初期，直流制电力机车的应用

在电力机车发展初期，世界各国电气化铁道大部分采用的都是直流制电力机车，另外也有一部分三相交流制和单相低频制电力机车。由于当时科学技术条件的制约，直流制电力机车供电电压不高，三相交流制接触网设备过于复杂，单相低频制电力机车又需要单独的供电电网，因此电力机车早期发展速度较慢。

2. 单相工频交—直流制电力机车的迅速发展

为了克服直流电力机车接触网电压低的缺点，1904 年瑞士开始采用单相交流制电力机车，用以提高接触网供电电压。但因工频电源使牵引电动机换向困难，所以采用单相低频交流制。1932 年匈牙利试验成功了单相工频交流电力机车，引起世界各国的重视，而后德国、法国相继进行研制，1950 年法国试制了引燃管整流器式电力机车，从而使直流制电力机车中牵引电动机的一系列优点和单相工频交流制供电电压较高的特点完美结合起来，形成了单相工频交—直流制电力机车，开辟了工频交流电气化的新纪元，推动了电力机车的迅速发展。从 1960 年德国制成半导体整流器式电力机车以来，目前世界各国电气化铁道大部分已采用单相工频交流制电力机车，接触网供电电压为 25 kV。1958 年美国发明晶闸管后，20 世纪 60 年代中期晶闸管相控机车问世，至今已进入成熟阶段。

3. 随着电力电子技术的发展，交流传动电力机车成为现实

20 世纪 60 年代后期，电力电子器件的不断更新和发展，使得制造大功率机车用逆变器成为现实。20 世纪 80 年代初德国研制了采用异步电动机驱动的交—直—交型电力机车，英国、美国、苏联、法国、日本等国也都进行了研制。我国在 1991 年开始研制 4 000 kW 交流传动电力机车，1995 年完成组装，进入整机试验阶段，成为世界上少数能研制该机车的国家之一。交流传动电力机车简单、可靠，具有良好的防空转性能、牵引特性和制动特性。这些均预示着机车性能的深刻变革，因而成为电力牵引的发展方向。

1.1.2 我国电力牵引发展历程

1. 国产第一代电力机车

1949 年以前中国基本没有电气化铁路。新中国成立后，从 1958 年 6 月起，对宝成铁路（宝鸡—成都）进行了电气化改造工程。1961 年 8 月 15 日宝鸡—凤州段 91 km 电气化铁路通车。为满足新建宝成铁路采用电力牵引的需要，铁道部田心机车车辆工厂（现中车株洲电力机车有限公司）在湘潭电动机厂等单位的协助下，以苏联 H60 型电力机车为基础，试制国产电力机车。1958 年 12 月 28 日第一台电力机车试制成功，并定型为 $6Y_1$ 型机车（“6Y”型号中的“6”代表机车有 6 根车轴，“Y”代表采用引燃管整流，“1”代表第一种型号）。$6Y_1$ 型机车设计为客、货两用干线电力机车，采用低压侧调压开关调压，引燃管整流，C_0—C_0 轴列式，机车持续功率 3 410 kW，最大速度 100 km/h。由于引燃管整流器、牵引电动机、调压开关等关键部件存在技术和质量问题，虽经技术改进，先后试制了 7 台 $6Y_1$ 型电力机车，但未能投入批量生产。

随着我国电力电子工业的发展，大功率整流三极管开始进入工程实用阶段，为机车电传动技术的发展提供了必要条件。在 $6Y_1$ 型电力机车基础上，我国第一代有级调压、交—直传

动电力机车 SS_1 型电力机车于 1968 年试制成功，1969 年开始小批量生产。SS_1 型电力机车采用调压开关对变压器牵引绕组进行有级调压，有 33 个调压级位；主整流器采用中抽式全波整流电路；C_0—C_0 轴列式，机车的持续功率提高到 3 780 kW，最高运行速度 90 km/h。至 1978 年止，SS_1 型电力机车共经历了 3 次重大技术改造，并最终成为我国电气化铁路干线的第一代（有级调压，交—直传动）主型电力机车，为我国电力机车的发展奠定了坚实的基础。

1969 年，田心机车车辆工厂在吸取苏联 $6Y_1$ 型电力机车大量先进技术的基础上进行设计制造，试制了一台 SS_2 型电力机车。SS_2 型电力机车采用高压侧调压开关 32 级调压，硅整流器整流和弹性齿轮驱动，C_0—C_0 轴列式，持续功率 4 440 kW，最高速度 100 km/h。虽然由于相关技术限制当时还不具备批量生产的条件，SS_2 型电力机车并未投入正式运营，但为我国直流传动电力机车的发展积累了宝贵的经验。

2. 国产第二代电力机车

可控型器件——晶闸管的出现，使机车电传动技术跨上了一个新台阶。为满足宝成铁路运营需要，1972 年，我国从法国进口了 42 台 6G 型电力机车。1978 年，在学习 6G 型电力机车先进技术和总结 SS_1、SS_2 型电力机车成熟经验的基础上，由株洲电力机车厂和株洲电力机车研究所共同研制的 SS_3 型 001 号电力机车获得成功，并开始投入小批量生产。SS_3 型电力机车采用了牵引变压器低压侧调压开关 8 级调压与级间晶闸管相控调压相结合的平滑调压调速新技术；C_0—C_0 轴列式，持续功率 4 320 kW，最高速度 100 km/h；采用 2 级电阻制动；综合性能与 SS_1 型电力机车相比大幅提高。1988 年，SS_3 型电力机车开始大批量生产，成为我国第二代干线主型电力机车（级间相控调压、交—直传动）。此后，SS_3 型电力机车进行了多次技术改进，并在此基础上设计了固定重联的 SS_{3B} 型电力机车和由 SS_3 型电力机车经固定重联改造的 SS_{3C} 型电力机车。SS_3 型电力机车及其派生车型也成为中国当时运用最多的电力机车。

3. 国产第三代电力机车

随着大功率晶闸管性能的提高，相控技术成熟应用到机车电传动领域。

1985 年 9 月，SS_4 型电力机车试制成功。SS_4 型电力机车功率 6 400 kW，2（B_0—B_0）轴列式，最高速度 100 km/h。机车采用经济四段半控桥调压，两级电阻制动和恒速、恒励磁控制等技术，牵引制动性能优良，黏着利用充分。以此为开端，我国第三代（无级调压、交—直传动）主型电力机车系列逐步形成。

20 世纪 80 年代中后期，随着电气化铁路的大规模发展，我国分别从欧洲进口 150 台 8K 型电力机车、从日本进口 85 台 6K 型电力机车、从苏联进口 150 台 8G 型电力机车。通过学习进口机车的先进技术，我国第三代电力机车技术有了长足的进步。1993 年，株洲电力机车厂对 SS_4 型电力机车进行改造，采用不等分三段桥相控调压实现了相控无级调压，设有功率因数补偿，提高了机车的功率因数；采用恒流恒速特性控制保证机车平稳起动加速和恒速运行的牵引性能；采用架控方式有利于实现机车的轴重电气补偿；采用加馈电阻制动改善了机车低速时的电制动性能。在 SS_4 型电力机车的基础上，株洲电力机车厂还设计制造了采用微机控制的 SS_{4B} 型电力机车和 25 t 轴重的 SS_{4C} 型电力机车。SS_4 系列电力机车广泛用于大秦、朔黄等重载线路和京广、哈大等干线的货物列车牵引，成为我国主型货运电力机车。

1990 年，最高速度 140 km/h、功率 3 200 kW、B_0—B_0 轴列式的 SS_5 型客运电力机车 2 台样车下线。该机车采用了大功率晶闸管和整流管组成的两段桥相控调压、无级磁场削弱、再生制动、功率因数补偿和牵引电动机空心轴驱动等新技术，但由于可靠性等原因未能批量生产。

1990 年，为陇海铁路电气化国际招标设计的 SS_6 型电力机车试制成功。SS_6 型电力机车功率 4 800 kW，最高速度 100 km/h，C_0—C_0 轴列式，采用两段桥相控调压、功率补偿、加馈电阻制动、高压牵引电动机等技术，于 1991 年开始批量生产。在 SS_6 型电力机车基础上，株洲、大同工厂还设计制造了 SS_{6B} 型电力机车，用于陇海（兰州—连云港）、京广（北京—广州）和宝成等铁路客货列车牵引。

在吸收进口 6K 型电力机车技术的基础上，为满足山区铁路小半径曲线区段牵引需要，采用 B_0—B_0—B_0 轴列式的 SS_7 型电力机车于 1992 年在大同机车工厂（现中车大同电力机车有限责任公司）试制成功。SS_7 型电力机车功率 4 800 kW，最高速度 100 km/h，采用两段桥相控调压、功率补偿、再生制动和全叠压片复励牵引电动机等技术，用于南昆铁路列车牵引。在此基础上，大同厂设计制造了 25 t 轴重的 SS_{7B} 型电力机车，满足 120 km/h 旅客列车牵引需要的 SS_{7C} 型电力机车和最高运行时速 170 km 的 SS_{7D} 型电力机车。此外，还设计制造了采用 C_0—C_0 轴列式、最高运行速度 170 km/h 的 SS_{7E} 型电力机车。SS_7 系列电力机车采用的转向架模式和牵引电动机架悬轮对空心轴驱动装置，使其能够较好地满足山区线路货运列车、提速列车和干线提速列车的牵引需求。

为发展我国快速客运电力机车技术，1994 年试制成功 2 台最高速度 170 km/h 的 SS_8 型客运电力机车。SS_8 型客运电力机车功率 3 200 kW，B_0—B_0 轴列式，采用 900 kW 半叠片空心轴牵引电动机，采用不等分三段桥相控调压电路，具备微机控制的恒流准恒速控制特性。1998 年 6 月 24 日，SS_8-0001 电力机车在京广线许昌—小商桥间最高试验速度达到 239.7 km/h，创造了中国铁路机车当时的最高试验速度。SS_8 型客运电力机车于 1997 年开始批量生产，用于京广（北京—广州）、广深（广州—深圳）等线路的旅客列车牵引。

SS_9 型客运电力机车于 1998 年 12 月 26 日完成研制。机车持续功率为 4 800 kW，最高运行速度 170 km/h，C_0—C_0 轴列式，采用不等分三段半控桥相控调压电路，具备微机控制的恒流准恒速控制特性，并具备向旅客列车车厢供电功能。自 0044 号机车起，SS_9 型客运电力机车进行了重大技术改进。SS_9 型客运电力机车主要用于干线提速列车、直达特快列车的牵引，是我国铁路第五次大面积提速的主力车型。表 1-1 为国产韶山（SS）系列电力机车一览表。

表 1-1　国产韶山（SS）系列电力机车一览表

产品	年份	机型	轴列式	功率/kW	速度/（km/h）	传动方式
第一代	1968	SS_1	C_0—C_0	3 780	90	开关有级低压侧调压，交—直传动
	1969	SS_2	C_0—C_0	4 440	100	开关有级高压侧调压，交—直传动
第二代	1978	SS_3	C_0—C_0	4 320	100	级间平滑调压，交—直传动
第三代	1985	SS_4	2（B_0—B_0）	6 400	100	相控调压，交—直传动
	1990	SS_5	B_0—B_0	3 200	140	相控调压，交—直传动
	1991	SS_6	C_0—C_0	4 800	100	相控调压，交—直传动
	1992	SS_7	B_0—B_0—B_0	4 800	100	相控调压，交—直传动
	1992	SS_{3B}	C_0—C_0	4 320	100	相控调压，交—直传动
	1993	SS_4	2（B_0—B_0）	6 400	100	相控调压，交—直传动
	1994	SS_8	B_0—B_0	3 200	170	相控调压，交—直传动
	1995	SS_{6B}	C_0—C_0	4 800	100	相控调压，交—直传动
	1997	SS_{4C}	2（B_0—B_0）	6 400	100	相控调压，交—直传动
	1998	SS_9	C_0—C_0	4 800	170	相控调压，交—直传动

4. 国产第四代电力机车

大功率电力电子器件性能的不断提高和微机控制技术的发展，在使相控机车走向成熟的同时，也为现代交流传动技术的发展提供了必要条件。交流传动是当今世界高速、重载机车技术的发展趋势，也是我国第四代电力机车的典型特征。

20 世纪 70 年代起，我国就开始了对交流传动技术的跟踪研究。1996 年，我国首台干线交流传动电力机车原型车——AC4000 型电力机车试制成功，该机车功率 4 000 kW，最高速度 120 km/h，B_0—B_0 轴列式，但未投入批量生产。

在 AC4000 型样车的基础上，株洲、大同、大连等工厂又试制了 DJ 型、DJ_1 型、DJ_2 型、DJ_3 型等机车。2001 年，株洲电力机车厂与德国西门子公司合作生产了 20 台 DJ_1 型双机重联货运电力机车，先后用于宝成、大秦铁路。

2003 年铁道部根据国家经济发展的总体需求，提出跨越式发展的总体思路，进而提出中国的机车车辆装备现代化及装备制造业现代化。在铁路技术装备跨越式发展的形势下，交流传动技术的发展开始进入“快车道”，通过技术引进、消化吸收和再创新，加速了我国机车电传动技术从直流传动到交流传动的重大技术变革。

2004 年 4 月国务院印发《研究铁路机车车辆装备有关问题的会议纪要》，明确了“引进先进技术、联合设计生产、打造中国品牌”的基本原则，确定了引进少量原装、国内散件组装和国内生产为主的项目运作模式。根据“先进、成熟、经济、适用、可靠”的技术方针，铁道部起动了铁路动车组和大功率机车项目。在此背景下，中国中车集团与国外企业合作，引进先进技术，起动了国产化的新一代交流传动货（客）运机车——和谐系列电力机车的研制和生产。和谐系列电力机车的投入运用，标志着我国电气化铁路牵引动力达到了世界先进水平。

1.1.3 国产大功率交流传动电力机车简介

HXD_1 型电力机车由株洲电力机车有限公司与德国西门子公司联合设计制造，消化吸收了德国西门子公司先进的“欧洲短跑手”系列电力机车设计与制造技术。HXD_1 型电力机车具有交流传动牵引系统，由两节相同的 4 轴机车重联组成，最高运行速度 120 km/h，2(B_0—B_0)轴列式。机车总功率 9 600 kW，轴重 23 t（加压铁后 25 t），电制动方式为再生制动。HXD_1 型电力机车用于大秦铁路重载列车牵引，满足大秦线煤炭年运 4 亿 t 牵引要求。

HXD_2 型电力机车由大同电力机车有限责任公司与法国阿尔斯通公司联合设计制造，消化吸收了阿尔斯通公司 PRIMA 系列电力机车设计与制造技术，并充分考虑了中国铁路重载运输和实际环境、驾驶操控特性和信号特点。HXD_2 型电力机车具有交流传动牵引系统，由两节相同的 4 轴机车重联组成，最高运行速度 120 km/h，2（B_0—B_0）轴列式。机车总功率为 10 000 kW，轴重 23 t（加压铁后 25 t），电制动方式为再生制动。HXD_2 型电力机车也用于大秦铁路重载列车牵引，满足大秦线煤炭年运量 4 亿 t 牵引要求。

HXD_3 型电力机车由大连机车车辆有限公司和日本东芝公司联合设计制造。HXD_3 型电力机车具有交流传动牵引系统，为采用 C_0—C_0 轴列式的 6 轴机车，最高运行速度 120 km/h，机车总功率 7 200 kW，轴重 23 t（加压铁后 25 t），电制动方式为再生制动。HXD_3 型电力机车用于干线货物列车的牵引，可在平原线路牵引 6 000 t 重载货物列车。在此基础上，株洲电力机车有限公司、大同电力机车有限公司和大连机车车辆有限公司又设计生产出轴功率 1 600 kW、C_0—C_0 轴列式、最高运行速度 120 km/h 的 6 轴 9 600 kW 的 HXD_{1B} 型、HXD_{2B} 型、HXD_{3B} 型大功率交流传动电力机车，轴功率 1 200 kW、C_0—C_0 轴列式，最高运行速度 120 lm/h

的6轴7 200 kW的HXD_{1C}、HXD_{2C}、HXD_{3C}型大功率交流传动电力机车，以及轴功率1 200 kW、C_0—C_0轴列式，最高运行速度160 km/h的6轴7 200 kW的HXD_{1D}、HXD_{3D}型大功率交流传动客运电力机车。

为满足中国铁路运输及经营发展要求，提高铁路运输服务品质，充分利用既有运输资源和机车、客车的检修资源，2015年在国家铁路集团有限公司和中车集团统一指挥下开始研制生产时速160 km的动力集中动车组。目前，时速160 km的动力集中动车组已正式投入商业运营，并已正式纳入“复兴号”序列，将逐步全面取代普速线路既有机车车辆。时速160 km的动力集中动车组动力车是在HXD_{1G}八轴交流传动快速客运电力机车基础上进行设计的，机车轴重20 t，总功率5 600 kW，运营速度160 km/h，构造速度210 km/h。

表1–2为和谐（HXD）系列电力机车型号一览表。

表1–2 和谐（HXD）系列电力机车型号一览表

型号	轴列式	功率/kW	速度/（km/h）	用途	生产厂家
HXD_1	2（B_0—B_0）	9 600	120	货运	中车株洲电力机车有限公司、德国西门子公司、中车大同电力机车有限公司、中车资阳机车有限公司
HXD_{1B}	C_0—C_0	9 600	120	货运	
HXD_{1C}	C_0—C_0	7 200	120	货运	
HXD_{1D}	C_0—C_0	7 200	160	货运	
HXD_2	2（B_0—B_0）	10 000	120	货运	中车大同电力机车有限公司、法国阿尔斯通公司
HXD_{2B}	C_0—C_0	9 600	120	货运	
HXD_{2C}	C_0—C_0	7 200	120	货运	
HXD_3	C_0—C_0	7 200	120	货运	中车大连机车车辆有限公司、日本东芝公司、加拿大庞巴迪公司、中车大同电力机车有限公司、中车北京二七机车有限公司
HXD_{3B}	C_0—C_0	9 600	120	货运	
HXD_{3C}	C_0—C_0	7 200	120	货运	
HXD_{3D}	C_0—C_0	7 200	160	货运	

课后讨论与复习题

1. 简述我国四代电力机车的技术特点。
2. 列出HXD_1型电力机车主要技术参数。
3. 列出HXD_2型电力机车主要技术参数。
4. 列出HXD_3型电力机车主要技术参数。

任务1.2 电力机车工作原理

任务说明

一般来说，电力机车是本身不带原动机，靠升起的受电弓接收接触网送来的25 kV交流电流作为能源，经机车内部一系列变换环节后向机车的牵引电动机提供电源，由牵引电动机通过传动装置驱动机车的车轮转动，从而产生牵引力的一种动力装置。电力机车具有功率大、速度高、效率高、过载能力强等优点。通过学习，了解电力机车的组成和工作过程，知道交—直型电力机车和交—直—交型电力机车的工作原理。

任务目标

- 了解电力牵引控制系统的概念。
- 了解电力牵引系统的组成及电力牵引的特点。
- 了解电力机车的分类，了解国外电力牵引的发展。

内容讲解

1.2.1 电力牵引的优越性

1. 电力机车的特点

在各种牵引动力中，电力机车与蒸汽机车、内燃机车的根本不同在于它牵引列车时所需的能量不是由机车本身产生的，而是通过接触网（或其他供电装置）供给的，这种机车称为非自给式机车。而蒸汽机车、内燃机车在牵引列车时所需要的能量，则是由机车本身装载的燃料（如煤、柴油等）燃烧产生的，这种机车称为自给式机车。电力机车与其他机车这种根本的区别，客观上决定了它取用能量的多样性。对于自给式机车来说，只有机车上储存的燃料，才能作为它能量的来源，这就表现出它取用能量的单一性。但对于电力机车来说它所需要的电能可以由一切形式的能量转换而来，例如可以由热力、水力、天然气甚至地热、原子能、太阳能、核能等转换而来，即只要有相应的发电站，便可以利用相应的能量。这种取用能量的非自给性，使得电力机车具有一系列特点。

（1）功率强大。现代铁路运输的发展，要求机车具有强大的功率。由于电力机车是非自给式机车，没有燃料储备，因而在同样的机车质量下，其功率要比自给式机车大。机车按单位质量所具有的功率称为比功率，这是衡量机车技术水平的一个标志。目前，电力机车的比功率一般达到 40～60 kW/t，而较好的内燃机车，其功率也只有 25～30 kW/t。按每轴功率来说，交—直型电力机车已达到 900 kW，交流传动机车最高已达到 1 600 kW（中国的和谐型电力机车），而较好的内燃机车的每轴功率仅为 440～580 kW。从整台机车来说，电力机车的轮周功率最高已达 9 600 kW 甚至 10 000 kW，而我国生产的大功率内燃机车的最高功率仅为 4 800 kW。

（2）速度高。提高机车运行速度是铁路运输的一个重要方面。由于电力机车功率大，因而可以获得较高的速度。目前，客运电力机车运行速度已可达到 250 km/h，货运电力机车也可达到 120 km/h。随着新型电力机车的不断出现，机车运行速度将进一步提高。法国的电力机车在试验线路上的速度已达到 331 km/h，TGV 电动车组试验速度为 574.8 km/h。1995 年，代表我国机车工业赶超世界先进水平的 SS_8 型准高速电力机车下线，在环行道上创造了 212.6 km/h 的最高速度，1998 年 6 月又在京广线郑武段上创造了 240 km/h 的试验速度。代表世界铁路最高速度等级的我国京津城际高速铁路和武广高速客运专线的高速电动车组运营速度已经达到了 350 km/h。

（3）效率高。机车效率的高低直接影响到铁路运输的经济指标。对于自给式机车来说，每台机车的平均热效率实际上是基本固定的，例如，蒸汽机车的平均热效率为 8%～10%，内燃机车的平均热效率为 25%左右。电力机车本身的效率是很高的，但考虑到整个电力牵引系统，其平均热效率则是不固定的，它与供电系统的电能来源有关：在由水力发电站供电的情况下，电力牵引的效率可达到60.7%；在由高参数火力发电站供电时，其热效率为 25%左右；在由低参数火力发电站供电时，其热效率为 16%～18%。由此可见，在电力牵引的电能平均来自各种电站的情况下，其热效率要高于内燃机车和蒸汽机车。

（4）过载能力强。机车在起动、牵引重载列车和通过困难区段时，具有一定的过载能力是十分重要的。自给式机车的过载能力受两方面的限制，一方面受机车发动机（如蒸汽机、内燃机车的牵引发电动机或液力变扭器）过载能力的限制，另一方面又受机车所带的能量装置（如锅炉、柴油机）过载能力的限制。对于非自给式电力机车，其能量来自较强大的供电系统，因而机车的过载能力是较高的。

2. 电力机车的优越性

由于电力机车具有上述一系列特点，故在铁路运输中显示出很强的优越性和良好的营运效果。根据电力机车的运行经验，其优越性表现在下述几个方面。

（1）运输能力强。电力机车功率大、速度高，最符合铁路货运重载的要求，可以提高牵引定数，缩短区间运行时间，从而使线路通过能力大大提高，其完成铁路运量的效果更为显著。法国、日本等国的电气化铁路里程占全国总里程的 30%～40%，但完成铁路运量达到全国总运量的 52%～83%。我国宝成铁路实现电气化后，完成的货运量为蒸汽机车牵引的 3 倍。1980 年开通的宝天电气化铁路，牵引定数由双机 2 600 t 提高到 3 250 t，年运输能力由 5.7×10^6 t 提高到 1.4×10^7 t。有资料表明，1 条电气化铁路的运输能力，相当于 1.5 条内燃机车或 3 条蒸汽机车牵引铁路的运输能力。此外，电力牵引还不受外界条件的限制，在山区和高寒地区较蒸汽机车和内燃机车更为优越。

（2）经济效益显著。电力机车的检修周期长，检修工作量小，从而减少了维修费用和人力，使机务成本大大降低。据宝鸡电力机务段统计，电力牵引的成本仅为蒸汽机车牵引成本的 56%。仅石家庄电力机务段的 48 台电力机车，一个月即可节约 43.8 万元。有资料表明，电力机车牵引万吨公里能耗仅为内燃机车牵引的 2/3，为蒸汽机车牵引的 1/3。此外，由于电力机车整备作业少，适合长交路行驶，这样就可以减少机务段的数目，实现长交路轮乘制改革，使机车乘务人员和使用的机车台数也相应减少，劳动生产率大大提高。

（3）能源利用合理。电力牵引的能源可以来自多方面，因而采用电力牵引可以合理地利用能源，特别是可以利用丰富而廉价的水力资源和天然气资源。即使由火力发电站供电，发电站也可以使用质量较差的煤作燃料，而蒸汽机车则要消耗优质煤。

使用电力牵引时，燃料的消耗也较蒸汽机车和内燃机车低得多。我国宝成铁路使用电力牵引代替蒸汽牵引后，每年可节省优质煤几百万吨。在第二次世界大战后，由于石油价格低廉，一些国家采用以内燃牵引为主的方针，但随着工业及国防对石油需求的日益增加，特别是 20 世纪 70 年代以来，世界性石油短缺使石油价格暴涨，各国对铁路电力和内燃牵引重新进行了经济评价，电力牵引受到青睐。因而日本、法国、德国等发达国家都趋向发展电气化铁路和电力牵引。

（4）有利于环境保护。蒸汽机车和内燃机车工作时，均要排出大量的煤烟和有害气体，从而造成空气污染。使用电力牵引则消除了这种情况，有利于环境保护。特别是在机车运行中，当机车进入市区和人口稠密地区时，电力机车的噪声干扰也大大低于蒸汽牵引和内燃牵引，从而改善了乘务人员的劳动条件和铁路沿线居民的生活环境。因此，使用电力牵引的交通工具被誉为绿色大众交通。

（5）提高了行车安全性。宝成铁路实现电气化后，列车正点率大幅度提高，1962—1964年的正点率为 98.2%，以后一直保持着较高的水平。电力牵引装有电气制动，提高了长大坡道上的运行速度，保证了行车安全，解决了由蒸汽牵引带来的大量车辆、轮、轴等事故，并且大大减少了因使用空气制动而产生的闸瓦熔化引起的火灾事故，因此电力牵引使行车更安全。

1.2.2 电力机车的组成

1. 什么是电力机车？

一般来说，电力机车是本身不带原动机，靠升起的受电弓接收接触网送来的 25 kV 交流电流作为能源，经机车内部一系列变换环节后向机车的牵引电动机提供电源，由牵引电动机通过传动装置驱动机车的车轮转动，从而产生牵引力的一种动力装置。图 1-1 所示是一台电力机车的外形。

图 1-1 一台电力机车的外形

2. 电力机车的组成与工作过程

一台电力机车的主要组成部分包括：高压电器部分，含受电弓、主断路器等；低压电器部分，含司机控制器、自动开关等；机械部分，含车体及转向架；变流器与牵引电动机。从图 1-2 中可以看出，其牵引传动系统主要由受电弓、主断路器、牵引变压器、牵引变流器、牵引电动机及其控制电路等构成。接触导线上的电流，经受电弓进入机车后再经过主断路器进入主变压器。交流电从主变压器的牵引绕组经过变流装置后，向牵引电动机供电，使牵引电动机产生电磁转矩，从而将电能转变为机械能，经过传动装置的传递，驱动机车动轮转动。其工作流程为：接触网电能—受电弓—主断路器—主变压器降压—变流器—牵引电动机传动装置—驱动轮对产生转矩—通过轮轨接触产生牵引力—牵引列车运行。

3. 电力机车的类型

电力机车按用途不同可分为客运电力机车、货运电力机车、客货混用电力机车和调车电力机车，按供电电流制—传动形式不同可分为直流牵引电动机的直—直型电力机车、直（脉）流牵引电动机的交—直型电力机车、三相交流异步电动机的交—直—交型电力机车以及三相交流同步电动机的交—交型电力机车。

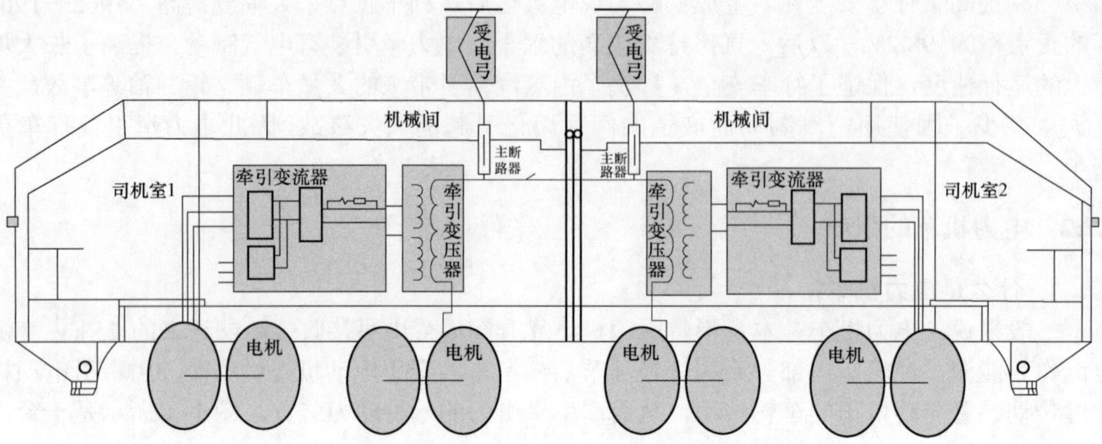

图 1–2 电力机车的牵引传动系统

1.2.3 交—直型电力机车工作原理

交—直型电力机车即整流器电力机车，其能量传递过程是：将接触网供给的单相工频交流电先经机车内部的牵引变压器降压，再经整流装置将交流电转换为脉动直流电，最后经平波电抗器后向直流（脉流）牵引电动机供电，从而产生牵引力，牵引列车运行。交—直型电力机车工作原理如图 1–3 所示。

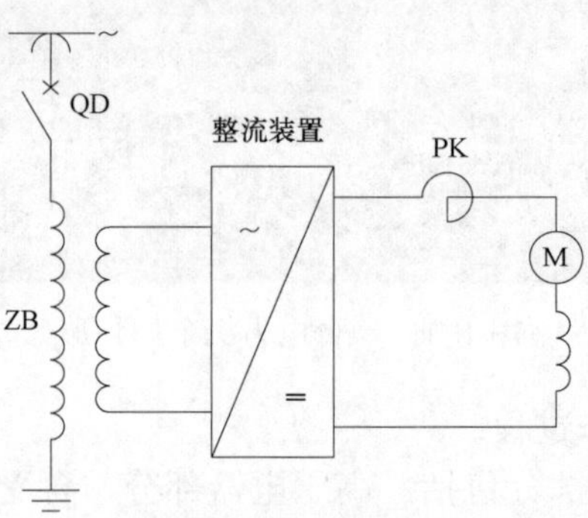

图 1–3 交—直型电力机车工作原理

因为牵引电动机取得的电能是经降压、整流获得的，故牵引电动机的端电压受牵引变压器整流电路的影响，其机车特性有别于直流电力机车。本书以不可控整流线路为例，分别介绍中点抽头式全波整流电路和桥式全波整流电路电力机车的工作原理和特点，并推导出具有普遍意义的机车特性。

图 1–4 为整流器电力机车的原理。单相交流电由接触网过受电弓引入牵引变压器的高压绕组，再经钢轨或回流装置流回牵引变电所。牵引变压器将电压降低后，经整流装置变换为直流电供给牵引电动机。

1．中点抽头式全波整流电路电力机车工作原理

在图 1–4（a）中，牵引变压器二次侧绕组分成 *oa*、*ob* 两段，其电压大小相等、方向相反。整流元件 D_1、D_2 的正极分别与二次侧绕组的 *a*、*b* 点相接，负极相互连接在一起。牵引电动机的一端与变压器二次侧绕组的中点相接，另一端经平波电抗器 PK 与整流电路的输出端即整流元件的负极相接。

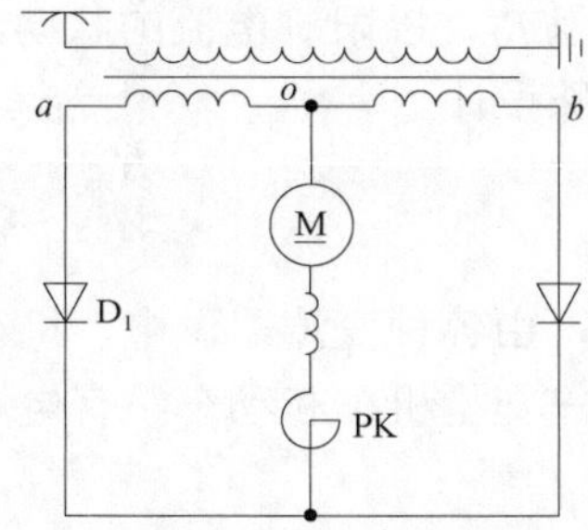

(a) 中点抽头式全波整流电路

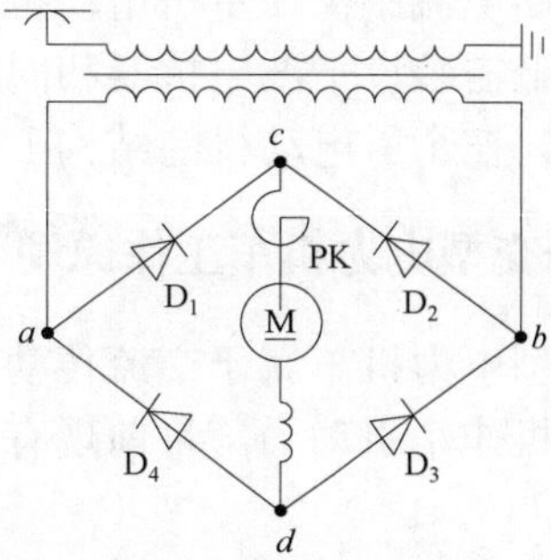

(b) 桥式全波整流电路

图 1-4 整流器电力机车的原理

电路正常工作，当变压器二次侧电压为正半周时，a 点为高电位，整流元件 D_1 导通，电流由 a 点经整流元件 D_1、平波电抗器 PK、牵引电动机 M 回到 o 点，构成一闭合回路。此时整流元件 D_2 因承受反向电压而截止。当变压器二次侧电压为负半周时，b 点为高电位，整流元件 D_2 导通，电流由 b 点经整流元件 D_2、平波电抗器 PK、牵引电动机 M 回到 o 点，构成一闭合回路。此时，整流元件 D_1 因承受反向电压而截止。

由此可知，在交流电压的正、负两个半周内，变压器二次侧绕组 oa、ob 段交替流过电流，而牵引电动机 M 中则流过连续不断且方向不变的电流，从而保证了直流（脉流）牵引电动机正常工作。

2. 桥式全波整流电路电力机车工作原理

在图 1-4（b）中，整流元件 D_1～D_4 接成一个电桥形式，变压器二次侧绕组接到 a、b 两点，牵引电动机 M 和平波电抗器 PK 接到 c、d 两点。

电路正常工作，在交流电压正半周时，a 点为高电位，整流元件 D_1、D_3 导通，整流电流由二次侧绕组 a 点经整流元件 D_1、平波电抗器 PK、牵引电动机 M、整流元件 D_3 回到二次侧绕组 b 点，此时整流元件 D_2、D_4 承受反向电压而截止。在交流电压负半周时，b 点为高电位，整流元件 D_2、D_4 导通，整流电流由 b 点经整流元件 D_2、平波电抗器 PK、牵引电动机 M、整流元件 D_4 回到 a 点，此时整流元件 D_1、D_3 因承受反向电压而截止。

由此可知，在交流电压的正、负半周内都有电流流过变压器二次侧绕组，但方向不同而牵引电动机 M 中始终流过方向不变的电流。

通过分析整流器电力机车的工作原理，可知其具有以下特点。

（1）整流器电力机车的变流过程在机车内完成，而直—直型电力机车的变流过程是在牵引变电所进行的，因此整流器电力机车是一个集变压、变流、牵引于一身的综合装置，不仅大大简化了牵引变电所的供电设备，而且由于采用交流供电，提高了接触网的供电电压，使一定功率的电能得以采用小电流输送。这样既可减小接触网导线的截面面积，节省有色金属用量，也可减少电能损耗，提高电力机车的供电效率。

（2）由于机车内设有变压器，调压十分方便，牵引电动机的工作电压不再受接触网电压的限制，可以选择最有利的工作电压，使牵引电动机的重量造价比降低，工作更为可靠。

（3）牵引电动机采用适合牵引的串励电动机，可以获得良好的牵引性能和起动性能。尤其起动时采用调节整流电压的方式，省略了起动电阻，不仅减轻了电气设备的重量，降低了起动能耗，而且改善了电力机车的起动性能，提高了机车的运行可靠性。

由于整流器电力机车整流装置的输出电压为一脉动电压，因而流过牵引电动机的电流是一脉动电流。脉动电流不仅使牵引电动机的损耗增加，而且使牵引电动机换向恶化，因此在整流器电力机车上需装设平波电抗器和固定分路电阻 R_0，以限制电流的脉动，改善电动机的工作条件。同时，在牵引电动机的结构上亦做了特殊设计。

1.2.4 交—直—交型电力机车工作原理

交—直—交型电力机车属于交流传动电力机车，由各种变流器供电，机车和动车组采用同步或异步电动机作牵引动力。目前现有的交—直—交型机车和动车组有电压型、电流型两种基本结构。

1. 具有异步牵引电动机电力机车的工作原理

现仅以电压型交—直—交变流器供电、三相异步电动机作牵引电动机的机车为例进行分析，电压型异步电动机电力机车原理如图 1-5 所示。

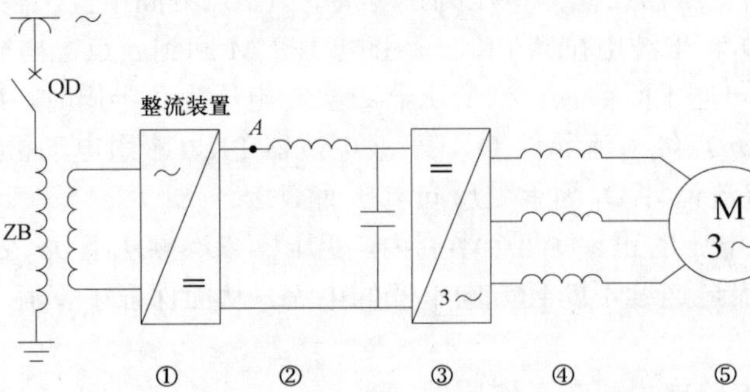

图 1-5　电压型异步电动机电力机车原理

机车在工作时，受电弓将网压引入机车变压器一次侧绕组，经变压器二次侧绕组降压后送入①环节，将交流电转换为脉动直流电，经②环节对 A 处的脉动进行平滑处理，送入③环节，将直流电逆变为电压和频率可调的三相交流电，经④环节平波电抗器，供给⑤环节三相异步牵引电动机，实现牵引运行。在这个系统中，机车先将电网的交流能量转换为直流能量，然后进一步转换成电压和频率可调的交流能量。

各环节的作用分述如下。

（1）整流电路，其基本作用是将交流电转换为直流电。其实现电路可以是不可控整流桥、相控整流桥、四象限脉冲变流器。

（2）直流环节滤波器，其基本作用是对 A 处的纹波（脉动）进行平滑处理，消除或减少谐波含量（5 次谐波），改善机车的功率因数。

（3）逆变器，用于将直流电变换为三相交流电，同时为了机车调速的需要，具有较宽的调频范围和调压范围，一般采用正弦波脉宽调制（PWM）。随着电力半导体器件（GTO）的开发，该环节可以采用电压相量控制技术（VVCPWM），降低电动机损耗，减少网压波动的影响。

（4）平波电抗器有三大作用：降低电动机、电缆中的高频成分，控制噪声传播，抑制电动机起动过程中的谐波分量，使频繁断开电动机电路时不损坏变频器，通过三相霍尔电流传感器对变频器输出端采取完善的短路保护措施。

该系统的工作特点如下。

（1）由于异步电动机无换向器，所以相同功率的异步电动机的重量轻、体积小，使机车转向架簧下部分重量相应减小，在机车通过曲线时，轮轨之间侧向压力也相应减小，这对高速行车尤为重要。同时，由于电动机体积减小，能选择更为合适的悬挂方式，简化了转向架结构。

（2）机车能发挥较高的输出功率。异步牵引电动机不存在换向问题，所以高速行车时电动机效率较高。同时，牵引电动机因无换向器，空间利用好，使机车功率得以进一步提高。再生制动时，它亦能输出较大的电功率。

（3）机车具有优异的牵引性能和制动特性。由于异步电动机具有很稳定的机械特性，因而有自然防空转和防滑行的性能，黏着利用好，既减少了轮箍踏面的损伤，同时又有利于提高列车的加速度，缩短机车起动和制动时间。

（4）简化了主线路。异步电动机的正、反转及牵引、制动状态的转换，通过机车控制电路就能实现，不需要改变主线路，所以机车主线路中的两位置转换开关可省去。

2. 具有同步牵引电动机电力机车的工作原理

同步电动机电力机车是一种交—交型电力机车，同步电动机电力机车工作原理如图 1-6 所示。

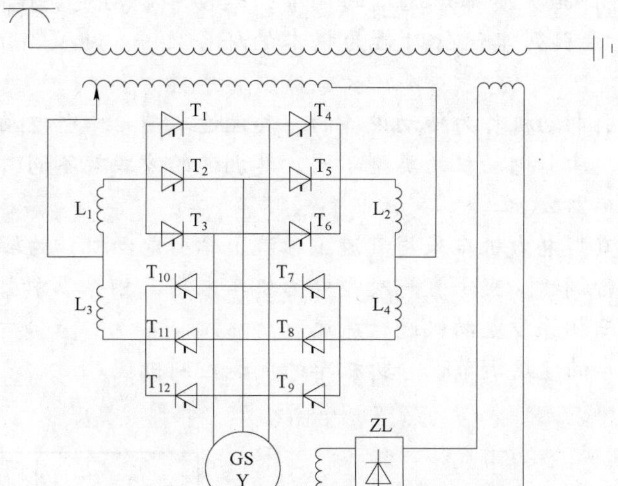

图 1-6　同步电动机电力机车工作原理

机车工作时，单相交流电由接触网经受电弓送入牵引变压器的高压绕组，再经轨道电路流回牵引变电所。接触网电压经变压器降压后送入变频变流装置。变频变流装置将单相交流电转换为三相交流电，供给三相同步电动机使用。同步电动机的励磁绕组由变压器的单独绕组供电，经整流装置，提供可调的直流电压。

变频变流装置利用两组反并联整流桥中可控制的触发电路，按一定相序使同步电动机三相绕组依次通电，从而使电动机的定子获得旋转磁场。改变变频变流装置的输出电压和频率，可以调节机车速度。同时，调节同步电动机的励磁电流也可实现机车调速。

与交流异步电动机电力机车相比，交流同步电动机电力机车没有中间环节，直接由变频变流装置将单相交流电变为三相交流电，因此结构简单，并能获得在工频电流下较宽的调频范围。但是，由于同步电动机仍有滑环和电刷装置，因此在结构、空间利用、维修等方面都不及异步电动机。

项目2 电力机车调速与电气制动

项目导读

电力机车作为电气化铁道的牵引动力，充分发挥其功率，提高运输能力显得尤为重要。机车的牵引力和速度可以在宽广的范围内均匀而经济地调节，成为必要条件。一般情况下机车牵引列车的整个过程是由停车状态开始，经过起动加速再逐渐提高速度，直到机车工作在其自然特性上，此后司机根据列车运行图的要求及线路纵断面的变化随时进行速度调节。进站停车前进行制动，降低机车速度，直至最后停车。列车的整个运行过程，情况虽然很复杂，但概括起来，却只存在起动、调速、制动几种基本的运行状态。这几种基本运行状态，其实质都是速度的调节，起动和制动是调速的两种特殊形式。因此，机车速度调节是牵引列车运行时最为根本的任务之一，也是完成运输任务的主要手段之一。

电力机车是以牵引电动机作为传动设备的，其调速本质是牵引电动机转速的调节。电力机车的类型不同、选用牵引电动机的类型不同，其调速的方式就不同，而调速方式又会影响机车的牵引性能和功率因数。

直—直型和交—直型电力机车采用直流（脉流）牵引电动机作为驱动电动机，其调速实质是对直流电动机进行调速。交—直—交型电力机车采用三相异步牵引电动机作为驱动电动机，其调速实质是对三相异步电动机进行调速。

本章着重学习机车的速度调节，分析机车的调速控制机理。

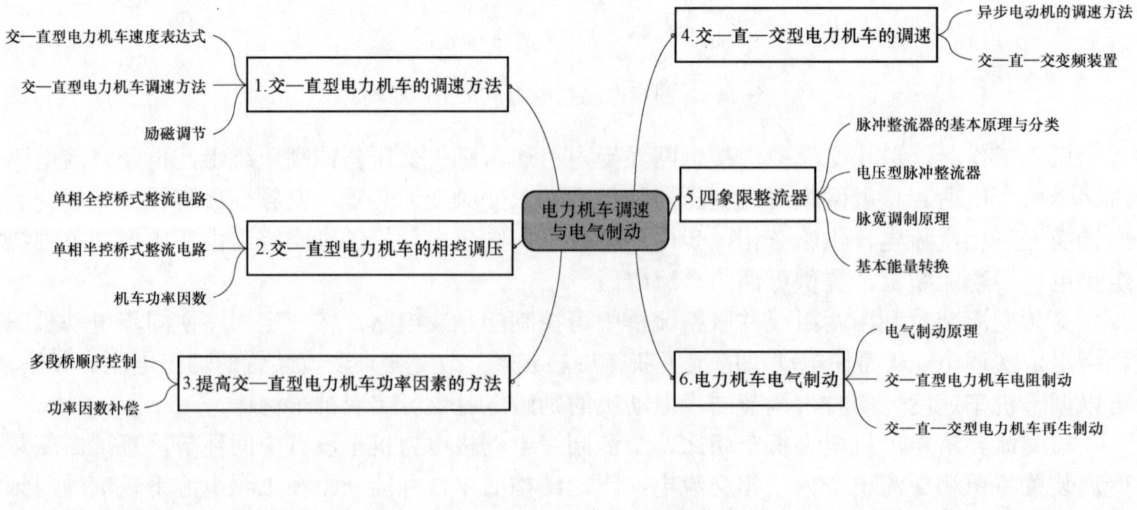

任务 2.1　交—直型电力机车的调速方法

任务说明

电力机车无论采用何种调速方式，从运行的角度出发，下列基本要求都必须得到满足：

（1）宽广的调速范围。只有具备宽广的调速范围才能满足列车运行速度不断提高的需要。

（2）冲击力小，牵引力变化平滑。速度调节应力求平稳，不间断牵引电动机的供电，并且有尽可能多的速度运行级，从而避免电流和牵引力的冲击。

（3）调速经济。在保证速度范围的情况下，附加设备要少，且尽量减少附加能量损耗。

（4）运行可靠，控制简单，操作方便。

通过学习，掌握电力机车的各种调速方法。

任务目标

- 能说出电力机车速度的表达方式。
- 能列举交—直型电力机车的三种调试方案，并总结特点。
- 能认识电阻分路法和晶闸管分路法的控制原理图。

内容讲解

2.1.1　交—直型电力机车速度表达式

直流传动（包括直—直型和交—直型）电力机车选用直流（脉流）牵引电动机作为牵引动力，其转速表达式为

$$n=\frac{U_d-I_aR_a}{C_e\Phi} \tag{2-1}$$

式中：U_d ——牵引电动机端电压（V）；

I_a ——牵引电动机电枢电流（A）；

Φ ——牵引电动机每极磁通（Wb）；

R_a ——牵引电动机电枢电阻（Ω）；

C_e ——电动势常数。

机车动轮周线速度（m/s）与电动机转速的关系为

$$v=\frac{\pi D}{60\mu_c}n$$

将电动机的转速 n 换算为机车的运行速度，可推导出机车速度（km/h）计算式为

$$v=\frac{60\pi D}{1\,000\mu_c}\,\mathrm{g}\,\frac{U_d\quad I_aR_a}{C_e\Phi}=\frac{U_d\quad I_aR_a}{C_v\Phi} \tag{2-2}$$

式中：C_v ——机车速度常数，$C_v=1\,000C_e\mu_c/60\pi D$；

D——机车动轮直径（m）；

μ_c——机车齿轮传动比。

2.1.2 交—直型电力机车调速方法

根据式（2–2）可知，交—直型电力机车的调速方案应有下列几种。

1. 改变牵引电动机电枢回路电阻

在牵引电动机电枢回路中串入起动调压电阻，通过改变电阻阻值来调节机车的速度。由于牵引电动机回路电压较高，电流较大，附加调节电阻的损耗会使牵引电动机效率降低，调速不经济，并且起动调压电阻本身分段，在调速过程中会造成机车牵引力有冲击。因此，在机车上并不采用这种调速方法。

2. 改变牵引电动机的端电压

现代直流电力机车如城轨电动列车、无轨电车，利用斩波的原理可以对牵引电动机的端电压进行连续、平滑的调节，实现调压调速。

在交—直型电力机车上，接触网电压需经牵引变压器降压和整流装置整流后，再供给牵引电动机。若调压在变压器环节，可通过改变变压器一次侧或二次侧绕组的匝数进行调压，称为变压器有级调压，国产 SS_1 型电力机车就采用低压侧有级调压方式；若调压在整流环节，利用晶闸管整流元件，通过改变晶闸管移相角调节整流输出电压，从而进行平滑无级调速，称为相控调压。国产交—直型电力机车除 SS_1 型、SS_2 型和 SS_3 型电力机车外均采用相控调压。

3. 改变磁通量

如果保持牵引电动机的端电压不变，则机车的速度随着磁通的减弱而提高，即所谓的磁场削弱调速。

交—直型电力机车，以调压调速为主，磁场削弱调速为辅。机车在额定速度以下采用调压调速，在额定速度以上采用磁场削弱调速。无论调节电压或调节磁通量，都不会产生附加的能量损耗，因而得到的速度级称为经济运行级。机车在经济运行级上可以长时间运行。

2.1.3 励磁调节

所谓励磁调节，就是通过调节流过牵引电动机的励磁电流，从而改变牵引电动机的主极磁通，达到调速的目的，亦称磁场削弱调速。一般情况下，要进行磁场削弱调速，必须是在牵引电动机端电压已达到额定电压，而牵引电动机电流比额定值小时实施。磁场削弱的目的是扩大机车的速度运行范围，充分利用机车功率。

1. 磁场削弱系数

磁场削弱系数用 β 表示，其定义是：在同一牵引电动机电枢电流下，磁场削弱后（削弱磁场）牵引电动机主极磁势与磁场削弱前（满磁场）牵引电动机主极磁势之比。其表达式为

$$\beta=\frac{(IW)_\beta}{(IW)_\mathrm{m}}\times 100\% \tag{2–3}$$

式中：$(IW)_\beta$ ——磁场削弱后主极磁势（A·匝）；

$(IW)_\mathrm{m}$ ——磁场削弱前（满磁场）主极磁势（A·匝）。

磁场削弱系数表明牵引电动机主极磁势削弱的程度。β 越小，表明磁场削弱越深。当电动机磁路不饱和时，可以用磁通代替磁势。

2. 磁场削弱方法

交—直型电力机车采用保持励磁绕组匝数不变，通过对励磁绕组分流，使牵引电动机电枢电流中的一部分流过励磁绕组，以实现磁场削弱。

（1）电阻分路法。在励磁绕组的两端并联电阻对励磁电流进行分路，从而达到削弱磁场的目的，如图 2–1 所示。

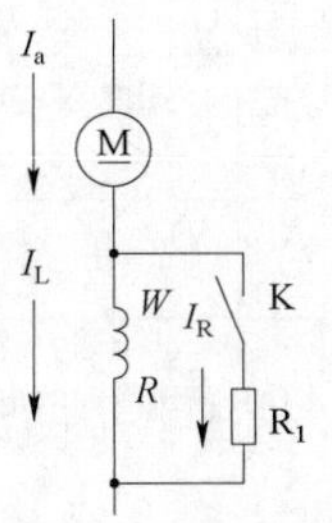

图 2–1　电阻分路法

电阻分路法的磁通不能连续变化，适用于交—直型货运电力机车。磁场削弱系数的表达式为

$$\beta=\frac{(IW)_\beta}{(IW)_m}=\frac{I_L}{I_a}=\frac{I_L}{I_L+I_R}=\frac{R_1}{R_1+R} \tag{2-4}$$

式（2–4）表明，磁场削弱系数 β 取决于励磁绕组与分流电阻的阻值大小，而与电动机励磁绕组匝数无关。要改变磁场削弱系数，只需改变分路电阻的大小。为了降低磁场削弱时的电流冲击和牵引力冲击，避免分路电阻过多造成的控制线路复杂，附加设备增多，一般磁场削弱取三级左右。

（2）晶闸管分路法。晶闸管分路法是利用晶闸管元件的连续、实时、可控，对牵引电动机的励磁电流进行旁路，从而达到削弱磁场的目的，这种方法也称为无级磁场削弱法，适用于交—直型客运电力机车，晶闸管分路法原理如图 2–2 所示。

图中 a_2x_2 为变压器二次侧绕组，晶闸管 VT_1、VT_2，和二极管 VD_1～VD_4 构成半控桥整流电路，VT_3、VT_4 为分路晶闸管，L 为平波电抗器，C1C2 为牵引电动机 M 的励磁绕组，A1A2 为牵引电动机 M 的电枢绕组，R_{SH} 为固定分路电阻，以交流电压一个周波为例，分析其工作原理如下。

图 2–2（a）为满磁场，半控桥满开放时的工作情况。正半周 a_2 为高电位时，半控桥 VT_1、VD_3、VD_2 导通；负半周 x_2 为高电位时，半控桥 VD_1、VD_4、VT_2 导通。分路晶闸管 VT_3、VT_4 由于未触发，故均不参与工作。此时，半控桥整流输出的电压全部施加在平波电抗器 L、牵引电动机的电枢绕组 A1A2、励磁绕组 C1C2 上。

图 2–2（b）、（c）为半控桥满开放、磁场削弱时的工作情况。正半周 a_2 为高电位时，图 2–2（b）半控桥仍为 VT_1、VD_3、VD_2 导通，分路晶闸管 VT_4 在 $\omega t=\alpha$ 时刻触发，由于 VT_4 加有正向电压，其值等于励磁绕组 C1C2 两端的电压，故触发 VT_4 导通。而半控桥中的二极管 VD_3 由于 VT_4 的导通而承受反向电压迅速截止。当 $\omega t\in[\alpha\sim\pi]$ 时，VT_4 一直导通，导通角为 θ。此时，电枢电流 I_a 经分路晶闸管 VT_4，半控桥的 VD_2、VT_1，变压器二次侧绕组 a_2x_2 构成回路。电枢电流 I_a 不经过励磁绕组 C1C2 和固定分路电阻 R_{SH}。励磁电流 i_F 仅靠励磁绕组中的电感作用与固定分路电阻 R_{SH} 构成最小电阻回路。

负半周 x_2 为高电位时，图 2–2（c）由于半控桥工作在满开放状态，所以当 $\omega t=\pi$ 时，触发 VT_2，VD_1、VD_4、VT_2 导通，VD_2 和 VT_1 自然关断。当 $\omega t=\pi+\alpha$ 时，VT_3 触发导通，VT_4 关断，当 $\omega t=(\pi+\alpha)\sim 2\pi$ 时，电枢电流 I_a 经 VT_3 短路，励磁绕组仍与固定分路电阻 R_{SH} 组成最小电阻回路。此时磁场削弱系数为

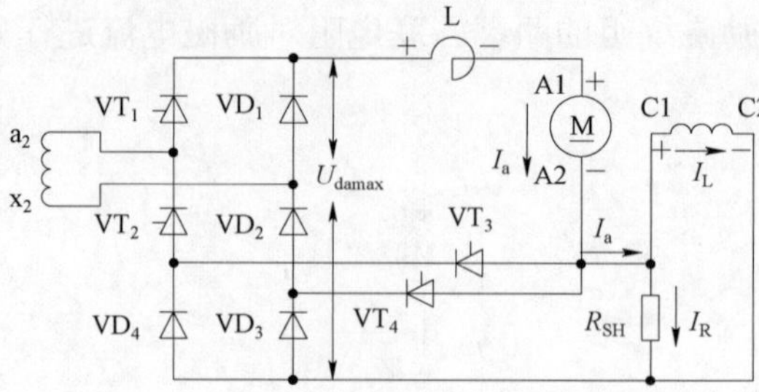

(a) 满磁场时的电路

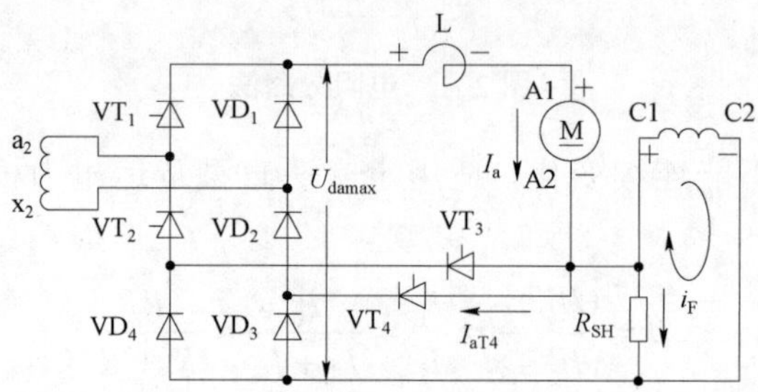

(b) 磁场削弱正半周时的电路

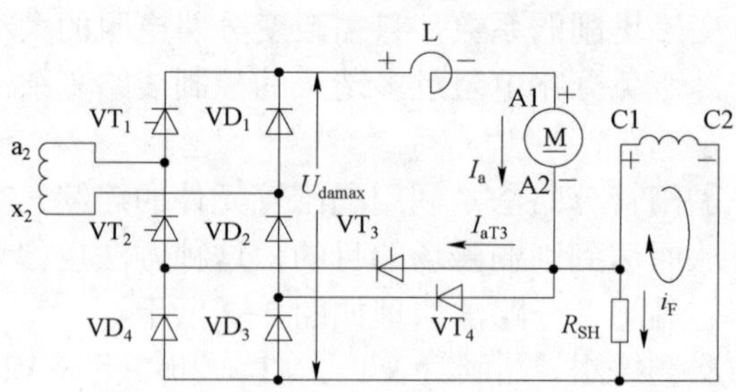

(c) 磁场削弱负半周时的电路

图 2-2　晶闸管分路法原理

$$\beta=\frac{(IW)_{\beta}}{(IW)_{m}}=\frac{W(\pi-\theta)I_{a}}{W\pi I_{a}}=\frac{\pi-\theta}{\pi}=\frac{\alpha}{\pi}(\alpha\neq 0) \tag{2-5}$$

式（2-5）说明只要调节分路晶闸管的控制角 α 就可以连续调节磁场分路，由于分路晶闸管 VT_3、VT_4 是靠电源电压过零点自然换相，为了获得磁场削弱系数，要求半控桥必须满开放工作。

3. 磁场削弱的应用

当牵引电动机由满磁场运行转换为磁场削弱运行时，这个过程是很短暂的。此时，机车由于巨大的惯性，速度来不及变化，因此磁场削弱后电动机的反电势减小，电枢电流增加，机车的输出功率和牵引力均有所提高。此时，若列车运行阻力不变，则机车牵引力不变，机车速度便可提高，故在平直道实施磁场削弱可提高运行速度，在上坡道实施磁场削弱，可增大机车牵引力，保持牵引速度不变，即所谓的恒速爬坡。

使用励磁调节的方法调节机车速度，是以牵引电动机主极磁场的减少来获得机车高速运行的，并且磁场削弱越深，机车的速度越高。但是磁场削弱深度是有限的，否则由于牵引电动机主极磁场过分削弱，在大电流、高速运行情况下会使牵引电动机换向恶化，容易发生牵引电动机环火。故一般情况下脉流牵引电动机的最小磁场削弱系数 β_{min} 为 0.35～0.40。实用值 44%～50%，保留一定的裕量。

课后讨论与复习题

1. 简述电力机车的基本状态及其实质。
2. 什么是磁场削弱？
3. 机车实施磁场削弱的条件是什么？

任务 2.2　交—直型电力机车的相控调压

任务说明

采用无级调速的交–直型整流器电力机车，利用晶闸管整流元件，通过改变晶闸管移相角的方法来改变整流输出电压，从而进行平滑无级调压，称为相控调压，又称为移相调压。根据整流电路所用整流元件是否完全为可控元件，其电路又分为全控整流电路和半控整流电路。下面就单相全控整流电路和单相半控整流电路的工作原理进行讨论。

任务目标

- 熟悉不同整流电路整流调压原理。
- 了解机车功率因数的概念及不同整流电路对功率因数的影响。
- 能够分析交—直型电力机车相控调压原理。
- 能够分析不同整流电路对功率因数的影响。

内容讲解

2.2.1　单相全控桥式整流电路

图 2–3 为单相全控桥式整流电路，晶闸管 VT_1、VT_4 组成一对桥臂，晶闸管 VT_2、VT_3 组成另一对桥臂。当变压器二次侧电压 u_2 为正半周时，控制角为 α 的瞬间给 VT_1、VT_4 送入触发脉冲，VT_1、VT_4 即导通，这时电流从电源 a 端经 VT_1、PK、M、VT_4 流回电源 b 端，这期间 VT_2、VT_3 均承受反压而截止。当电源电压过零变负时，因平波电抗器 PK 的作用，使 VT_1、VT_4 仍承受正向电压而连续导通，因而 u_d 波形出现负值部分，此时晶闸管 VT_2、VT_3 上虽都已承受正向电压，但由于触发脉冲尚未到来而未导通，当 $\omega t=\pi+\alpha$ 时，触发 VT_2、VT_3 使之导通，VT_2、VT_3 导通后立即使 VT_1、VT_4 承受反向电压而关断。电流从电源 b 端，

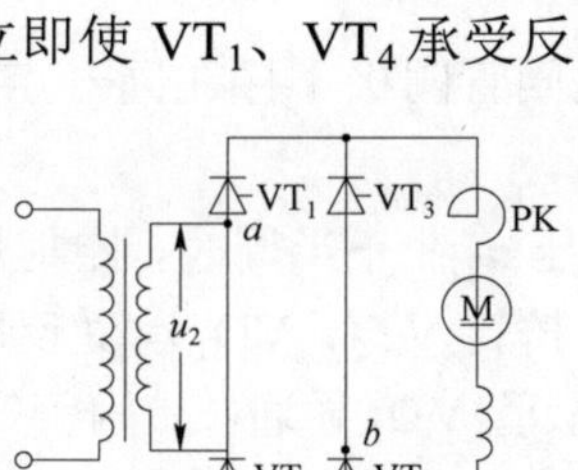

图 2–3　单相全控桥式整流电路

经 VT_3、PK、M、VT_2 流回电源 a 端。第二周期重复上述过程，全控桥式整流波形图如图 2-4 所示。

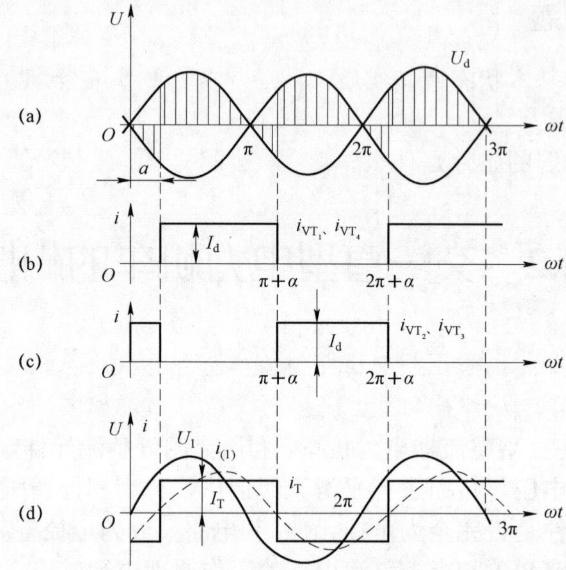

图 2-4　全控桥式整流波形图

设二次侧交流电压 $u_2=\sqrt{2}U_2\sin\omega t$，则在晶闸管控制角为 $n\pi+\alpha$ 时，整流电压平均值 U_d 为

$$U_d=0.9U_2\cos\alpha \tag{2-6}$$

当 $0\leqslant\alpha<\dfrac{\pi}{2}$ 时，$U_d>0$，整流电路工作在整流状态；

当 $\alpha=\dfrac{\pi}{2}$ 时，$U_d=0$，这时整流电压波形中正负两部分面积相等，故其平均值为 0，整流电路工作在中间状态；

当 $\alpha>\dfrac{\pi}{2}$ 时，$U_d<0$，整流电路工作在逆变状态。

所以全控桥式整流电路的移相范围为 $0\leqslant\alpha\leqslant\dfrac{\pi}{2}$。当 $\alpha>\dfrac{\pi}{2}$ 时，将进行有源逆变，使用再生制动的电力机车，采用这种全控桥整流电路。

2.2.2　单相半控桥式整流电路

图 2-5 为不共阴极接法（两晶闸管阴极不接在同一点上）的半控桥式整流电路，相控电力机车普遍采用此种电路。

从图 2-5 可以看出，当电源电压 u_2 在正半周时，控制角为 α 时触发晶闸管，则 VT_1、VD_2 导通，回路中有整流电流 I_d 流过，桥臂 VT_2、VD_1 承受反向电压截止。当电源电压 u_2 下降到零并变负时，由于电感的作用，二极管 VD_1 导通，晶闸管 VT_1 关断，而晶闸管 VT_2 尚未触发，因此二极管 VD_1、VD_2 同时导通，此时回路电流不经过变压器二次侧绕组而是经 PK、电动机 M、二极管 VD_1 和 VD_2 构成回路，在此期间 VD_1、VD_2 仅起续流作用，变压器绕组电流为零，输出电压为零，牵引电动机端电压为零。

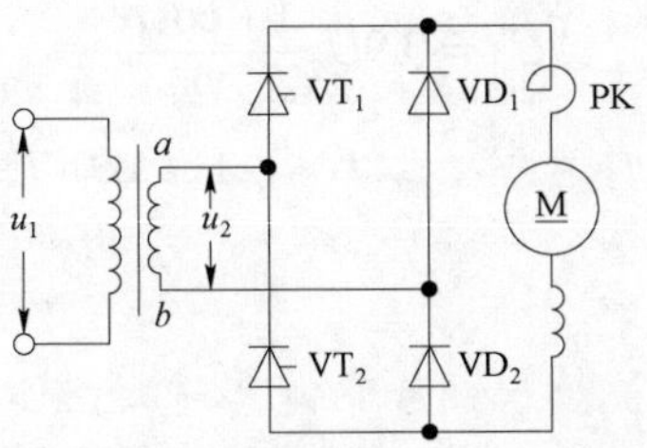

图 2-5　不共阴极接法的半控桥式整流电路

当电源电压 u_2 在负半周时，VT_2 承受正向电压，在相应控制角 α 时触发 VT_2 导通，VD_2 承受反压截止，电流经 VD_1、PK、M、VT_2 流回变压器二次侧。到电源电压 u_2 又变正时，仍由 VD_1、VD_2 提供续流回路，变压器输出仍为零，直到下一个周波晶闸管触发脉冲到来。根据各元件导通的情况，可得出图 2-6 所示不共阴极半控桥式整流电路波形图。在一个周期波内晶闸管的导通角 $\theta=\pi-\alpha$，二极管导通角 $\theta=\pi+\alpha$。

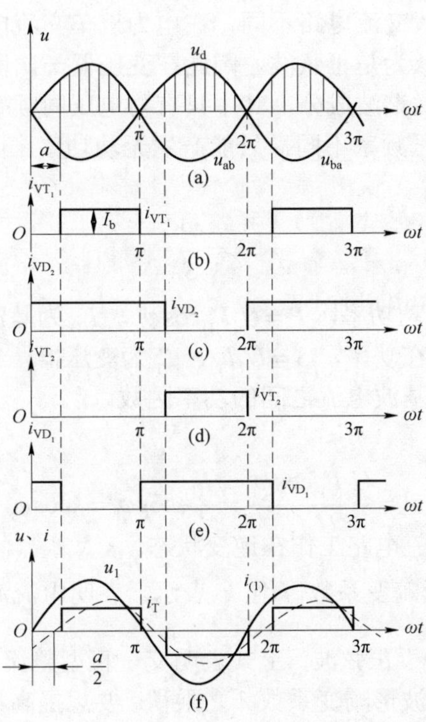

图 2-6　不共阴极半控桥式整流电路波形图

对于晶闸管共阴极接法(两晶闸管阴极接在同一点上)，虽然可利用直接耦合的触发电路，对变压器二次侧绕组的绝缘要求较低，但是对于大电感电路不适用。例如，在交流电压正半周时，晶闸管 VT_1、二极管 VD_2 导通，在交流电压由正变负进入负半周时，晶闸管 VT_2 尚未触发或触发脉冲丢失时，感性负载须通过晶闸管 VT_1、二极管 VD_1 续流，晶闸管因电流大而关不断，再进入下个周期波时，因晶闸管 VT_1 根本没有关断电源，电压将直接加在负载上，如此下去，负载电路将始终有半波整流电压作用，电路不能中断。因此，在电力机车上一般不采用这种整流电路。

半控桥整流输出电压的平均值为

$$U_d = 0.9U_2 \frac{1+\cos\alpha}{2} \tag{2-7}$$

当 $\alpha = 0$ 时，$U_d = 0.9U_2$；

当 $\alpha = \frac{\pi}{2}$ 时，$U_d = 0.45U_2$；

当 $\alpha = \pi$ 时，$U_d = 0$。

由式 2-7 可知，相控角的移相范围为 $0 \leqslant \alpha \leqslant \pi$，比全控扩大了一倍。

2.2.3 机车功率因数

由电工原理知，在正弦交流电路中，功率因数 $\cos\varphi$ 定义为

$$\cos\varphi = \frac{\text{有功功率}P}{\text{视在功率}S} = \frac{UI\cos\varphi}{UI} \tag{2-8}$$

由于电力机车电路与一般交流电路不同，在电力机车交流电网中流过的是非正弦电流，而交流电压一般可以近似地认为是正弦波，因此在变压器一次侧电流中就包括与电源电压相同频率的基波成分和多种高次谐波成分，其中只有与电压同频率的基波电流产生有功功率，其他高次谐波电流与电源电压频率不同，只能产生无功功率。因此，机车的功率因数 λ 定义为

$$\lambda = \frac{P}{S} \tag{2-9}$$

式中：P——变压器一次侧有功功率，$P = U_1 I_{(1)} \cos\varphi_1$，$I_{(1)}$ 为基波电流有效值；

S——变压器一次侧视在功率，$S = U_1 I_T$，I_T 为变压器一次侧电流有效值；

$\cos\varphi_1$——基波电压与基波电流之间的功率因数。

则式 2-9 为

$$\lambda = \frac{U_1 I_{(1)} \cos\varphi_1}{U_1 I_T} = \frac{I_{(1)}}{I_T} \cos\varphi_1 = k\cos\varphi_1 \tag{2-10}$$

其中，$\frac{I_{(1)}}{I_T}$ 称为电流波形畸变系数，用 k 表示，表明电流波形含有高次谐波的程度。λ 越接近于 1，则电流波形越接于正弦波。上式表明交—直型整流器电力机车的功率因数 PF 等于基波功率因数 $\cos\varphi_1$ 和电流波形畸变系数 λ 之乘积。要想提高机车的功率因数，就要降低高次谐波，减小基波电压与基波电流之间的相位差。

各种可控整流电路整流输出电压平均值用 U_d 表示，不控整流电路的整流输出电压平均值用 U_{d0} 表示，其中 $U_{d0} = 0.9U_2$ 为变压器二次侧电压有效值。图 2-7 给出了各种不同整流电路在不同控制角 α 时绘出的 $\lambda = f(U_d / U_{d0})$ 曲线，曲线Ⅰ为不控整流电路的功率因数曲线，在整个调速过程中保持常数为 0.9；曲线Ⅱ为全控桥式整流电路功率因数曲线，在低电压时功率因数是很低的；曲线Ⅲ为半控桥式整流电路功率因数曲线，比全控桥式整流电路功率因数的平均值有所提高；曲线Ⅳ为半控二段桥整流电路的功率因数曲线，曲线Ⅴ为三段不等分半控桥整流电路的功率因数曲线。曲线Ⅵ为四段经济半控桥整流电路的功率因数曲线。由曲线知，可控整流电路的段数越多，其功率因数越高。但是段数越多，控制越复杂，所以现在多用三

段桥，一般不超过四段。

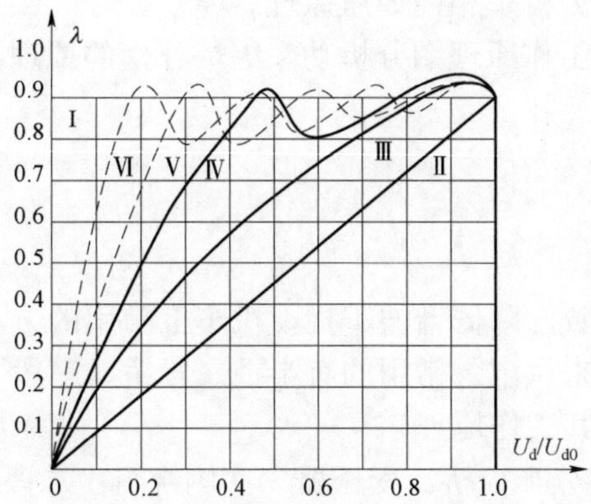

图 2-7　不同整流电路功率因数λ

相控调压可通过平滑无级地调节晶闸管的触发相位来调节整流电路的输出电压，从而达到对电力机车进行无级调速的目的。无级调速可以减少调压过程中的电流冲击，使牵引电动机的力矩变化平缓，从而减少牵引力冲击与摆动，充分利用机车黏着重量，发挥较大的牵引力进行平稳操纵。另外，无级调速不需要转换主电路，也不需要设置专用的调压开关，使机车主线路大为简化。但是，相控调压的最大缺点是机车功率因数较低，在低电压级位时表现尤为突出；同时由于平波电抗器的作用使变压器一次侧电流畸变为矩形波，产生了较大的高次谐波，对电网造成了较大的谐波干扰。这是采用相控调压的电力机车需要解决的问题。

课后讨论与复习题

1. 什么是相控调压？
2. 相控调压的优缺点是什么？

*任务 2.3　提高交—直型电力机车功率因素的方法

任务说明

相控调压有一个重要的性能指标，即功率因数和谐波干扰。采用相控调压的电力机车其功率因数较低，不仅降低了设备的利用率，而且谐波含量高，影响了电网的供电质量，对电网造成严重污染。另外，电力部门和供电部门都对用户的功率因数和谐波电流有限制。一般晶闸管相控机车的功率因数为 0.78～0.80，谐波电流为 I_{pmax}>9.2A（等效干扰电流的最大值），远不能满足λ=0.9、$I_{(3)}$=3.9、$I_{(5)}$=4.0 的限制要求。

根据相控机车的功率因数 $\lambda = k\cos\varphi_1$ 可知，要想提高机车的功率因数，就要降低高次谐波，减少基波电压与基波电流之间的相位差。因此，改善晶闸管相控机车的功率因数和减少谐波电流的方法，除了采用多段桥顺序控制，还可以采用功率因数补偿器（PFC）的方法。

任务目标

- 熟悉交—直型电力机车多段桥顺序控制原理。

● 了解交—直型电力机车采用功率因数补偿器的原理。
● 能够分析交—直型电力机车相控调压原理。
● 能够根据机车滤波器工作原理图分析功率因数补偿的原理。

内容讲解

2.3.1 多段桥顺序控制

为了改善机车的功率因数，降低谐波干扰，机车上常用的方法之一是应用多段桥顺序控制，即把多段整流桥串联起来供电。常用的有半控二段桥、三段不等分桥、四段经济桥。下面以三段不等分桥为例分析其工作原理。

图 2-8 所示为三段不等分半控桥。变压器二次侧绕组由二段 a_4x_4、a_2x_2 组成，其中一段 a_4x_4 接成中抽式半控桥，另一段 a_2x_2 接成一般半控桥整流电路，因中抽式绕组可看作两段绕组 a_4b_4、b_4x_4，各段绕组的电压分配比例为 $U_{a_2x_2}:U_{a_4b_4}:U_{b_4x_4}=2:1:1$。$VD_1$～$VD_4$ 提供直流续流通道。

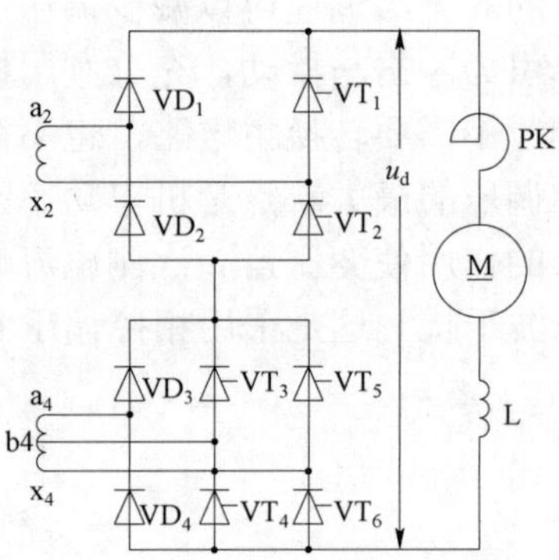

图 2-8 三段不等分半控桥

三段不等分半控桥式调压整流电路的升压顺序控制如下：

第Ⅰ段：a_2x_2-$VT_1VT_2VD_1VD_2$ 工作，大桥调压，晶闸管控制角为 α，VT_3～VT_6 晶闸管封锁，即第Ⅱ段桥晶闸管的控制角 α_2 和第Ⅲ段晶闸管的控制角 α_3 均为 π。负载电流流过 a_2x_2、VT_1、VT_2、VD_1、VD_2、PK、M、VD_3、VD_4。输出电压、电流、变压器绕组中电流的波形如图 2-9（a）所示。整流输出电压的平均值为

$$U_d = 0.9U_{a_2x_2}\frac{1+\cos\alpha_1}{2} = \frac{1}{2}U_{d0}\frac{(1+\cos\alpha_1)}{2}(0<\alpha_1<\pi) \tag{2-11}$$

当 $\alpha_1=\pi$ 时，$U_d=0$；

当 $\alpha_1=0$ 是，$U_d=\frac{1}{2}U_{d0}$。

第Ⅱ段：维持 VT_1、VT_2 满开放，即 $\alpha_1=0$，a_4x_4-$VT_3VT_4VD_3VD_4$ 四臂小桥调压。VT_5、VT_6 封锁，即 $\alpha_3=\pi$，负载电流流过 a_2x_2、VT_1、VT_2、VD_1、VD_2、PK、M、a_4b_4、VD_3、VD_4、VT_3、VT_4。此时输出电压、电流及变压器绕组中电流波形如图 2-9（b）所示。整流输出电压平均值为

$$U_d = \frac{1}{2}U_{d0} + 0.9U_{a_4x_4}\frac{1+\cos\alpha_2}{2} = \frac{1}{8}U_{d0}(5+\cos\alpha_2)(0<\alpha_2<\pi) \tag{2-12}$$

当 $\alpha_2=\pi$ 时，$U_d=\frac{1}{2}U_{d0}$；

当 $\alpha_2=0$ 时，$U_d=\frac{3}{4}U_{d0}$。

第Ⅲ段：维持 VT_1～VT_4 满开放，即 $\alpha_1=0$，$\alpha_2=0$，b_4x_4–$VT_5VT_6VD_3VD_4$ 调压桥调压，负载电流流过三段变压器绕组和三段半控桥。电压、电流波形如图 2–9（c）所示。此时整流电压平均值为

$$U_d=\frac{3}{4}U_{d0}+0.9U_{b_4x_4}\frac{1+\cos\alpha_3}{2}=\frac{1}{8}U_{d0}(7+\cos\alpha_3)(0<\alpha_3<\pi) \tag{2-13}$$

当 $\alpha_3=\pi$ 时，$U_d=\frac{3}{4}U_{d0}$；

当 $\alpha_3=0$ 时，$U_d=U_{d0}$。

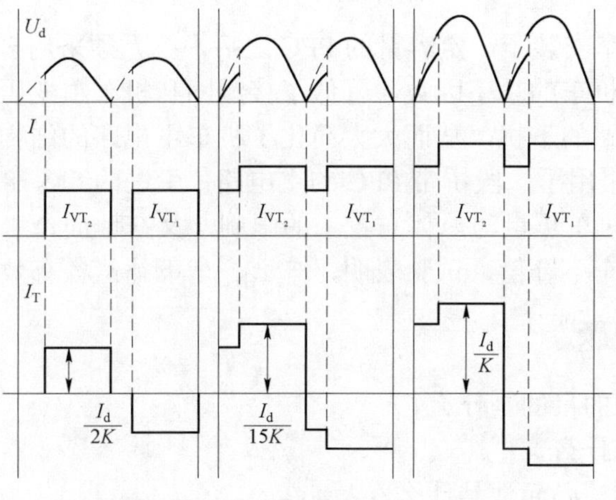

图 2–9 三段不等分桥调压波形

三段不等分桥的功率因数曲线如图 2–7 所示的曲线 V，基本在 0.9 上下波动，图 2–9 显示波形畸变也变小了，由阶梯波取代了矩形波，波形更加逼近正弦波。此种整流调压方案被广泛应用在整流器电力机车上，国产 SS_4、SS_8、SS_{3B}、SS_9 等系列电力机车均采用此种调压方案。

多段桥顺序控制与单桥整流电路相比，机车的功率因数有所提高，但是采用多段桥顺序控制会使变压器抽头数增加，整流装置复杂，在一定程度上会降低机车运行的可靠性。因此干线电力机车的多段桥控制一般不超过四段。

2.3.2 功率因数补偿

功率因数补偿装置兼作滤波器，简称 PFC 装置，一般常用形式为 LC、RC、RLC，并跨接于机车主变压器二次侧绕组的两端。机车滤波电路工作原理可用图 2–10 说明。

在理想情况下，无 PFC 时，由于整流电路的作用，整流装置交流侧电流 i_2 为一方波，造成接触网中电流波形发生畸变，即产生高次谐波电流，谐波电流主要是 3、5、7 次谐波。而整流装置的负载——平波电抗器和牵引电动机均为感性负载，加之整流装置本身的晶闸管相

位控制（α）的作用，使电流i_2的相位滞后于电网电压u_C，即产生了一个感性无功电流，使机车功率因数降低。加上功补装置后，就是把L、R、C连接成某一频率的谐振电路（一般在靠近3次或5次谐波频率处）。在基波网压的作用下对基波呈容性，提供容性无功电流，减少相控整流机车滞后的负载电流，从而提高功率因数；同时对3次或5次谐波呈低阻性，使通过功率补偿装置的绝大部分3次或5次谐波电流被吸收掉，减少了流向电网的3次或5次谐波电流，也减少了等效干扰电流。

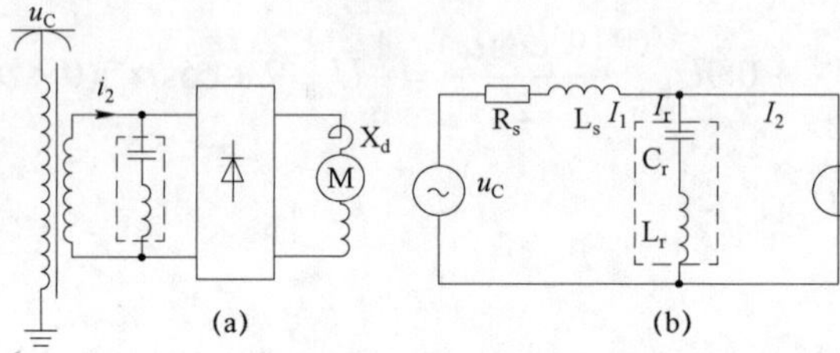

图 2-10　机车滤波电路工作原理

试验表明，相控机车安装了一定容量的PFC之后，就无须采用多段桥。机车加装功率因数补偿装置后，提高了机车的功率因数，降低了接触网和机车主变压器的损耗，同时也减少了接触网对沿线通信线路的干扰，从而大大简化了机车主电路的结构，使整流装置的桥段数减少。例如SS_6机车就采用了二段桥带PFC的主电路；引进的6K、8K机车，当PFC全部投入时，$\lambda>0.9$。由于受机车重量与总体布置上的限制，又在地面牵引变电所和接触网上设置功率因数补偿装置，即车下补偿。试验表明，车上、车下补偿各有效果，两者侧重不同。

课后讨论与复习题

1. 多段桥顺序控制的目的是什么？
2. 功率补偿装置有什么？
3. 功率补偿装置的核心元件是什么？

任务 2.4　交一直一交型电力机车的调速

任务说明

由于直流电动机的结构复杂，使用电刷按触式的换向器，它不仅工艺复杂，体积及重量大，耗铜，价格昂贵，而且在运行中，很容易产生换向火花甚至发生环火现象，故障率高，不便于维护。由于换向火花及环火这一类问题的存在，则要求电动机换向片之间的电压不能过高，因而使得直流电动机的设计容量和高速时的利用功率受到限制，远远不能适应机车向高速、大功率方向发展的要求。

三相交流电动机，特别是鼠笼式异步电动机，由于其转子上既没有换向器，也没有带绝缘的绕组，根本不存在换向火花及环火等问题，因此，它的结构简单、运行可靠，能以更高的转速运转。随着电力电子器件和电子技术的发展，以及现代控制理论和控制技术的应用，交流传动技术取得了突破性的进展并已日趋成熟，在各种机车、动车上获得了推广运用。

通过学习，掌握异步电动机的调速方法，熟悉变频器的种类和结构。

任务目标

- 能够说出异步电动机的调速方法。
- 能说出交—直—交变频装置的各部分名称。
- 能列举交—直—交变频装置的种类。

内容讲解

2.4.1　异步电动机的调速方法

交—直—交型电力机车属于交流传动电力机车，交流传动技术是一门综合技术，但其本质的特点是牵引电动机采用了交流异步电动机，交流异步牵引电动机在制造、性能、功能、体积、质量、成本及可靠性等方面远比直流电动机优越得多。之所以交流异步牵引电动机迟迟不能在电力机车上应用，主要原因是调速比较困难。改变端电压不能使这种电动机在较大范围内改变速度，而只有改变电源的频率才能达到目的。因此，只有在电子技术和大功率晶闸管变流装置得到迅速发展的今天，才能生产出交—直—交型电力机车。

交—直—交型电力机车采用三相异步牵引电动机，其转速公式为

$$n=(1-s)\frac{60f_1}{p} \tag{2-14}$$

式中：n——牵引电动机转子转速；

s——异步电动机的转差率 $(s=\frac{n_1-n}{n_1}, n_1=\frac{60f_1}{p})$；

p——定子极对数；

f_1——供电电源频率。

根据式（2-14）可见，异步电动机可通过改变定子极对数 p、供电电源频率 f_1 和转差率 s 进行调速。

1. 改变定子极对数 p 调速

改变定子极对数 p 调速也称为变极调速，如果电源频率 f_1 固定不变，只要改变定子极对数 p，则同步转速 n_1 和转子转速 n 也随着改变。而且，电动机的同步转速 n_1 与定子极对数 p 成反比变化，例如，当 f_1=50 Hz 时，把定子极对数 p=1 变到 p=2，得到的同步转速将为 n_1=3 000 r/min 和 n_1=1 500 r/min 两种。

当电源频率保持不变时，改变定子极对数可以调节电动机的转速。一般是把定子绕组分成若干独立分段，改变各分段引出线的连接方式达到改变定子极对数的目的，这使得异步电动机结构复杂，且换接电路过于复杂，以致丧失了运用的可靠性。

2. 改变转差率 s 调速

改变转差率 s 调速包括转子串电阻调速、串级调速和定子调压调速。

在转子回路中串电阻调速（转子串电阻调速），这种方法只适用于绕线转子异步电动机，而且在转子回路中接入附加电阻后，将使转子铜耗增加，降低了电动机效率。

串级调速是在转子回路中串入附加电势进行调速，由于目前电力牵引交流传动系统中绝大多数国家都是采用结构简单的鼠笼式异步电动机作牵引电动机，这种电动机的转子绕组是“短路绕组”，因而无法再在转子上采取串级调速的措施，这种调速只适合绕线型电动机。

定子调压调速，这种调速方法调速范围很小，无法实现宽广的调速范围。

3. 改变供电电源频率 f_1 调速

改变异步电动机供电电源的频率即所谓的变频调速。我们知道旋转磁场的转速（同步转速）与输入电源的频率成正比，如果改变电源的频率，则同步转速随之改变，也即改变了转子的转速，这就是异步电动机变频调速的实质。

但是对于异步电动机，调频与调压是相联系的，输出电压应随着输出频率的改变而改变。随着电力电子技术的发展，大功率半导体器件的开发应用，近代交—直—交型电力机车已很好地解决了变频问题，使得交流机车的调速具有平滑无级的特性。

2.4.2 交—直—交变频装置

如前所述，对于异步电动机的变压变频调速，必须提供能够同时改变电压和频率的交流电源。而电力机车上通过牵引接触网供电的电压和频率是基本上恒定的（工频 50 Hz、单相额定电压 25 kV）。因此，必须配备专门的变压变频装置，通称 VVVF（variable voltage variable frequency）装置。最早的 VVVF 装置是旋转变频机组，现在几乎已无一例外地被静止式电力电子变压变频装置所取代了。

1. 交—直—交变压变频装置的组成

交—直—交变压变频装置的组成如图 2-11 所示。交—直—交变流器首先将恒压恒频（CVCF）的交流电通过整流电路变换成直流，然后再经逆变器将直流变换成变压变频（VVVF）的交流电。这种变流器虽然多了一个中间环节，但输出交流电的频率可高于电网的频率。变流器主要由整流器、直流环节和逆变器三部分组成。

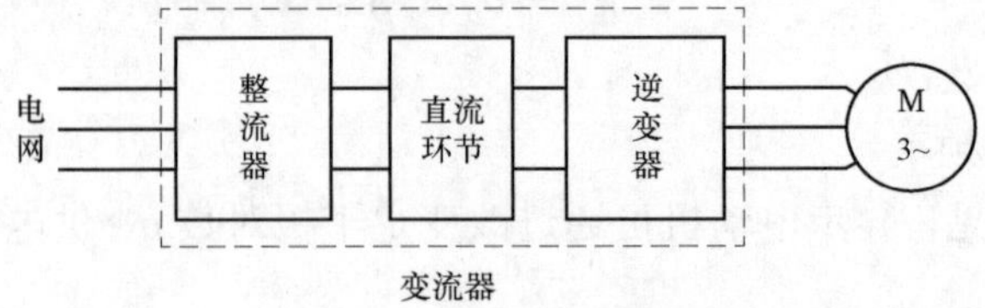

图 2-11　交—直—交变压变频装置的组成

整流器的主要作用是将电网三相交流电整流成直流电，其分为不可控整流器和可控整流器。不可控整流器中的电子器件为二极管，而可控整流器中的电子器件大多采用双极型或复合型电子器件，如晶闸管（可控硅）、GTR、GTO、IGBT、IPM 等。

由于逆变器的负载为异步（感应）电动机，属于感性负载。无论电动机处于电动还是发电制动状态，其功率因数总不会为 1。因此，在中间直流环节和电动机之间，总会有无功功率的交换。这种无功能量要靠中间直流环节的储能元件（电容器或电抗器）来缓冲。所以又常称中间直流环节为中间直流储能环节。中间直流环节根据储能元件的不同分为电压型和电流型两种。

逆变器的作用主要是将直流电逆变为频率可调的三相交流电，并向三相异步牵引电动机供电，其分为电压型逆变器和电流型逆变器两种。

由于电压型变流器供电的笼型异步电动机机车的转矩脉动及对电网的反作用小，适合于较大功率的机车，因此干线交流传动电力机车绝大部分都采用这种系统。

2. 交—直—交变压变频装置的结构形式

交—直—交变压变频装置按照不同的控制方式，可分成图 2-12 所示的三种形式。

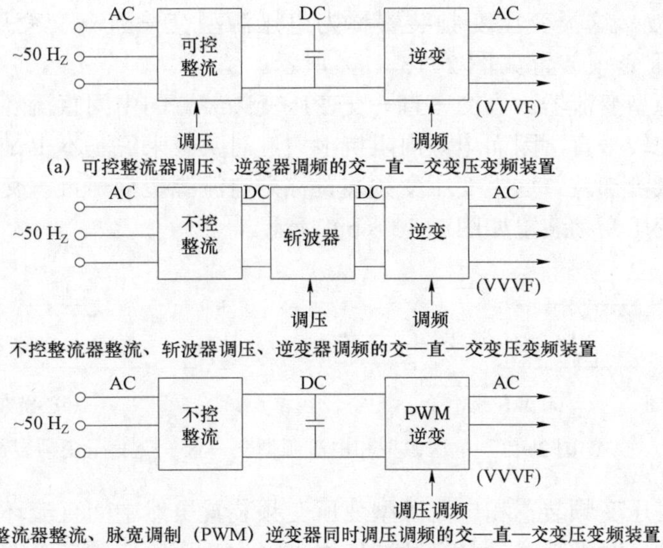

(a) 可控整流器调压、逆变器调频的交—直—交变压变频装置

(b) 不控整流器整流、斩波器调压、逆变器调频的交—直—交变压变频装置

(c) 不控整流器整流、脉宽调制（PWM）逆变器同时调压调频的交—直—交变压变频装置

图 2-12　交—直—交变压变频装置的不同控制方式

（1）可控整流器调压、逆变器调频的交—直—交变压变频装置如图 2-12（a）所示。在这种装置中，调压和调频分别在两个环节上进行，两者在控制电路中要协调配合，其结构简单，控制较方便。但是，由于输入环节采用晶闸管可控整流器，当电压调得较低时，电网端功率因数较低，而输出环节多用由晶闸管组成的三相六拍逆变器，每周换相六次（六阶方波），输出的谐波较大（特别在低频段）。

（2）不控整流器整流、斩波器调压、逆变器调频的交—直—交变压变频装置如图 2-12（b）所示。在这类装置中，整流环节采用二极管不控整流器，只整流不调压再另设置斩波器进行脉宽调压。这样虽然多了一个环节，但调压时输入端功率因数不变，克服了图 2-12（a）装置的第一个缺点。由于输出逆变环节不变，其仍存在谐波较大的问题。

（3）不控整流器整流、脉宽调制（PWM）逆变器同时调压调频的交—直—交变压变频装置如图 2-12（c）所示。在此类装置中，用不控全波整流，输入功率因数不变；采用 PWM 逆变，则输出谐波成分可大为减小。这样，图 2-12（a）装置的两个缺点都克服了。PWM 逆变器需要全控式电力电子器件，其输出谐波减少的程度取决于 PWM 的开关频率，而开关频率则受器件开关时间的限制。当采用 IGBT 或 MOSFET 等高速器件时，开关频率可达 10 kHz 以上，输出波形已非常逼近正弦波，因而又称为正弦脉宽调制（sinusoidal PWM，SPWM）逆变器，其成为当前最有发展前途的一种逆变器装置形式。

实际应用中并不局限于选择上述三种中的某一种变压变频方式，而可以进行综合运用。功率变化和速度变化范围较大，因此要求的调压和调频范围也较大，通常既要求交—直流侧进行可控整流调压，又要求直—交流侧进行 PWM 逆变的变压变频，形成复杂而协调的交—直—交传动机车系统。

3. 交—直—交变压变频装置的种类

从变频电源的性质上看，有电压源型变流器和电流源型变流器之分。对于交—直—交变压变频装置，两类变流器的主要区别在于中间直流环节所采用的滤波器不同。

（1）电压源型变流器。在交—直—交变压变频装置中，当中间直流环节采用大电容滤波时，直流电压波形比较平直，在理想情况下近似一个内阻抗为零的恒压源，输出交流电压是矩形波或阶梯波，这类变压变频装置称为电压源型交—直—交变压变频装置。电压源型交—直—交变压变频装置如图 2-13（a）所示。

（2）电流源型变流器。当交—直—交变压变频装置的中间直流环节采用大电感滤波时，直流电流波形比较平直，因而电源内阻抗很大，对负载来说基本上是一个电流源，输出交流电流是矩形波或阶梯波，这类变压变频装置称为电流源型交—直—交变压变频装置。电流源型交—直—交变压变频装置如图 2-13（b）所示。

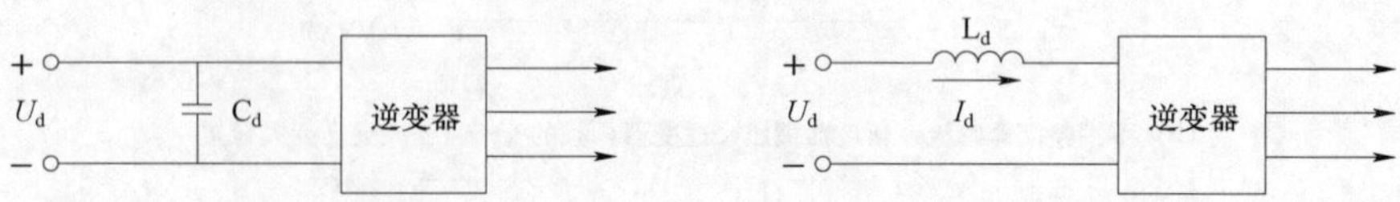

图 2-13　电压源型和电流源型交—直—交变压变频装置

电压源型变压变频装置和电流源型变压变频装置虽然中间直流环节滤波器的形式不同，但作为储能元件，对无功能量具有缓冲作用。因为，变压变频装置的负载一般是异步电动机等感性负载，在中间直流环节与电动机之间，除了有功功率的传送，还存在无功功率的交换。逆变器中的电力电子开关器件无法储能，无功能量只能靠直流环节中作为滤波器的储能元件来缓冲，使它们不致影响到交流电网。

电压源型变压变频装置因属于恒压源，电压控制响应较慢，所以适用于作多台电动机同步运行时的供电电源而不要求快速加、减速的场合。但当采用 PWM 逆变器进行脉宽调制变电压时，则电压控制响应较快。电流源型变压变频装置则由于滤波电感的作用，系统对负载变化的反应迟缓，不适用于多电动机传动，而更适合于一台变压变频装置给一台电动机供电的单电动机传动，但可以满足快速加、减速的场合。在交流传动机车中，绝大多数采用了电压源型变压变频装置。

课后讨论与复习题

1. 交流传动的电力机车有哪些调速方式，各有何特点？

2. 交流传动电力机车牵引变流器由哪几部分组成？各部分的作用是什么？

3. 交—直—交变压变频（VVVF）装置可采用哪几种方式实现变压变频？各种方式有何特点？

*任务 2.5　四象限整流器

任务说明

通过分析交—直—交型电力机车的工作原理，我们知道网侧电源变流器的主要功能是将电网的单相交流供电转变为直流电，那么就要求网侧变流器能输出稳定的直流电以便电动机侧逆变器能稳定工作；同时要求变流器的功率因数接近于 1，使输入的电网电流接近于正弦波，以降低对电网的影响及干扰；还应对能量的双向流动进行控制，可以方便地进行再生制动。四象限脉冲整流器能较好地满足上述要求，因而在交流传动机车上得到了广泛应用。

通过学习，了解整流器的基本原理。

任务目标

- 能够说出整流脉冲器的基本原理。
- 能说出二点式电压型四象限脉冲整流器的工作流程。
- 能说出脉宽调制的基本原理。

内容讲解

2.5.1　脉冲整流器的基本原理与分类

脉冲蝥流器是应用脉宽调制技术（PWM）发展而来的一种新型电源变流器。若对应于直流斩波器来说，它可称为交流斩波器。引入脉冲整流器的目的是提高功率因数、降低对电网的污染。对于图 2–14 所示的理想脉冲整流器，假定它从交流电网吸取跟网压同相位的正弦电流，即输入端为

$$u_N = \sqrt{2}U_N \sin\omega t \tag{2–15}$$

$$i_N = \sqrt{2}I_N \sin\omega t \tag{2–16}$$

所谓理想情况，可以认为所有元件均无损耗，则输入功率 P_N 应等于输出功率 P_d，即

$$P_N = i_N u_N = U_N I_N (1-\cos 2\omega t) = P_d = i_d u_d \tag{2–17}$$

由此看出，电网的输入功率 P_N 的频率脉动是电网频率脉动的 2 倍。

脉冲整流器按输出情况可以分为电压源型与电流源型两类，如图 2–14 所示。

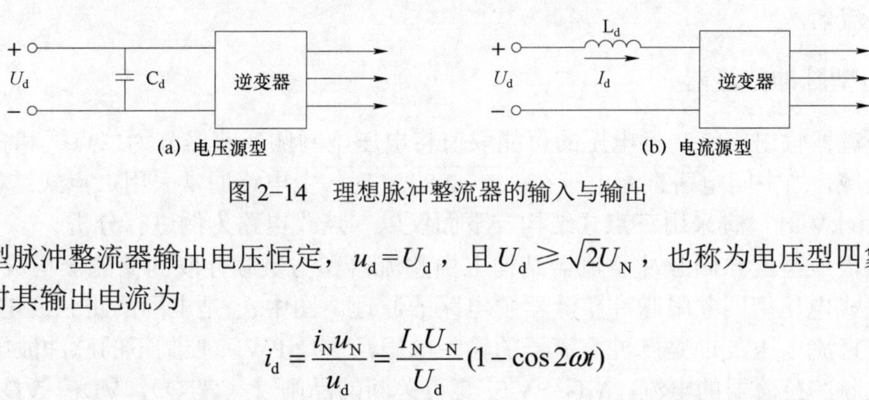

图 2–14　理想脉冲整流器的输入与输出

电压型脉冲整流器输出电压恒定，$u_d = U_d$，且 $U_d \geqslant \sqrt{2}U_N$，也称为电压型四象限脉冲整流器。此时其输出电流为

$$i_d = \frac{i_N u_N}{u_d} = \frac{I_N U_N}{U_d}(1-\cos 2\omega t) \tag{2–18}$$

可见，输出电流 i_d 的频率脉动与电网输入功率一样，也是 2 倍于电网频率脉动的。

另一类是输出电压恒定，$i_d = I_d$，且 $I_d \geqslant \sqrt{2}\, I_N$，称为电流型脉冲整流器，其输出电压为

$$u_d = \frac{i_N u_N}{i_d} = \frac{I_N U_N}{I_d}(1-\cos 2\omega t) \tag{2–19}$$

输出电压 u_d 的频率脉动也是电网频率脉动的 2 倍。

对于这种理想脉冲整流器，如果想在直流负载上得到恒定的电压与电流，则必须在脉冲整流器直流侧与负载之间接入一个由电感电容组成的滤波器，以平衡 2 倍于电网频率脉动的能量。此外，在理想脉冲整流器中假定 PWM 的脉冲频率 f_p 是无穷大，但实际上功率半导体器件的开关频率都有一定的限制，为此在脉冲整流器交流侧与电网之间也需接入相应的滤波

器结构，滤波器结构如图 2-15 所示。

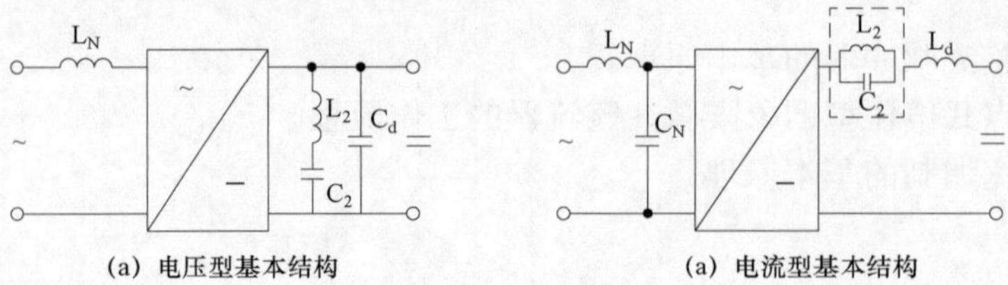

图 2-15　滤波器结构

图 2-15（a）中电压型脉冲整流器直流侧的滤波器，由支撑电容 C_d 和吸收二次谐波电流的串联型谐振滤波器 L_2-C_2 组成，交流侧需要电感 L_N 滤波器。如图 2-15（b）所示，电流型脉冲整流器的直流侧由平波电感 L_d 和串联于负载的并联型谐振滤波器 L_2-C_2 组成。后者用来抑制二次谐波电压，交流侧需要电容 C_N 滤波器。图 2-15（a）和（b）中 L_N 可以看作电网或变压器的漏感。由于电流型脉冲整流器往往允许直流侧电流 I_d 中含有一定主要为二次谐波分量的脉动，于是常常省去上述的 L_2-C_2 滤波器。

由于脉冲整流器采用了脉宽调制技术，当由晶闸管（半控型器件）构成脉冲整流器主电路时，必须考虑与设计对晶闸管实现强迫换流（或换向）的 L_C 换流电路。由于电力电子器件技术的迅速发展，各类自关断器件（全控型器件），如 BJT、MOSFET、IGBT 和 GTO 等的研制成功与开发应用，在需强迫换流的应用场合，大多采用自关断器件来替代晶闸管以省去复杂的换流电路，使主电路大为简化，减小了装置的体积，并消除了换流电路中的损耗。

牵引逆变器采用电压型逆变器，相应的脉冲整流器也应采用电压型，因此下面仅讨论电压型脉冲整流器。

2.5.2　电压型脉冲整流器

根据变流器输出交流侧相电压的可能取值将电压型网侧变流器分为二点式和三点式。在交流传动领域，当中间电路直流电压在 2.7～2.8 kV 时，主电路通常采用二点式结构，当直流电压大于 3.6 kV 时，宜采用三点式结构。下面仅以二点式电路为例进行分析。

二点式电压型四象限脉冲整流器结构上由整流器和与负载并联的储能器构成。图 2-16 所示为二点式电压型四象限脉冲整流器主电路的原理。图中 u_N 是电网的正弦波电压，U_d 是输出的恒定直流电压，u_S 是脉冲整流器的输入电压，这是 PWM 控制下的脉冲波电压，i_N 是从电网流入脉冲整流器的电流。VT_1～VT_4 是可关断的晶闸管（GTO），VD_1～VD_4 是整流二极管。对 4 个 GTO 元件进行合适的 PWM 控制，一方面保证 U_d 恒定，另一方面使网侧电流 i_N 与网侧电压 u_N 相位同相。脉冲频率 f_p 越高，网侧电流 i_N 波形也就越接近正弦波。

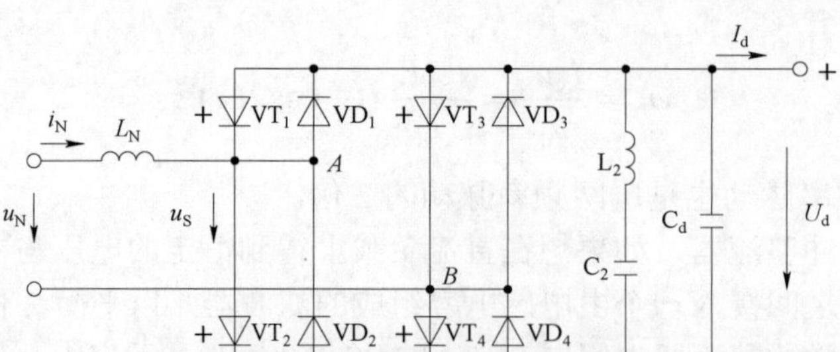

图 2-16　二点式电压型四象限脉冲整流器主电路的原理

由于加在储能器上的电压是一个纯直流电压，而输出的电流是一脉动电流，因此要想减小负载电流的脉动，储能器应是一个具有 2 倍网频的电容器和电抗器组成的串联谐振电路，从而使得二次谐波从谐振电路中流过。除了由 L_2-C_2 的串联谐振电路组成的并联储能器，还有一个包括电容器 C_d 的附加储能器，这个电容器的电容量要选得足够大，使它既能够参与储能器与变压器漏抗的功率交换，又能够支撑直流回路电压，使其保持稳定。我们把这种由变流器和并联储能器构成，并按照 PWM 方式工作，把交流能量变换为直流能量的装置，称为脉冲整流装置。电压型脉冲整流器在保证电源电流不发生畸变并与电源电压保持同相位的同时，其输出端提供恒定的、平整的直流电压，而输出直流电流的大小与负载特性有关。

由于电源侧存在变压器漏抗（I_N），因而可使中间直流电压高于整流输出的最大电压，例如当 $u_S>0$ 时，触发 VT_2，则变压器二次侧绕组将通过 VT_2、VD_4 短接，由于变压器具有足够大的短路阻抗，因此短路电流上升率有限。若此时关断 VT_2，则变压器二次侧电流经 VT_2、VD_4 流入中间回路，显然 $u_N+u_{LN}=U_d$，是一种升压斩波，从而在较低的变压器二次侧电压下能够获得较高的中间回路直流电压。同理负半周也一样。说明四象限脉冲整流器不同于一般的整流电路，它是一种交—直斩波升压电路。

2.5.3　脉宽调制原理

这里结合脉冲整流器的脉宽调制控制方式介绍其基本原理。在图 2−16 中，若 VT_1、VT_4 和 VT_2、VT_3 交替导通，如使 u_N 与 i_N 同相位，脉冲整流器可从电网获取能量，将交流整流为直流；当 u_N 与 i_N 反相位时，可将负载侧的直流逆变为交流，将能量反馈给电网。而脉宽调制（PWM）方式就是指如何控制 VT_1～VT_4 的导通或关断的时间，以调节反馈量的大小，或者调节获取能量的数值。下面介绍一种正弦脉宽调制（SPWM）方式。

如图 2−17 所示，SPWM 法是指由正弦调制参照电压 u_R 与三角载波电压 u_T 两者交点处决定的 PWM 的脉冲模式。参照电压 u_R 的频率 f_R 等于网压 u_N 的频率 f_N，即 $f_R=f_N$，而三角波电压 u_T 的频率 f_T 是网频 f_N 的整数倍，可表示 $f_T=nf_N$（式中 n=1，2，3，…）。

整流器的每个桥臂电路的通断控制由三角载波和正弦调制波的交点来决定桥臂中的上下两个元件的换流时刻，两个桥臂的正弦调制波相位差 180°。在图 2−17（a）中，有两个相位相反的正弦调制参照电压 u_R 和 $-u_R$ 分别与同一三角载波电压 u_T 比较，由它们的交点决定主管 VT_4 与 VT_3 或 VT_1 与 VT_2 的导通时刻。当 $u_R>u_T$ 时，VT_4 导通，结合图 2−16，此时图中 B 点的电位为零；当 $u_R<u_T$ 时，VT_3 导通，B 点电位为 U_d。所以 B 点电位波形 u_B 图 2−17（c）所示。

同理，当 $-u_R>u_T$ 时，VT_1 导通，A 点电位为零，而 $-u_R<u_T$ 时，VT_2 导通 A 点电位为 U_d。由此得主电路中点 A 的电位波形 u_A［见图 2−17（b）］。脉冲整流器交流侧的输入电压波形 u_S 为

$$u_S=u_A-u_B \tag{2-20}$$

图 2−17（d）所示为按正弦脉宽调制（SPWM）得到的双极性脉冲电压 u_S。由图可见，u_S 的脉冲频率为各主管（VT_1～VT_4）的开关频率的 2 倍。

在三角载波幅值 U_{Tm} 恒定时，改变参照波电压幅值 U_{Rm} 就可线性地调节脉冲电压 u_{S1} 的幅值 U_{S1m}，u_{S1} 是脉冲电压 u_S 的基波分量。同样，改变参照波 u_R 与网压 u_N 之间相位，也可调节脉冲电压基波分量 u_{S1} 与网压 u_N 之间的相位，从而可使网流 i_N 与网压 u_N 同相位。

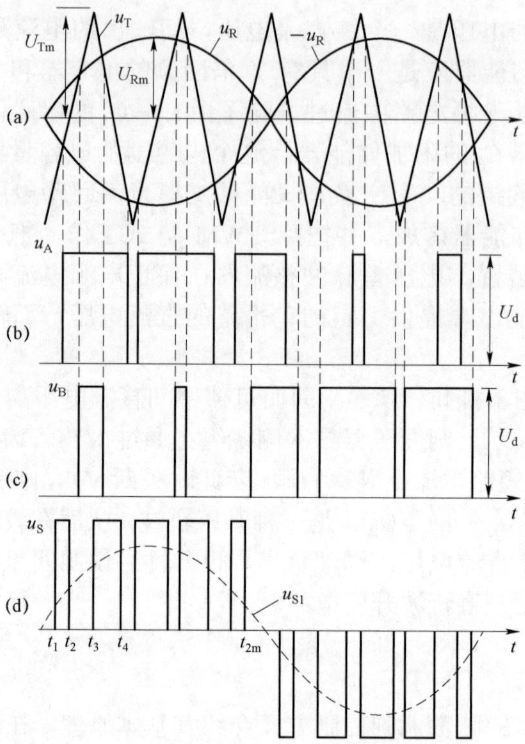

图 2-17　正弦脉宽调制波形

由此可见，采用正弦脉宽调制时，改变参照波 u_R 电压幅值可调节脉冲电压基波 u_{S1} 的幅值；改变参照波 u_R 与网压 u_N 之间的相位，可使网流 i_N 与网压 u_N 同相位；当载波频率越高，网流 i_N 波形越接近正弦波。所以采用脉冲整流器后对电网的污染可减至最小限度。

2.5.4　基本能量转换

由图 2-16 可知，通过构成桥式整流的整流二极管 VD_1～VD_4 可将电网交流电变为直流电，供给中间储能回路或负载；也可经 GTO 管 VT_1～VT_4 将中间储能回路或负载方面的直流电逆变为交流电，反馈给电网。所以脉冲整流器的能量交换或传递是可逆的，而能量传递的总趋势，或者说脉冲整流器工作在整流还是逆变工况，与 VT_1～VT_4 的脉宽调制（PWM）方式有关。

在图 2-16 进行脉宽调制过程中，控制各开关支路的导通或关断，实现脉宽调制和能量变换，除 4 个整流二极管 VD_1～VD_4 和 4 个 GTO 管 VT_1～VT_4 分别构成整流和逆变工况外，还存在着 1 个二极管和 1 个 GTO 管两者同时导通，构成脉冲整流器对电网短路的工况，此时脉冲整流器输入电压 u_S 应等于零。所以图 2-16 中主电路的 VT_1～VT_4 和 VD_1～VD_4 共有 8 种导通组合，构成整流、逆变和电网被短路的三种工况。从能量的传递来看，形成 6 种能量传递情况。为了清楚起见，列出表 2-1，它给出脉冲整流器的能量传递关系及主元件的导通组合。从表 2-1 的工作模式上看，当网压 u_N 和网流 i_N 方向一致时为整流状态，当网压和网流方向相反为逆变状态。虽然整流状态有 4 个，但实际机车上只要Ⅰ、Ⅲ象限的整流状态和Ⅱ、Ⅳ象限的逆变状态。在整流状态，能量传递的总趋势是由电网向直流中间环节（或负载）传递；在逆变状态，能量传递的总趋势是由直流中间环节（或负载）向电网传递。这由脉宽调制方式所决定，其中主要由参照电压 u_R 与网压 u_N 之间的相位所决定。

表 2-1　电压型四象限脉冲整流器工作模式

u_N	i_N	u_S	u_{LN}	导通条件	i_N的变化	工作模式	能量传递	机车状态
>0	>0	0	u_N	VD_1、VT_4/VT_2、VD_4	↑	电源短接	$u_N \to u_{LN}$	牵引
		$+U_d$	u_N-U_d	VD_1、VD_4	↓	整流	$u_N+u_{LN} \to U_d$	
		$-U_d$	u_N+U_d	VT_3、VT_2	↑	反馈	$u_N+U_d \to u_{LN}$	
	<0	0	u_N	VT_1、VD_3/VD_2、VT_4	↓	电源短接	$u_{LN} \to u_N$	制动
		$+U_d$	u_N-U_d	VT_1、VT_4	↑	反馈	$U_d \to u_N+u_{LN}$	
		$-U_d$	u_N+U_d	VD_2、VD_3	↓	整流	$u_{LN} \to u_N+U_d$	
<0	>0	0	u_N	VD_1、VT_4/VT_2、VD_4	↓	电源短接	$u_{LN} \to u_N$	制动
		$+U_d$	u_N+U_d	VD_1、VD_4	↓	整流	$u_{LN} \to u_N+U_d$	
		$-U_d$	u_N-U_d	VT_3、VT_2	↑	反馈	$U_d \to u_N+u_{LN}$	
	<0	0	u_N	VT_1、VD_3/VD_2、VT_4	↑	电源短接	$u_N \to u_{LN}$	牵引
		$+U_d$	u_N+U_d	VT_1、VT_4	↑	反馈	$u_N+U_d \to u_{LN}$	
		$-U_d$	u_N-U_d	VD_2、VD_3	↓	整流	$u_N+u_{LN} \to U_d$	

通过原理分析可以看出，实现能量变换中参与整流的可以看成是不控桥整流，因此功率因数较高；参与逆变的（即再生制动）是全控桥逆变，因此可以实现能量的回馈。电路能在两个方向导通电流，而与所施加的电压极性无关，因而能够方便地实现牵引与再生制动的转换。

由于采用脉宽调制，通过控制调制率来控制各支路元件的导通和关断等措施，可使直流电压在整流器的输入端产生工频交流正弦电压，且使二次侧电流与变压器二次侧电压同相位，波形畸变变小，这样就可使功率因数接近于 1。

课后讨论与复习题

1. 何谓电压源型变压变频装置和电流源型变压变频装置？各有何特点？
2. 为什么说采用脉宽调制技术能使变流器的功率因数接近于 1？

任务 2.6　电力机车电气制动

任务说明

电传动机车一般有两套制动系统：一是空气制动系统即机械制动系统，包括闸瓦制动和盘型制动；二是电气制动系统，包括电阻制动和再生制动，高速列车还有磁轨制动和涡流制动。

制动是机车基本运行工作状态之一，当列车需要减速、停车或在长大下坡道上运行限制列车速度时，都必须采取制动措施。现代铁路运输的安全性在很大程度上取决于机车制动性能的好坏。

本任务将介绍电气制动系统，其中交—直型电力机车主要采用电阻制动，交—直—交型电力机车主要采用再生制动。

任务目标

- 会分析电阻制动原理。
- 掌握加馈电阻制动线路的构成。
- 掌握再生制动原理。
- 了解再生制动的调节过程。

内容讲解

2.6.1 电气制动原理

电气制动（也称动力制动）是利用了电动机的可逆性原理。机车在牵引工况时，牵引电动机做电动机运行，将电网的电能转换为机械能，轴上输出牵引转矩以驱动列车运行。机车在电气制动时，列车的惯性力带动牵引电动机，牵引电动机做发电动机运行，将列车动能转换为电能，输出制动电流的同时，在牵引电动机轴上产生反转矩并作用于轮对，形成制动力使列车减速或以一定的速度运行。

1. 电气制动形式

根据电气制动时电能的消耗方式，电气制动分为电阻制动和再生制动。如果将电气制动时产生的电能利用电阻使之转化为热能消耗掉，称为电阻制动。如果将电气制动时产生的电能重新回馈给电网并加以利用，称为再生制动。

直流传动电力机车采用电阻制动，交流传动电力机车采用再生制动。采用电气制动可以提高列车运行的安全性，提高列车的下坡速度，最小限度地使用空气制动，以减小轮缘和钢轨间的磨耗，降低运输成本。

2. 电气制动的基本要求

实施电气制动时，制动系统必须满足以下几点要求。

（1）具有电气稳定性并保证必要的机械稳定性；

（2）具有广泛的调节范围，制动过程要平稳，冲击力要小；

（3）机车由牵引状态转换为电气制动状态时线路应简单，操纵方便，有良好的制动性能，负载分配力求均匀。

3. 制动稳定的概念

（1）机械稳定性。机械稳定性是指由于偶然因素（电网电压波动、线路纵断面变化等）引起机车速度变化，不会破坏原有的运行状态，制动力要能适应速度的变化。此时，制动系统若能建立起新的平衡状态或当偶然因素消失后能恢复到原来的平衡状态，这种系统就称为稳定系统，否则就称为不稳定系统。

机械稳定性判断的条件是制动力具有向上的特性，系统才具有机械稳定性。实际上电力机车无论是电阻制动还是再生制动，其制动特性在高速区、保持制动电流恒定的条件下，特性曲线的变化率均大于零，故电气制动在高速区具有机械稳定性。

（2）电气稳定性。电气稳定性是指电传动机车在正常运行时，不会由于偶然因素，电流发生微量变化，而使牵引电动机的电平衡状态遭到破坏。电阻压降的斜率必须大于电动机电势曲线的斜率，系统才具有电气稳定性。

2.6.2　交—直型电力机车电阻制动

在直流传动电力机车中，一般采用串励牵引电动机。由于串励电动机的特性很软，若作为发电动机运行，输出电压稳定性很差，因此在进行电气制动时需将串励电动机改为他励电动机。

1. 电阻制动的基本原理

采用他励电阻制动时，首先切断牵引电动机电枢与电网的连接，使电枢绕组与制动电阻结成回路，励磁绕组则由其他电源供电，并且励磁电流方向与牵引时相反，以改变电磁转矩方向。电动机做他励发电机运行，其工作原理如图 2−18 所示。

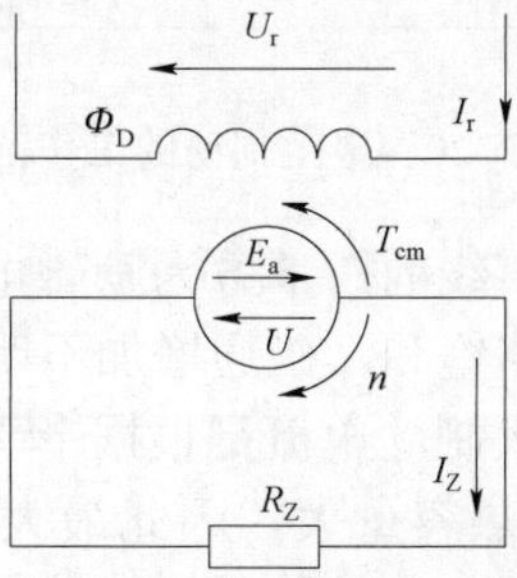

图 2−18　他励电阻制动原理

2. 电阻制动特性

制动特性是指制动力 B 与机车速度 v 之间的关系，即 $B = f(v)$，如图 2−19 所示。对于某一固定的励磁电流（即 φ 值固定），制动力 B 与速度 v 成正比，并且励磁电流越大，特性曲线越陡，如图 2−19 所示，图中 $I_{L4} > I_{L3} > I_{L2} > I_{L1}$，说明他励电阻制动具有机械稳定性，随着机车速度的增加其制动力也增加。

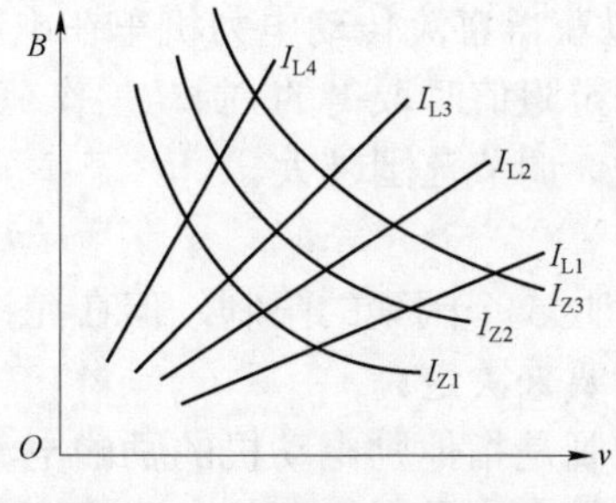

图 2−19　电阻制动特性曲线

由图 2−19 可知保持励磁电流为常量（即 φ 值固定），机车速度越高，制动力越大，制动效果越明显；机车速度越低，制动力越小，故电阻制动一般不能用于制停。

当保持制动电流 I_Z 为常量，制动电流 I_Z 保持恒定时，机车制动力 B 与机车速度 v 成反比，特性曲线为一双曲线，且 $I_{L3} > I_{L2} > I_{L1}$，制动力在很宽的范围内随速度的升高而降低，因而不具有机械稳定性。

由以上分析可知，制动力的大小可以通过两种方法来改变：一是改变励磁电流以改变牵引电动机磁通；二是改变制动电流。

3. 电阻制动的工作范围

直流传动电力机车在制动时，由于受机车速度、制动电流、励磁电流等因素的限制，只允许在一定范围内使用电阻制动，其工作范围如图 2-20 所示。

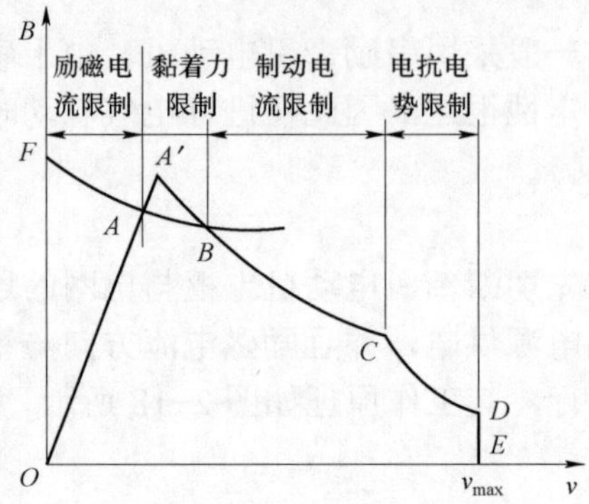

图 2-20　电阻制动的工作范围

（1）最大励磁电流的限制。OA' 线的右下方为励磁电流的允许工作区域。若超过此限制值，励磁绕组会发热烧损。此外磁路饱和，磁通增加不明显，调节效果不明显。

（2）最大制动电流的限制。最大制动电流是根据牵引电动机电枢绕组、制动电阻的允许发热容量而定的。由于牵引电动机热容量大，因此最大制动电流一般取决于制动电阻的热容量。

（3）黏着力的限制。计算制动时的黏着系数应比牵引时低 20%。如果制动力大于此值会造成滑行。

（4）牵引电动机换向条件的限制。牵引电动机安全换向取决于电抗电动势 e_r 和片间最高电压 U_{Hmax}，前者可能引起火花，后者可能引起环火。

（5）机车构造速度的限制。主要受机车走行部机械强度限制，实际上还可能受线路允许速度的限制。

综合以上 5 个限制条件，可以获得直流传动电力机车在电阻制动时的工作范围 OABCDE，其制动特性是在制动电阻等于固定阻值时取得的。制动工作范围所限定的面积等于制动功率，该面积越大，表示制动功率越大，调节范围越大。

4. 电阻制动的控制方式

电阻制动的工作范围受到以上 5 个因素的限制，但在允许的工作范围内，究竟采用何种制动控制方式，则要根据实际需要来决定。

（1）恒磁通控制。恒磁通控制是指他励电动机的励磁电流固定，制动力的调节依靠制动电阻的大小来进行，由于这种控制方式是有级调速，速度调节不连续，并且电路比较复杂，在直流传动电力机车上不单独使用，而仅作为一种弥补手段。在低速区域制动力明显不足时，为扩大机车制动力，可短接（减少）一部分制动电阻，进行分级电阻制动。

（2）恒电流控制。恒电流控制是指保持制动电流不变，制动力的调节依靠调节他励电流来实现，机车特性呈恒功率曲线，此种方式能够充分利用机车的制动功率，但机械稳定性差，工作特性使用范围受限，机车在低速区一般采用此种控制方式。

（3）恒速控制。恒速控制是指随着外界加速度的变化相应地调节电动机的励磁电流，使机车制动时保持恒定速度，实现恒速下坡。例如，机车在长大下坡道上运行，欲使机车以某一速度恒速下坡，首先司机给定机车速度为某恒定值，若机车速度高于给定值，则加大励磁电流，使机车制动力增加，迫使机车速度下降；若机车速度低于给定值，则减小励磁电流，使机车制动力减小，机车速度会自动上升。

比较以上 3 种控制特性，恒速制动是一种较为理想的制动特性，对稳定列车下坡速度，提高平均速度十分有利。但其所需的制动功率要足够大，由于受制动功率的限制，较难满足要求，因此机车一般采用准恒速制动。

5. 电阻制动的不足及克服方法

从制动特性曲线可以看出电阻制动最大的缺点是：低速时制动力直线下降，制动效果不明显。因此，电阻制动不能完全代替空气制动，一般只能作为减速制动，不能作为停车制动。为了提高低速时的制动力，直流传动电力机车一般采用以下两种方法。

（1）分级电阻制动。利用改变制动电阻阻值来改变制动特性，即将制动电阻分成若干级，低速时由于发电动机电势随机车速度（电动机转速）的降低而正比的降低，对于一定的制动电阻，制动电流也正比减小，因而不能维持一定制动力时所需的电流，若将制动电阻短接（减小）一部分，则尽管由于机车速度的降低使发电动机电势下降，但由于制动电阻的减小，制动电流仍能保持较大的值，以维持低速时有较大的制动力。例如，SS_3 型电力机车制动电阻 R_Z 分成 1.000　52 Ω和 0.60 Ω两级，低速时制动力扩大近 1 倍，如图 2−21 所示。图中虚线表示“低速制动”时的制动特性。

（2）加馈电阻制动。又称“补足”电阻制动，电阻制动在低速区由于制动电流减小而使制动力下降，为了维护制动电流不变，克服机车制动力在低速区减小的状况，在制动回路外接附加制动电源来补足。其原理如图 2−22（a）所示。

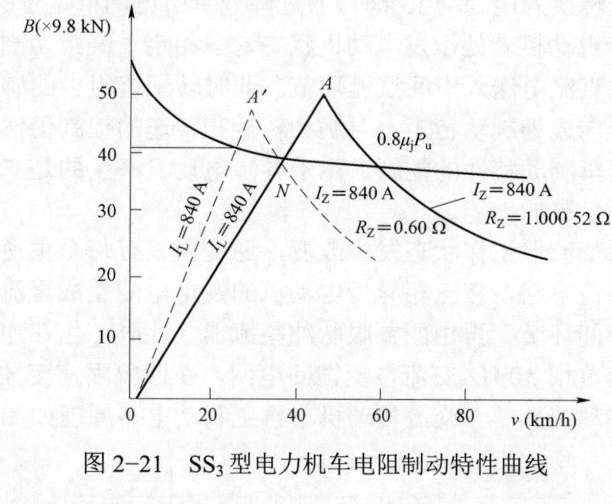

图 2−21　SS_3 型电力机车电阻制动特性曲线

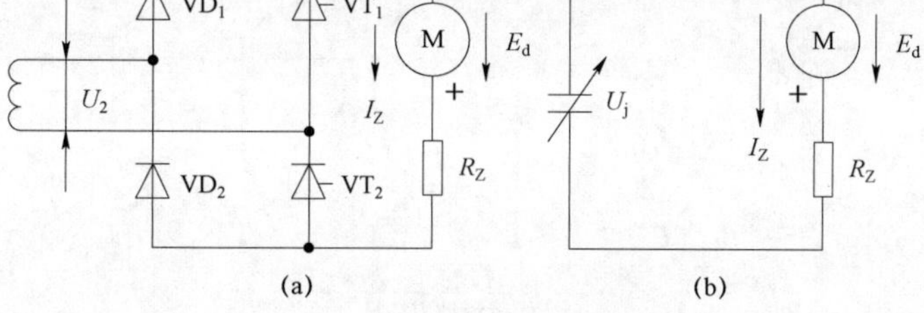

图 2−22　加馈电阻制动原理

由于加馈电阻制动需要根据实际制动电流及时补足发电动机电势减少部分，故要求附加制动电源连续可调。一般相控调压的电力机车不另设加馈电源，而是使用牵引时整流调压电路在制动工况作为加馈电源。

调节半控整流电路中晶闸管的移相角α可以调节加馈电源输出，及时补足制动电流的减小，使制动电流维持不变。显然，加馈电阻制动时需要消耗部分电网能量，有计算表明，所需外加制动功率几乎与机车额定功率相等。

从理论上讲，加馈电阻制动可使机车制停，而实际上由于牵引电动机换向器不允许在机车速度很低时，长时间流过额定电流，以防止换向器过热而烧损。

2.6.3 交—直—交型电力机车再生制动

交流传动机车一般采用异步牵引电动机，与直流电动机一样，异步电动机运行也是可逆的，它既可工作于电动机状态来实施牵引，又可工作于发电动机状态来实施电气制动。交流传动机车的电动机采用三相异步电动机，相同速度下发电动机电势要高于直流电动机，转换效率明显好于直流传动电力机车。根据制动能量的吸收方式，交流传动机车的电气制动也分为电阻制动和再生制动。交流传动内燃机车只能采用电阻制动，交流传动的电力机车一般采用再生制动。

我们已经知道，交—直型电力机车在进行电气制动时，对直流牵引电动机要通过触点电器进行复杂的电路转换，由串励电动机状态转变为他励发电动机状态。而在交—直—交型电力机车上，异步电动机由电动机状态进入发电动机状态是很容易的，不需要复杂的触点电路转换，而是通过牵引逆变器控制转差频率f_2（$f_2=f_1-f$）即可实现两种工作状态的转换。

当机车由牵引工况转换为电制动工况时，通过降低牵引电动机定子的供电频率f_1，使$f_1<f$，即$f_2<0$时，异步电动机就处于发电动机状态，三相定子绕组切割旋转磁场产生三相交流电，经逆变器整流成直流电送入中间直流环节。此时转子绕组中的感应电势反向，电流也反向，使电动机转矩反向成为制动转矩。对制动转矩和转速的控制仍然是通过牵引逆变器直接进行的，从而实现机车制动特性的控制。由于异步电动机产生的是三相交流电，因此反馈的能量远大于直流传动机车的电能。

再生制动时，牵引变流器工作状态发生改变，逆变器仅有每个主逆变元件上并联的二极管组成三相桥式不控整流电路，将三相异步电动机的发电电能整成直流，逆变器工作在整流状态，输出直流电给中间环节，再由四象限脉冲整流器（此时工作在逆变状态）将中间环节储存的直流电能逆变为单相 50 Hz 交流电反馈回电网。在四象限速度控制系统中，电动机速度可以通过再生发电制动减到零。交流传动机车再生制动电路原理如图 2–23 所示。

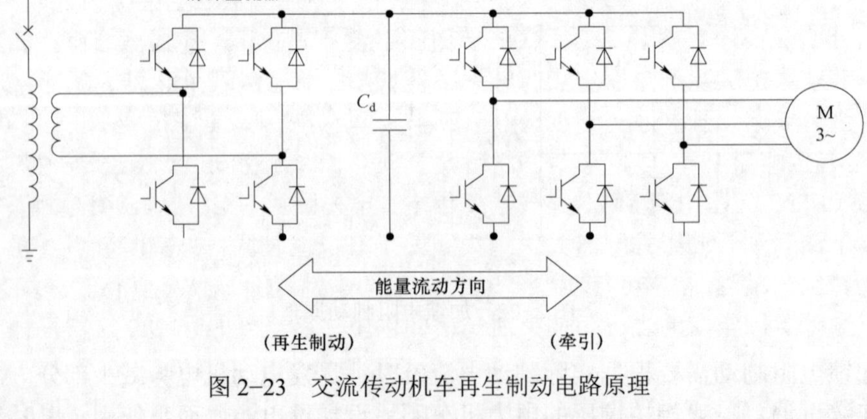

图 2–23　交流传动机车再生制动电路原理

为了解决交—直传动电力机车采用相控整流器进行再生制动时出现的一系列问题，目前交流传动电力机车的网侧变流器大多采用四象限脉冲整流器，四象限脉冲整流器矢量及波形图如图 2-24 所示。四象限脉冲整流器是一个脉宽调制变流器，通过控制调制比的相位、幅值及载波频率，不仅能方便地进行整流（牵引工况）和逆变（再生工况）两种状态的转变，而且能使网侧电流接近正弦波形，其基波电流 i_{N1} 与网侧电压 u_N 同相（整流）或反相（逆变），使功率因数接近于 1，谐波电流含量大大减少。

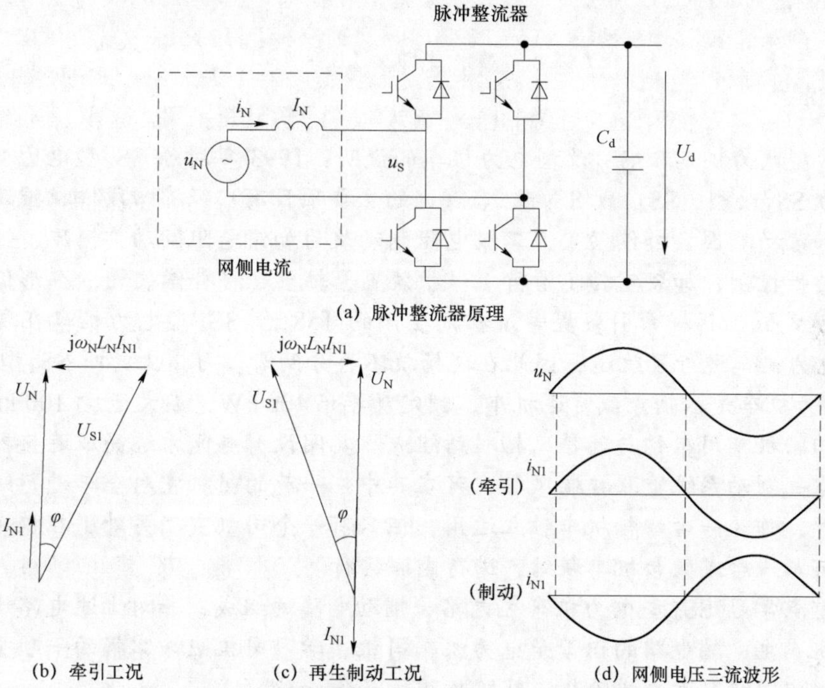

图 2-24　四象限脉冲整流器矢量及波形图

在牵引工况时，四象限脉冲整流器交流侧的网侧电压 u_N 和网侧电流 i_N 在第Ⅰ或第Ⅲ象限，即 u_N 与 i_N 同极性，四象限脉冲整流器处于整流状态，电能从整流器的交流侧传送到直流侧；在再生制动工况时，四象限脉冲整流器交流侧的网侧电压 u_N 和网侧电流 i_N 在第Ⅱ或第Ⅳ象限，即 u_N 与 i_N 极性相反，四象限脉冲整流器处于逆变状态，电能从整流器的直流侧传送到交流侧。

由此可见，实现再生制动的关键装置是四象限脉冲整流器，国产和谐系列大功率电力机车均采用再生制动方式。

课后讨论与复习题

1. 何谓机车电气制动？有哪两种制动形式？各有何特点？
2. 何谓电阻制动？
3. 何谓再生制动？

项目 3　SS_4型电力机车主、辅电路

项目导读

关于 SS_4 型电力机车和 SS_4 改型电力机车的说明：1993 年对原 SS_4 型电力机车进行了重大改进，俗称 SS_4 改型（SS_{4G} 或 SS_4 改）。改进的主要项目有：经济四段桥相控改为不等分三段桥相控，加装功率因数补偿装置，二级电阻制动改为加馈电阻制动，恒流、恒压控制改为恒流准恒速特性控制，加装空转（滑行）保护装置、轴重转移补偿装置，Z 形低位斜杆牵引装置改为推挽式低位斜杆牵引装置等。初期生产的 158 台 SS_4 型电力机车在现场使用中也按 SS_4 改型电力机车进行了改造，因此在现场就不再分两者，习惯上就叫 SS_4 型电力机车。

SS_4 型电力机车是八轴重载货运机车，额定功率 6 400 kW，最大速度 100 km/h，由两节完全相同的四轴机车用车钩与连挂风挡联结组成。其间设有电气系统高压连接器和重联控制电缆，以及空气制动系统重联控制风管，可在其中任一节的司机室对全车进行统一控制。两节车亦可分开，作为一台四轴机车独立运用，但只有一个司机室。另外，在机车两端还设有重联装置，可与一台或数台机车联结，进行重联运行。

本项目重点学习 SS_4 型电力机车主电路、辅助电路的组成，并对上述电路进行工作过程分析。电力机车主、辅电路的识读是电力机车司机、学习司机应该掌握的一项重要内容，是机车运行过程中司机预防并排除机车线路故障的必备知识。

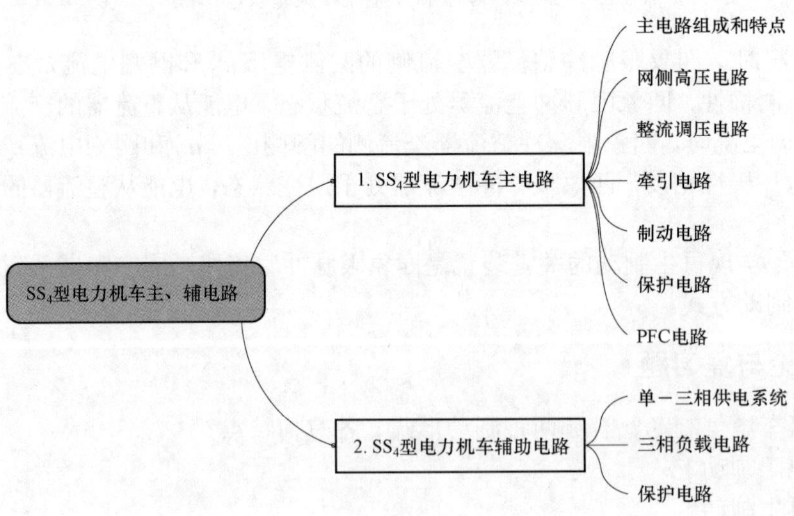

任务3.1 SS_4型电力机车主电路

任务说明

电力机车主电路的识读是电力机车司机、学习司机应该掌握的一项重要内容，是机车运行过程中司机预防并排除机车线路故障的必备知识。通过对主电路的认知学习，能识读电力机车主电路。

任务目标

- 会识读SS_4型电力机车主电路。
- 能说出SS_4型电力机车主电路中各主要设备的名称及作用。
- 能认识主电路中主要设备，并说明其主要结构及特点，具备对主电路中主要设备进行解体和检修试验的能力。
- 会对电力机车主电路故障进行判断和处理。

内容讲解

电力机车电气线路由三部分组成，即主电路、辅助电路和控制电路，这三部分电路在电方面相互独立，它们之间通过电磁、机械或电空传动相联系。

主电路是指牵引电动机及其相关的电气设备用导线或铜排连接起来所组成的线路。它是机车产生牵引力和电气制动力的主体电路，也称动力电路。

3.1.1 主电路组成和特点

1. 对主电路的基本要求

（1）由于主线路是高压线路，因此在升弓带电情况下，要保证工作人员与高压带电部分隔离。

（2）能快速接通与断开电路。

（3）在网压波动的允许范围内能可靠地工作，具有一定的过载能力，对地有良好的绝缘。

（4）能改变机车的运行方向，能进行起动和调速。

（5）尽可能作到起动平稳、调速平滑、减少冲击。

（6）在故障情况下有维持运行的故障线路。

（7）有充分的保护。

（8）有电气制动的机车应能可靠地进行牵引—制动转换，并保证电气制动的电气稳定性和机械稳定性。

（9）应有使机车入库的低压电源入库线路。

小提示： 主电路按电压级可分为网侧（25 kV 侧）高压电路、调压整流电路和牵引制动电路三类。

2. 主电路的组成

电力机车主电路常由以下几部分组成。

（1）变压器一次侧线路，也称原边电路、高压侧电路。

（2）整流线路。

（3）调压线路。

（4）供电线路。

（5）励磁调节线路与换向线路。

（6）电气制动线路。

（7）保护线路。

3. 主电路的工作特点

SS_4型电力机车主电路的特点有：

（1）采用传统的交—直传动形式，使用传统的串励式脉流牵引电动机，具有较成熟的经验，控制系统较简单。

（2）采用一台转向架两台牵引电动机并联，由一台主整流器供电，即所谓“转向架独立供电方式”。SS_4型电力机车的磁削电路中只有磁削电阻，无磁削电抗。

（3）采用不等分三段半控整流调压电路。

（4）采用加馈电阻制动方式，制动时每节车四台牵引电动机主极绕组串联，由一台励磁半控桥式整流器供电。SS_4型电力机车加馈电路采用整流桥负端接法。

（5）直流电流与直流电压的测量实现传感器化，便于实现直读仪表、过载保护及反馈控制三位一体化，还可实现主电路高电位与控制系统的隔离，使司机台仪表接线插座化。

（6）采用双接地继电保护。SS_4型电力机车的接地继电器设置在主变流装置的下半段桥的下端点，使整流装置对地电位降低，改善了元件的工作条件。

（7）装置了 PFC 功补装置，可提高机车的功率因数和改善通信干扰。

4. 主电路设备代号流水数字与线号的编制说明

设备的代号由两部分组成，即流水数字和文字符号。其中，文字符号全面执行 GB 7159—87《电气技术中的文字符号制订通则》中的规定，主电路设备代号中的流水数字的编制原则是以十位数字来划分的，划分的原则如下：

（1）十位数字为“0”，代表机车原边电路上的设备。

（2）十位数字为“1”，代表机车第一位电动机支路上的设备。

（3）十位数字为“2”，代表机车第二位电动机支路上的设备。

（4）十位数字为“3”或“4”，分别代表机车第三、四位电动机支路上的设备。

（5）十位数字为“7”或“8”，分别代表机车第一、二转向架上的次边绕组和整流器上的设备。

（6）十位数字为“9”，分别代表机车励磁绕组、励磁整流器和主接地上的设备。

（7）PFC 电路上的设备无以上规则。

3.1.2 网侧高压电路

1. 网侧高压电路的组成

SS_4电力机车网侧高压电路见图 3-1。

网侧高压电路主要设备有受电弓 1AP、空气断路器 4QF、高压电压互感器 6TV、高压电流互感器 7TA、避雷器 5F、主变压器 8TM 的高压绕组成 AX、PFC 用电流互感器 109TA，以及两节车之间的 25 kV 母线用高压联接器 2AP。

低压部分有自动开关 102QA、网压表 103PV、电度表 105PJ、PFC 用电压互感器 100TV，以及接地电刷 110E、120E、130E 和 140E。

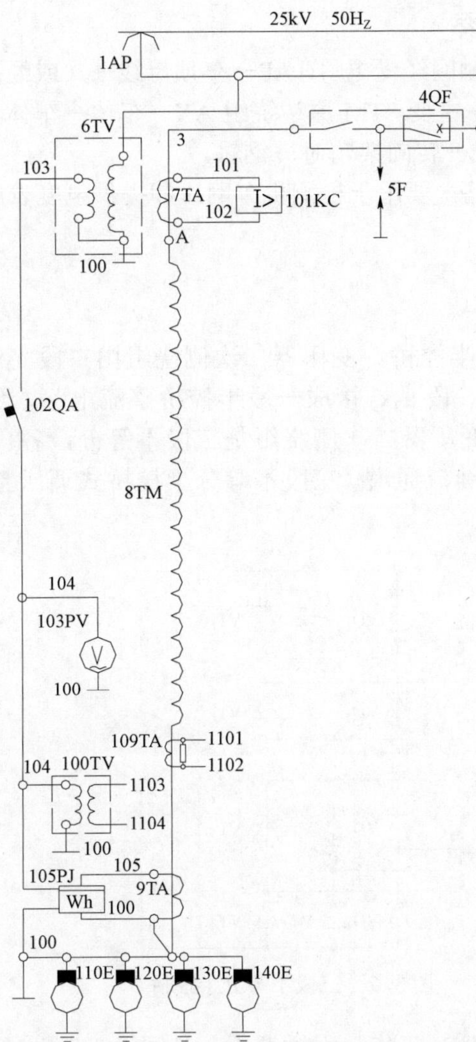

图 3-1　SS_4 电力机车网侧高压电路

受电弓 1AP 的型号是 TSG1-600/25，其作用是当受电弓升起时，其滑板与接触网的接触导线发生接触，从而将电流引入机车。

空气断路器 4QF 的型号是 DZ1A-200/25，是机车的总电源开关和保护器件。当机车发生短路、过流、接地等故障时，均跳主断进行最后一级保护。

高压电压互感器 6TV 的型号是 TBY1-25，25 000 V/100 V，供电给网压表 103PV、PFC 用电压互感器 100TV、电度表 105PJ。

高压电流互感器 7TA 的型号是 TBL1-25，200A/5A。其二次侧接原边过流继电器 101KC。

避雷器 5F 的型号是 Y10W1-42/105TP，是大气过电压及操作过电压的保护器件，安装在主断隔离闸刀一端。

高压连接器 2AP 的型号是 TLG1-600/25，用以连通两节机车的车顶电路。

电度表用电流互感器 9TA 的型号是 LQG-0-5，300A/5A，测量精度高，提供电度表 105PJ 的电流信号。

接地电刷 110E、120E、130E、140E 装在轴端上，用以构成回流电路，以防止电流流过车轴轴承产生电蚀。

2. 网侧高压电路的电流路径

25 kV、50 Hz 交流电由接触网经受电弓 1AP→车顶母线→（或经高压连接器 2AP→另一节机车的车顶母线）主断 4QF→主变 8TM 原边绕组 AX→车体→车体与转向架间软线→接地电刷 110E、120E、130E、140E→转向架轮对→钢轨。

网侧高压电路中的低压电路主要用于检测机车网压和提供电度表用的电压信号。

3.1.3 整流调压电路

1. 整流电路工作原理

图 3-2 所示为三段不等分半控桥。变压器二次侧绕组由二段 a_4x_4、a_2x_2 组成，其中一段 a_4x_4 接成中抽式半控桥，另一段 a_2x_2 接成一般半控桥整流电路，因中抽式绕组可看作两段绕组 a_4b_4、b_4x_4，故实际上变压器二次侧绕组是三段不等分，各段绕组的电压分配比例为 1:1:2。VD_1～VD_4 提供直流续流通道。三段不等分半控桥式调压整流电路的升压顺序控制如下。

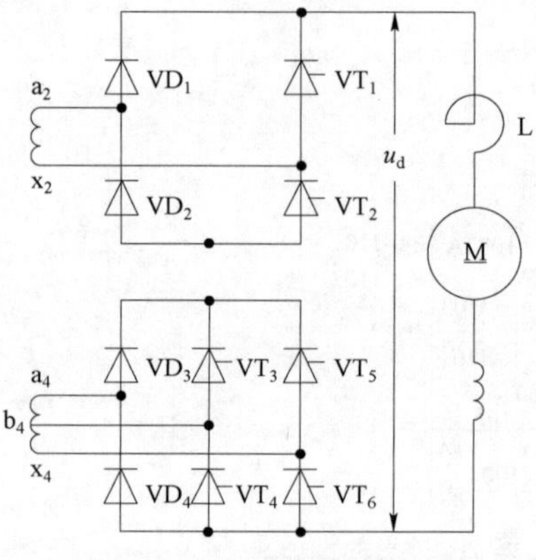

图 3-2　三段不等分半控桥

第 I 段：a_2x_2−$VT_1VT_2VD_3VD_4$ 工作，大桥调压，晶闸管 VT_1、VT_2 触发角为 α_1，VT_3～VT_6 晶闸管封锁，即 VT_3、VT_4 触发角 $\alpha_2=\pi$，VT_5、VT_6 触发角为 $\alpha_3=\pi$，负载电流流过 VD_3、VD_4、VT_1、VT_2、VD_1、VD_2、a_2x_2。整流输出电压为 0～$0.5U_{d0}$。

正半周电流通路为：a_2→VD_1→L→M→VD_4→VD_3→VT_2→x_2。

负半周电流通路为：x_2→VT_1→L→M→VD_4→VD_3→VD_2→a_2。

整流输出电压的平均值为：

$$U_d = 0.9U_{a_2x_2}\frac{(1+\cos\alpha_1)}{2} = \frac{1}{4}U_{d0}(1+\cos\alpha_1)\quad（0<\alpha_1<\pi,\alpha_2=\alpha_3=\pi）$$

当 $\alpha_1=\pi$ 时，$U_d=0$

当 $\alpha_1=0$ 时，$U_d=0.5U_{d0}=0.9U_{a_2x_2}$，（$U_{d0}=2\times0.9U_{a_2x_2}$ 为最大理想空载电压）

第Ⅱ段：维持 VT_1、VT_2 满开放（$\alpha_1=0$），a_4b_4−$VT_3VT_4VD_3VD_4$ 调压桥调压，VT_5、VT_6 封锁（$\alpha_3=\pi$），负载电流流过 $VT_1VT_2VD_1VD_2$、a_2x_2、$VD_3VD_4VT_3VT_4$、a_4b_4，整流输出电压为 $0.5U_{d0}$～$0.75U_{d0}$。

正半周电流通路为：a_2→VD_1→L→M→VT_4→b_4→a_4→VD_3→VT_2→x_2。

负半周电流通路为：x_2→VT_1→L→M→VD_4→a_4→b_4→VT_3→VD_2→a_2。

此时整流输出电压平均值为

$$U_{\mathrm{d}} = 0.5U_{\mathrm{d0}} + 0.9U_{\mathrm{a_4b_4}}\frac{(1+\cos\alpha_2)}{2} = \frac{1}{4}U_{\mathrm{d0}}(3+\cos\alpha_2)\ （\alpha_1 = 0, 0<\alpha_2<\pi, \alpha_3=\pi）$$

当$\alpha_2=\pi$，$U_{\mathrm{d}}=0.5U_{\mathrm{d0}}$

当$\alpha_2=0$，$U_{\mathrm{d}}=0.75U_{\mathrm{d0}}$。

第Ⅲ段：维持 VT_1～VT_4 满开放（$\alpha_1=0$，$\alpha_2=0$），$b_4x_4 \rightarrow VT_5VT_6VD_3VD_4$ 调压桥调压，负载电流流过三段变压器绕组和三段半控桥，整流输出电压为 $0.75U_{\mathrm{d0}}$～U_{d0}。

正半周电流通路为：$a_2 \rightarrow VD_1 \rightarrow L \rightarrow M \rightarrow VT_6 \rightarrow x_4 \rightarrow a_4 \rightarrow VD_3 \rightarrow VT_2 \rightarrow x_2$。

负半周电流通路为：$x_2 \rightarrow VT_1 \rightarrow L \rightarrow M \rightarrow VD_4 \rightarrow a_4 \rightarrow x_4 \rightarrow VT_5 \rightarrow VD_2 \rightarrow a_2$。

此时整流电压平均值为

$$U_{\mathrm{d}} = \frac{3}{4}U_{\mathrm{d0}} + 0.9U_{\mathrm{a_4b_4}}\frac{(1+\cos\alpha_3)}{2}\ （\alpha_1=\alpha_2=0, 0<\alpha_3<\pi）$$

当$\alpha_3=\pi$，$U_{\mathrm{d}}=0-75U_{\mathrm{d0}}$

当$\alpha_3=0$，$U_{\mathrm{d}}=U_{\mathrm{d0}}$。

三段不等分半控桥每段桥的电压、电流波形如图 3-3 所示。

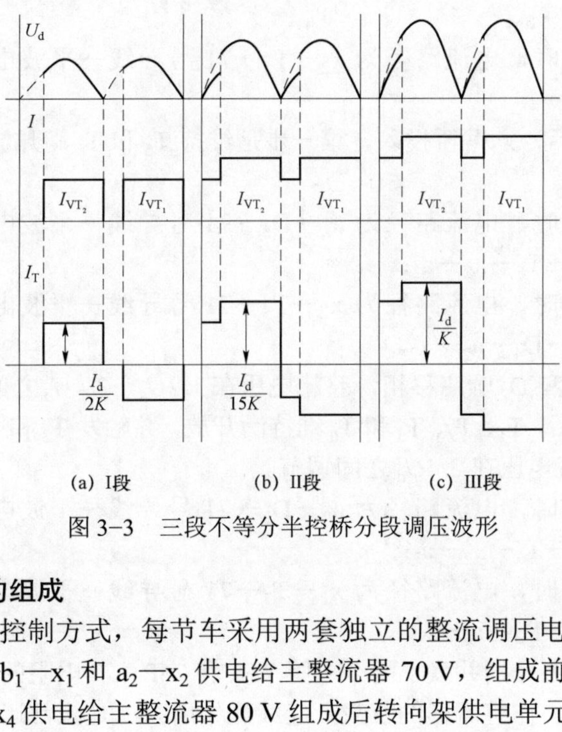

(a) Ⅰ段　(b) Ⅱ段　(c) Ⅲ段

图 3-3　三段不等分半控桥分段调压波形

2. 整流调压电路的组成

为实现转向架独立控制方式，每节车采用两套独立的整流调压电路，分别向相应的转向架供电。牵引绕组 a_1—b_1—x_1 和 a_2—x_2 供电给主整流器 70 V，组成前转向架供电单元；牵引绕组 a_3—b_3—x_3 和 a_4—x_4 供电给主整流器 80 V 组成后转向架供电单元。

图 3-4 为前转向架单元整流调压简化电路。图中所示整流电路为三段不等分整流调压电路。其中各段绕组的电压为

$$U_{\mathrm{a_2x_2}} = U_{\mathrm{a_1x_1}} = 2U_{\mathrm{a_1b_1}} = 2U_{\mathrm{b_1x_1}} = 699.5\ \mathrm{V}$$

3. 整流调压电路的电流路径

三段不等分整流桥的工作顺序如下所述。

首先投入四臂桥，即触发 T_5 和 T_6，投入 a_2—x_2 绕组。T_5、T_6、D_3 和 D_4 顺序移相，整流电压由零逐渐升至 $1/2U_{\mathrm{d}}$（U_{d} 为总整流电压），D_1 和 D_2 续流。

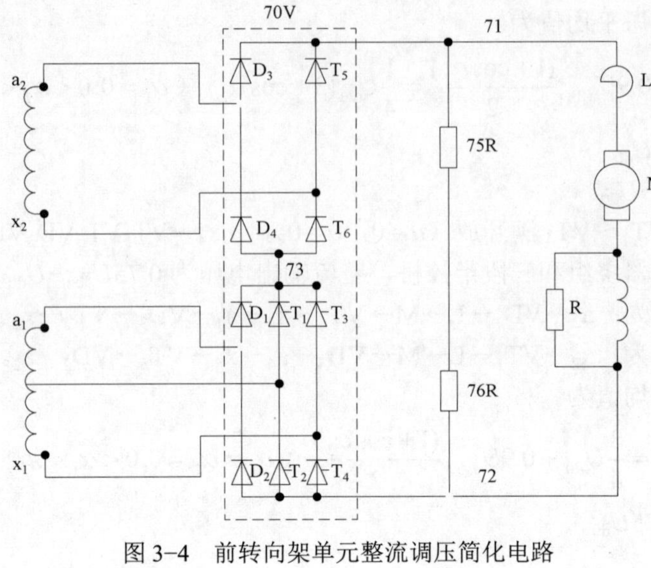

图 3-4　前转向架单元整流调压简化电路

当电源处于正半周时，电流路径为 a_2→D_3→71 号导线→平波电抗器→电动机→72 号导线→D_2→D_1→T_6→x_2→a_2；

当电源处于负半周时，电流路径为 x_2→T_5→71 号导线→平波电抗器→电动机→72 号导线→D_2→D_1→D_4→a_2→x_2。

当 T_5 和 T_6 满开放后，六臂桥投入。第一步是维持 T_5 和 T_6 满开放，触发 T_1 和 T_2，绕组 a_1→b_1 投入。

当电源处于正半周时，电流路径为 a_2→D_3→71 号导线→平波电抗器→电动机→72 号导线→T_2→b_1→a_1→D_1→T_6→x_2→a_2；

当电源处于负半周时，电流路径为 x_2→T_5→71 号导线→平波电抗器→电动机→72 号导线→D_2→a_1→b_1→T_1→D_4→a_2→x_2。

此时，T_1、T_2、D_1 和 D_2 顺序移相，整流电压在 $1/2U_d$～$3/4U_d$ 之间调节。

当 T_1 和 T_2 满开放后，T_1、T_2、T_5 和 T_6 维持满开放，并触发 T_3 和 T_4，b_1→x_1 绕组再投入。T_3 和 T_4 顺序移相，整流电压在 $3/4U_d$ 之间调节。

当电源处于正半周时，电流路径为 a_2→D_3→71 号导线→平波电抗器→电动机→72 号导线→T_4→x_1→a_1→D_1→T_6→x_2→a_2；

当电源处于负半周时，电流路径为 x_2→T_5→71 号导线→平波电抗器→电动机→72 号导线→D_2→a_1→x_1→T_3→D_4→a_2→x_2。

在整流器的输出端还分别并联了两个电阻 75R 和 76R，其电阻的作用有两个：一是机车高压空载做限压试验时，作整流器的负载，起续流作用；二是正常运行时，能够吸收部分过电压。

3.1.4　牵引电路

1. 牵引电路的组成

机车的牵引电路，即机车主电路的直流电路部分。其简化电路见图 3-5。

机车牵引供电电路，采用转向架独立供电方式。第 1 转向架的第 1 台牵引电动机 1M 与第 2 台牵引电动机 2M 并联，由主整流器 70 V 供电；第 2 转向架的第 3 台牵引电动机 3M 与第

4 台牵引电动机 4M 并联，由主整流器 80 V 供电。两组供电电路完全相同且完全独立。

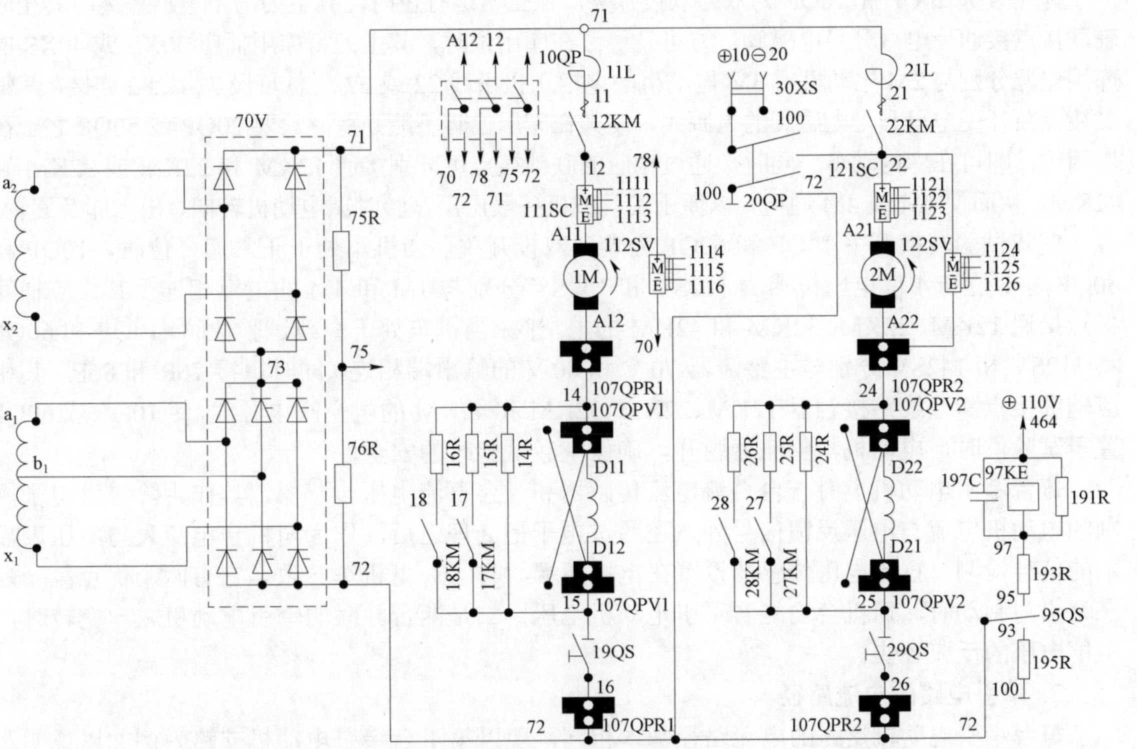

图 3-5　机车牵引工况下简化电路图

平波电抗器 11L 就是一个大电感，大大抑制了牵引回路电流中的交流成分，使流过牵引电动机的电流脉动量减小，从而改善牵引电动机的换向。

线路接触器 12KM 的作用是：一是防止位置转换开关有电转换，因而在位置转换开关动作之前，线路接触器必须先开断电路；二是当电动机支路过流或有其他故障时，可断开该支路；三是防止并联电动机的环流。

两位置转换开关 107QP 的作用是：① 用于转换牵引电动机励磁绕组中的电流方向（改变牵引电动机的转向），以改变电力机车的运行方向；② 用于实现机车牵引工况同制动工况间的转换。

固定分路电阻 14R 与主极绕组并联，磁场削弱系数为 0.96。牵引电动机主极绕组电路中并联固定分路电阻的作用是降低流过牵引电动机主极绕组的电流交流分量，改善整流换向性能。

一级磁削电阻 15R 和接触器 17KM、二级磁削电阻 16R 和接触器 18KM。通过接触器 17KM 的闭合，投入 15R，实现Ⅰ级磁削级，磁削系数为 0.7。接触器 18KM 的闭合，投入 16R，实现Ⅱ级磁削级，其磁削系数为 0.54。当 17KM 和 18KM 同时闭合时，15R 和 16R 同时投入，实现Ⅲ级磁削级，其磁削系数为 0.45。

牵引电动机故障隔离开关 19QS、29QS、39QS 和 49QS 均为单刀双投开关，有上、中、下三个位置。上为运行位，中为牵引故障位，下为制动工况故障位。当牵引电动机之一故障时，将相应牵引电动机故障隔离开关置中间位，其相应常开联锁接点打开相应线路接触器，该电动机支路跟供电电路完全隔离。若误将隔离开关置向下位，则由于线路接触器已打开，虽然无电流，但导线 14 与 16 或 24 与 26 或 34 与 36 或 44 与 46 之一相连，故障电动机在电位上并不能与主电路隔离，若为接地故障，则仍会引起接地继电器动作。

库用开关 20QP 和 50QP 为双刀双投开关。在正常运行位时，其主刀与主电路隔离，其相应辅助接点接通受电弓升弓电磁阀，方可升弓；在库用位时，其主刀将库用插座 30XS 或 40XS 的库用电源分别与 2M 电动机或 3M 电动机的电枢正极引线 22 或 32 及总负极 72 或 82 连接，其辅助接点断开受电弓升弓电磁阀的电源线，使其在库用位时不能升弓。只要 20QP 或 50QP 之一在库用位，即可在库内动车。同时，通过相应的联锁接点可分别接通 12KM 和 22KM 或 32KM 和 42KM，从而使 1M 或 4M 通电，以便于工厂或机务段出厂试验时试电动机转向、出入库及旋轮。

空载试验转换开关 10QP 和 60QP 为叁刀双投开关。当机车处于正常运行位时，10QP 和 60QP 将 1 位和 4 位电压传感器 112SV 和 142SV 分别与 1M 和 4M 的电枢相连，其相应辅助接点接通 12KM、22KM、32KM 和 42KM 的电空阀；当机车处于空载试验位时，10QP 和 60QP 将 112SV 和 142SV 分别与主整流器 70 V 和 80 V 的输出端相连，同时短接 76R 和 86R，其相应辅助接点断开线路接触器 12KM、22KM、32KM 和 42KM 的电空阀电源线，使 10QP 或 60QP 置于试验位时，电动机与整流器脱开，确保空载试验时的安全性。

每台牵引电动机设有一台直流电流传感器和一台直流电压传感器，其作用除提供电子控制的电动机电流与电压反馈信号外，还通过电子柜处理之后，作为司机台电流表与电压表显示的信号检测。直流电压传感器设置在电枢两端，与 SS_4 型机车一致。它有两个优点：一是在牵引与制动时，司机台均能看牵引电动机电压；二是两台并联的牵引电动机之一空转时，电枢电压的反应较快。

2. 牵引电路的电流路径

每台牵引电动机支路的电流路径基本相同，现以第 1 台牵引电动机支路为例加以说明：其电流路径为正极母线 71→平波电抗器 11L→线路接触器 12KM→电流传感器 111SC→电动机电枢→位置转换开关的“牵”－“制”鼓 $107QPR_1$→位置转换开关的“前”→“后” $107QPV_1$→主极磁场绕组→$107QPV_1$→牵引电动机故障隔离开关 19QS→$107QPR_1$→负极母线 72。

由于两轴转向架两台牵引电动机为背向布置，其相对旋转方向应相反。以第 1 转向架前进方向为例，从 1M 电动机非整流子侧看去，电枢旋转方向应为顺时针方向；从 2M 电动机非整流子侧看去，电枢旋转方向应为逆时针方向。同样，第 2 转向架 3M 电动机为顺时针方向，4M 电动机为逆时针方向。

由此，各牵引电动机的电枢与主极绕组的相对接线方式是：

1M：$A_{11}A_{12}$—$D_{11}D_{12}$

2M：$A_{21}A_{22}$—$D_{22}D_{21}$

3M：$A_{31}A_{32}$—$D_{31}D_{32}$

4M：$A_{41}A_{42}$—$D_{42}D_{41}$

上述接线方式为机车向前方向时的状况。当机车向后时，主极绕组通过“前”－“后”换向鼓反向接线。机车运行方向的控制是通过 107QPV 的转换控制励磁电流的方向（即改变励磁绕组的接法），以达到对运行方向的控制。应注意机车运行中要改变方向，必须在机车停车后才能转换，否则会损坏机车。

3.1.5 制动电路

1. 加馈电阻制动电路组成

SS_4 型机车采用了加馈电阻制动电路，主要优点是能够获得较好的制动特性，特别是低速制动特性，图 3-6 为 SS_4 型电力机车加馈制动工况下的简化电路图。

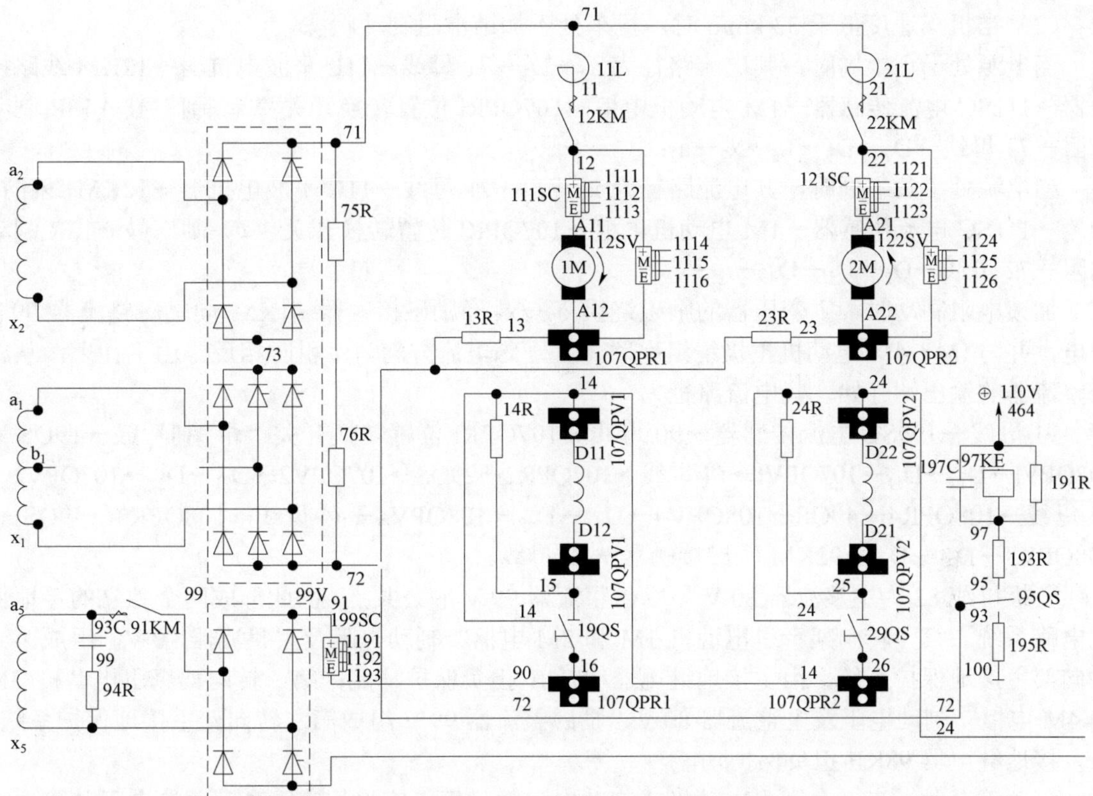

图 3–6　SS_4 型电力机车加馈制动工况下的简化电路图

加馈电阻制动又称为“补足”电阻制动，它是在常规电阻制动的基础上发展而来的一种能耗制动技术。根据理论分析可知，机车轮周制动力为

$$B = C\varphi I_Z$$

式中：C——机车结构常数；

φ——电动机主极磁通；

I_Z——电动机电枢电流。

在常规的电阻制动中，I_Z 随着机车速度的减小而减小。因此，机车轮周制动力也随着机车速度的变化而变化。为了克服机车轮周制动力在机车低速区域减小的状况，加馈电阻制动从电网中吸收电能，并将该电能补足到 I_Z 中去，以此获得理想的轮周制动力。

机车处于加馈电阻制动时，经位置转换开关转换到制动位，牵引电动机电枢与主极绕组脱离，与制动电阻串联，且同一转向架的两台电动机电枢支路并联之后，与主整流器串联构成回路。此时，每节车四台电动机的主极绕组串联连接，经励磁接触器、励磁整流器构成回路，由主变压器励磁绕组 a_2—x_5 供电。

2. 加馈电阻制动电路电流路径

现以 1M 电动机为例，介绍电路电流的路径。

（1）当机车速度高于 33 km/h 时，机车处于纯电阻制动状态。

其电流路径为 71 母线→11L 平波电抗器→12KM 线路接触器→111SC 电流传感器→1M 电动机电枢→107QPRl 位置转换开关“牵—制”鼓→13R 制动电阻→72 母线→D_2→D_1→D_4→D_3→71 母线。

（2）当机车速度低于 33 km/h 时，机车处于加馈电阻制动状态。

当电源处于正半周时，其电流路径为 a_2→D_3→71 母线→11L 平波电抗器→12KM 线路接触器→111SC 电流传感器→1M 电动机电枢→107QPRl 位置转换开关“牵-制”鼓→13R 制动电阻→72 母线→D_2→D_1→T_6→x_2→a_2；

当电源处于负半周时，其电流路径为 x_2→T_5→71 母线→11L 平波电抗器→12KM 线路接触器→111SC 电流传感器→1M 电动机电枢→107QPRl 位置转换开关“牵-制”鼓→13R 制动电阻→72 母线→D_2→D_1→D_4→a_2→x_2。

加馈电阻制动时，主变压器的励磁绕组 a_2→x_5 经励磁接触器 91KM 向励磁整流器 99 V 供电，并与 lM～4M 电动机主极绕组串联，且励磁电流方向与牵引时相反，由下往上。从励磁整流器的输出端开始，其电流路径为

91 母线→199SC 电流传感器→90 母线→107QPRl 位置转换开关“牵-制”鼓→19QS→107QPVl→D_{12}→D_{11}→107QPVl→14 母线→107QPR2→29QS→107QPV2→D_{21}→D_{22}→107QPV2→24 母线→108QPR4→49QS→108QPV4→D_{41}→D_{42}→108QPV4→44 母线→108QPR3→39QS→108QPV3→D_{32}→D_{31}→92KM 励磁接触器→82 母线。

负极母线 82 为主整流器 80 V 与励磁整流器 99 V 的公共点，由此形成两个独立的接地保护电路系统。第一转向架牵引电动机 1M 和 2M 电枢、制动电阻及主整流器 70 V，组成第一转向架主接地保护系统，由主接地继电器 97KE 担负保护功能；第二转向架牵引电动机 3M 和 4M 电枢、制动电阻及主整流器 80 V、励磁整流器 99 V 组成第二转向架主接地保护系统，由主接地继电器 98KE 担负保护功能。

制动工况时，当一台牵引电动机或制动电阻故障后，应将相应隔离开关置向下故障位，则线路接触器打开，电枢回路被甩开，主极绕组无电流，但有电位（即切除此台牵引电动机后，其他牵引电动机在制动时仍能正常工作）。

为了能在静止状况下检查加馈制动系统是否正常，机车在静止时，系统仍能给出 50A 的加馈制动电流（此时励磁电流达到最大值 930A）。机车在此加馈制动电流的作用下，将有向后动车的趋势，这一点应引起高度重视，以利机车安全。

3.1.6 保护电路

SS_4 型电力机车主电路保护包括短路、过流、过电压及主接地保护等四个方面。现分述如下。

1. 短路保护电路

当网侧出现短路时，通过网侧电流互感器 7TA—原边过流继电器 101KC，使主断路器 4QF 动作，实现保护。其整定值为 320A。

当次边出现短路时，经次边电流互感器 176TA、177TA、186TA 及 187TA—电子柜过流保护环节，使主断路器 4QF 动作，实现保护。其整定值为 3 000 A（1±5%）。

在整流器的每个晶闸管上各串联一个快速熔断器，实现元件击穿短路保护。

2. 过流保护电路

考虑到牵引工况和制动工况时，牵引电动机的状况不同，牵引电动机过流保护的整定值和保护方式设置也不同。

在牵引工况时，牵引电动机的过流保护是通过直流电流传感器 111SC、121SC、131SC 和 141SC—电子柜—主断路器来实现的，其整定值为 1 300 A（1±5%）。

在制动工况时，牵引电动机的过流保护是通过直流电流传感器 111SC、121SC、131SC

和 141SC—电子柜—励磁过流中间继电器 559KA—励磁接触器 91KM 来实现的，其整定值为 1 000 A（1±5%）。

在制动工况时，还设有励磁绕组的过流保护，它是通过直流电流传感器 199SC—电子柜—励磁过流中间继电器559KA—励磁接触器91KM来实现的，其整定值为1 150 A(1±5%)。

3. 过电压保护电路

机车的过电压包括大气过电压、操作过电压、整流器换向过电压和调整过电压等。大气过电压的保护主要采用两种方式：一是在网侧设置新型金属氧化物避雷器 5F；二是在各主变压器的各次边绕组上设置 RC 吸收器。牵引绕组上的 RC 吸收器由 71C 与 73R、72C 与 74R、81C 与 83R、82C 与 84R 构成；励磁绕组上的 RC 吸收器由 93C 与 94R 构成；辅助绕组上的 RC 吸收器由 255C 与 260R 构成。

当机车主断路器 4QF 打开或接通主变压器空载电流时，机车将产生操作过电压，通过网侧避雷器 5F 和牵引绕组上的 RC 吸收器能够对此操作过电压进行限制。

机车的主整流器 70 V 和 80 V、励磁整流器 99 V 的每个晶闸管及二极管上均并联有 RC 吸收器，以抑制整流器的换向过电压。

牵引绕组侧还并联有压敏电阻 138RV、139RV、148RV、149RV，用以抑制牵引绕组侧的过电压。

阻容保护和压敏电阻可将过电压限制到牵引绕组峰值电压的 2 倍以下。

另外，牵引电动机的电压由主整流器进行限压控制，其限制值为 1 020 V（1±5%）。

4. 接地保护电路

机车上的电气设备或电路因绝缘破损、飞弧或其他意外情况使带电导体和车体的金属部分直接接触，这就产生了接地故障。接地故障通常分为两种：一种是接地点比较稳定，与车体的钢结构直接接触，习惯称为死接地；另一种是接地点不稳定，有时有接地，有时又脱开，习惯称为活接地。这主要是由带电部分通过空气或绝缘物对钢结构放电所致的。接地将导致电动机过载，特别是一旦电路中有两点接地，由于这两个接地点有电位差，于是经过这两个接地点就会产生短路电流，烧损电气设备。因此在电力机车的主电路、辅助电路和控制电路中都设置了接地保护环节。目前，主要的接地保护手段是采用接地继电器。

SS_4 型电力机车主电路接地保护采用接地继电器 97KE（98KE），继电器通过分流电阻 191R（并联）和限流电阻 193R（串联）接至牵引电路的最低电位点 72 线（82 线），接地继电器再经 110 V 控制电源正极至负极后接地，这是一套有源保护系统，使主电路各点对地有一个固定电位，实现主电路全区域保护。当主电路任一点接地时，接地电位与 110 V 电源叠加构成继电器动作电压，即使在接地电位等于 0 时，仍可借助于 110 V 电源使继电器动作。97KE（98KE）继电器动作以后使主断路器跳闸。接地继电器采用双线圈结构，分为动作线圈与恢复线圈。动作线圈接在主电路上，主电路接地故障时继电器吸合，继电器吸合衔铁触动显示信号机构脱扣，起信号显示记忆作用；恢复线圈装在信号机构中，由控制电路供电，操作恢复线圈得电动作可以消除信号记忆而使信号机构复原。

牵引工况下，每“转向架供电单元”设一套接地保护系统，除网侧电路外，主电路任一点接地时，接地继电器均动作，无“死区”。接地继电器动作之后，通过其联锁使主断路器动作，实现保护。

制动工况下，具有两套独立回路，励磁回路属于第二回路。为消除“死区”，回路各电势均为相加关系。为此，励磁电流方向与牵引时相反，改为由下而上，故电枢电势方向亦相反，改为下正上负。当制动工况发生接地故障时，接地继电器动作，通过其联锁使主断路器动作，实现保护。

第一转向架供电单元的接地保护系统由接地继电器 97KE、限流电阻 193R、接地电阻 195R、隔离开关 95QS、电阻 191R 和电容 197C 组成；第二转向架供电单元的接地保护系统由接地继电器 98KE、限流电阻 194R、接地电阻 196R、隔离开关 96QS、电阻 192R 和电容 198C 组成。其中 191R 与 197C、192R 与 198C 是为了抑制 97KE 或 98KE 动作线圈两端因接地故障引起的尖峰过电压而设置的。95QS 和 96QS 的作用在于当接地故障不能排除，但仍需维持故障运行时，通过将其置故障位，使接地保护系统与主电路隔离，接地继电器不再动作而跳主断路器。此时，195R 或 196R 与主电路相连，接地电流经此流至“地”。

*3.1.7 PFC 电路

1. PFC 电路的作用

SS_4 型电力机车主电路设置有四组完全相同的 PFC 装置。该装置通过滤波电容和滤波电抗串联谐振，以降低机车的三次谐波含量，提高机车的功率因数。

2. PFC 电路的组成

PFC 电路结构如图 3-7 所示。它主要由真空接触器（电磁式）、无触点晶闸管开关、滤波电容、滤波电抗和故障隔离开关等电器组成。

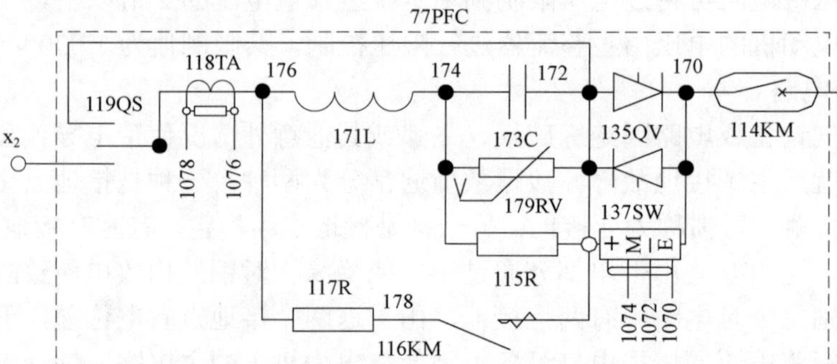

图 3-7 PFC 电路结构

机车采用的电磁式真空接触器具有接通、分断能力大，电气和机械寿命长等优点。在电路中，采用该真空接触器的作用和目的主要有两点：① 当无触点晶闸管开关被击穿重燃时，利用其分断能力大的优势起电路的保护作用；② 采用该真空接触器之后，可简化机车的控制系统和机车的结构设计。

在 PFC 电路中设置故障隔离开关，在 PFC 电路出现接地时做隔离处理用。当故障隔离开关处于故障位时，一方面，使 PFC 电路与机车主变压器的牵引绕组完全隔离；另一方面，通过其辅助联锁控制真空接触器主触头分断。同时，其主闸刀还将对电容器进行放电。

为确保人身安全，当司机取出司机钥匙时，因在每组 PFC 电路中的滤波电容和滤波电抗上并联了一个低阻（800 Ω），使得滤波电容上的电压能够快速放电。该电阻的投入是靠一高压继电器（116KM、126KM、156KM 和 166KM）来实现的。该高压继电器是在 JZ15 中间继电器的基础上改进设计的。

课后讨论与复习题

1. 牵引工况时牵引电动机在机车线路中是如何连接的？

2. 电制动工况时电力机车牵引电动机在机车线路中是如何连接的？
3. 在电路图上识读出 SS_4 型电力机车电阻制动时和加馈电阻制动时电路电流的路径。
4. 当电力机车在运行过程中主电路出现故障时，采取什么措施防止故障的进一步扩大？
5. 主电路保护电路有几种？分别是什么？
6. 在电力机车中，如何减少无功功率，提高功率因数？

任务 3.2　SS_4 型电力机车辅助电路

任务说明

作为电力机车司机、学习司机，在接车后要做高、低压试验，在运行中出现电气故障时，要进行故障的判断、处理，这都要结合辅助电路才能进行，因此识读辅助电路是必须的内容。学完辅助电路应能读懂电力机车辅助电路图。

任务目标

- 会识读 SS_4 型电力机车主电路。
- 能分析 SS_4 型电力机车辅助电路的工作过程。
- 能分析劈相机的起动过程，说出其起动过程。
- 能认知辅助电路中相应的电器设备。

内容讲解

辅助电路是指将机车上的辅助电动机、辅助设备及其相关的电气设备连接而成的电路。辅助设备的作用是为了保证机车主电路中各电气设备的正常工作。辅助电路中的各个辅机的工作状态直接影响着机车的正常运行。

SS_4 型电力机车辅助电路中的主要设备有分相设备、空气压缩机组、通风机组、油泵及其他采暖通风设备等。

SS_4 型电力机车辅助电路采用传统的单—三相供电系统，辅机均采用三相电动机拖动。辅助电路的电源来自主变压器的辅助绕组 a_6—b_6—x_6，其中，a_6—b_6 的额定电压为 399.86 V，b_6—x_6 的额定电压为 226 V。单相交流电源从 a_6—x_6 经库用转换开关 235QS 至导线 201，202 给各辅机及窗加热、取暖设备供电、机车在库内可通过辅助电路库用插座 294XS 引入 380 V 单相或三相交流电源，将 235QS 投向库用位，则辅助电路设备可由库内电源供电。

SS_4 机车的辅助电路主要由电源电路、负载电路和保护电路组成。

辅助电路设备代号及线号如下。

（1）SS_4 型电力机车辅助电路设备代号分两部分，即流水号与文字符号相结合。前部为阿拉伯数字流水号，后部为英文符号。

（2）辅助电路线号及设备代号的流水数码部分均为“2”字头的 3 位流水号；线号“200”为地线，与机车车体连通。

3.2.1　单—三相供电系统

SS_4 型电力机车的电源电路由主变压器辅助绕组提供单相 380 V 或单相 220 V 交流电源，

再由劈相机将单相 380 V 的交流电转变为三相 380 V 的电源，给机车的其他三相辅助设备供电。劈相机起动原理图如图 3-8 所示。

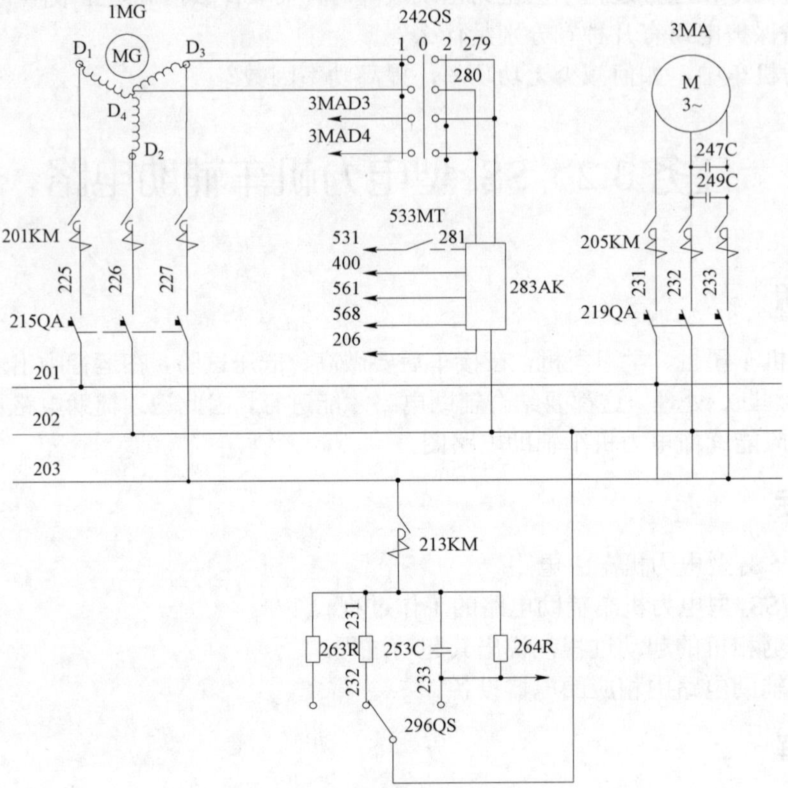

图 3-8　劈相机起动原理图

1. 三相电源电路

（1）劈相机的正常起动。SS_4 型电力机车劈相机的型号为 YPX-280M-4、380 V、57KW。劈相机的运转和停止通过其相应的接触器 201KM 控制。劈相机起动时必须在其 D_2D_4-D_4D_3 相绕组间接入分相起动电阻 263R，起动电阻的投入和切除是通过 213KM 来控制的。劈相机的起动过程由 283AK 来检测并在转矩达到最大值时控制切除起动电阻。283AK 的工作电源（DC110 V）从 531 线经由 533KT 的常开联锁由导线 281 引入。

劈相机的起动过程如下：司机按下劈相机扳键开关后，接触器 213KM 闭合，起动电阻投入，201KM 闭合，劈相机开始起动，这时劈相机起动继电器检测劈相机发电相电压（由导线 279，280 引入），当 283AK 测得劈相机发电相电压接近于比较电压（额定网压下，该电压值为 220 V，由导线 202，206 引入）时（此时劈相机的转速约为 0～9 倍额定转速），283AK 动作，其常开联锁闭合，213KM 线圈失电，主触头打开，开断起动电阻（263R）回路将起动电阻切除，劈相机起动完成。同时，533KT 线圈失电，其常开联锁断开，开断了导线 281 通路使 283AK 失去工作电源处于闭置状态。劈相机备有两组起动电阻，当第一组烧损可换另一组使用，此时只需把 232 号线换至另一电阻的另一抽头即可。当起动电阻均不能用时，可将闸刀 296QS 转换至 253C，改用电容分相起动。

（2）劈相机故障时的牵引通风机电容分相起动电路。在机车运行过程中，如果劈相机出现了故障无法工作，可以将劈相机切除用第一台牵引通风机（3MA）代替劈相机运行。为其他的辅机提供三相交流电源。此时，要把劈相机的故障转换开关242QS打向“2”位（即1FD位），让283AK去检测3MA的起动，同时把闸刀开关296QS转换到电容位（因为通风机不能采用电阻分相起动）。起动过程仍然和劈相机的正常起动相同。司机按下劈相机扳键开关后，接触器213KM线圈得电，213KM主触头闭合，将起动电容253C投入，205KM线圈得电，205KM主触头闭合，3MA开始起动，起动过程由283AK检测。当283AK测得3MA发电相电压接近比较电压时，283AK动作，其常开联锁闭合，213KM线圈失电，主触头打开，开断起动电容（253C）回路，3MA 起动完成。同时，533KT 线圈失电，其常开联锁断开，断开了导线281通路使283AK失去工作电源处于闭置状态。由于SS_4机车的辅助电路没有重联，因此，另一节车仍然可以采用劈相机的正常起动来为辅机提供三相交流电源。

2. 单相电源

SS_4机车辅助电路的单相电源有两种，一种是380 V的单相交流电源，另一种是220 V的单相交流电源。机车在电网下正常运行时，库用转换刀开关235QS倒向“运行”位，则主变压器辅助绕组a_6—x_6通过导线204、205经235QS与导线201、202连接，从而给辅助电路提供380 V的单相电源。220 V的单相电源则由x_6和206号线提供。

3. 库内电源

若机车处于库内，235QS须倒向“库用”位，此时可使用的库内电源有以下两种。

（1）库内三相电源。一般在机务段内不起动劈相机，直接起动辅机时使用。把库内三相电源接到库用插座294XS的207、208、209三点上，通过235QS及导线203与209之间的连接母线直接为辅助电路提供三相电源。

（2）库内单相电源。仅在制造厂、大修库内，电源容量大时使用。单相电源送至库用插座294XS的207、208两点上（为插座上部两点位置），经235QS给辅助电路提供单相380 V电源，此时须使用劈相机实现单—三相供电系统。若只使用库内单相电源时，也可拆开导线203与209之间的连接母线，这样做有两个目的：① 从安全角度考虑，使库用插座上的第三点（209点）不带电；② 若电源线误接至接点208、209上，避免劈相机走单相。

如果在库内需要使用单相220 V的交流电源，则可以从库用插座的208号线和200号线间获取。

中间继电器284KE的作用是：机车由电网供电时，连接导线206-b_6，接通220 V电源回路。机车在库内使用时，连通导线206—200（地线）使机车在库内也可以获取单相220 V电源。

3.2.2 三相负载电路

1. 单相负载设备

SS_4型电力机车单相负载包括220 V的单相负载司机室热饭电炉、空调，380 V负载包括窗加热玻璃、热风机、脚炉。

2. 单相负载电路

辅助电路单相负载原理图如图3-9所示。

（1）380 V 单相负载。由导线 201、202 供电，一路经自动空气开关 232QA 至导线 264 给窗加热玻璃273EH、274EH；另一路经自动空气开关233QA至导线269给壁炉265R、267R及脚炉 269R、271R 提供电源。243QS 为窗加热开关，245QS 为取暖开关，取暖开关有三个位置：“0”位为关断，“1”位为脚炉、壁炉同时开，“2”位为开通壁炉关断脚炉。自动空气开关232QA、233QA分别作电路的过载保护用。

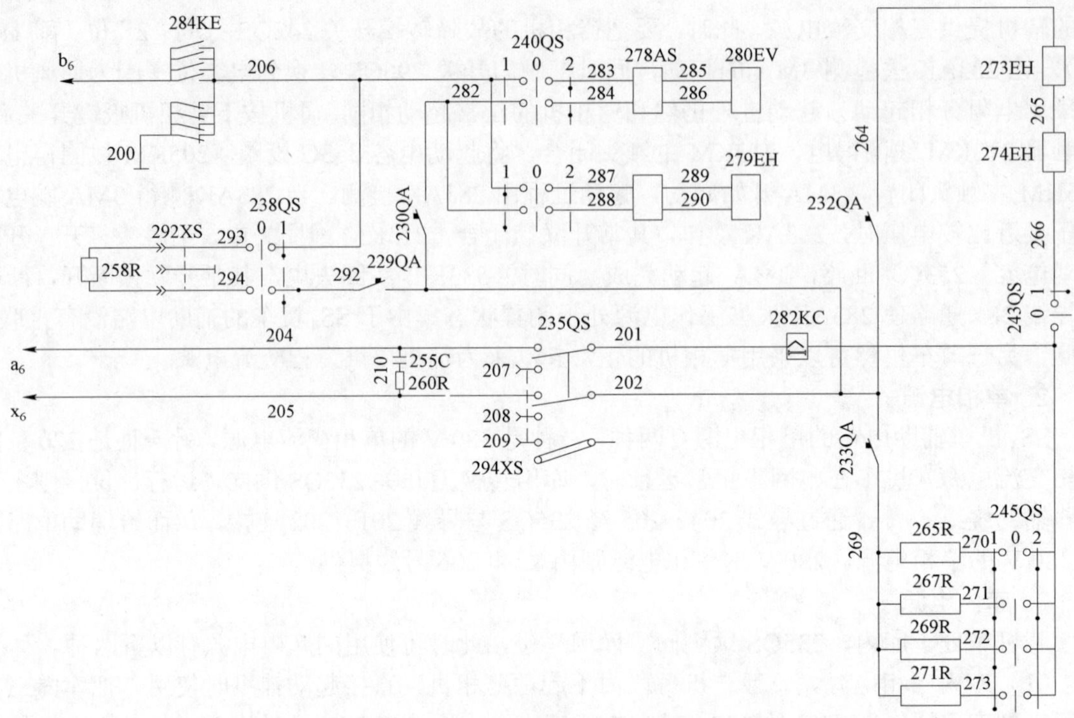

图 3-9　辅助电路单相负载原理图

（2）220 V 单相负载。220 V 单相负载包括司机室空调及热饭电炉。电源由 202、206 引入，一路经转换开关 240QS、空调稳压器 278AS 供空调 279EH 使用，自动空气开关 230QA 作该电路的过载保护用。另一路经转换开关 238QS 至 220 V 电源插座 292XS，该插座可以供热饭电炉使用，自动空气开关 229QA 作该电路的过载保护。

3.2.3 保护电路

SS_4 机车辅助电路中的保护环节有零压保护、辅接地保护、辅机过载保护、辅过压保护、辅过流保护等五个方面。辅助电路保护环节电气原理图如图 3-10 所示。

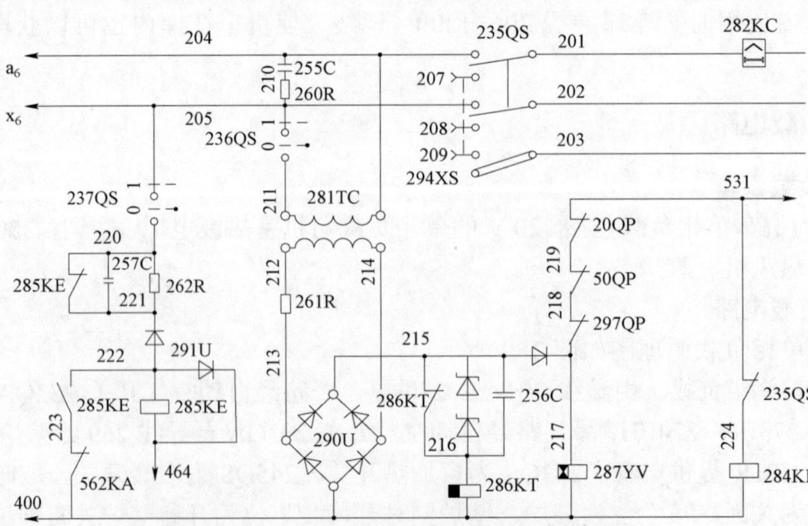

图 3-10　辅助电路保护环节电气原理图

1. 零压保护

机车运行中，因电网故障或脱弓突然失电时辅助电动机转速下降，经短时间后，牵引变电所重合闸或受电弓恢复正常，机车又得电时，各辅助电动机必然呈单相起动状态。当辅机转速下降过多或停转时，必使辅机单相过流烧损，故在电力机车上都设有零压保护。

零压保护的作用有以下两点。

（1）当机车失压持续时间约 2 s 时，保护装置动作，断开主断路器，保护机车电气设备不受损害。

（2）作为机车门联锁的交流保护，在牵引变压器带电的情况下，确保各室门打不开，防止人身触电事故。

零压保护是接触网的失压保护，由接在主变压器辅助绕组 a_6x_6 两端的零压变压器 281TC、电阻 261R、整流装置 290U、电容 256C 及零压时间继电器 286KT 组成。

当电网正常供电时，导线 204、205 的 380 V 交流电→零压变压器 281TC→电阻 261R→整流装置 290U→零压时间继电器 286KT 吸合；当电网失压时，两个稳压二极管截止，使 286KT 线圈失电动作，其常闭联锁延时 2 s 闭合，经 563KA 零压中间继电器将接通主断路器分闸电路，并显示零压信号。延时的目的是防止短时脱弓造成主断路器频繁开断。

电网消失后，变压器辅助绕组两端电压不是突变至零，而是随时间衰减，所以在此电路中串有两个稳压管，截压 50 V，主要作用是使零压时间继电器 286KT 在电网失压后能在 2 s 的时间内动作，以达到保护的准确性及必要性（供电网故障重合闸为 2 s），排除电网失电后重合闸时劈相机处于单相堵转合闸及短暂脱弓乱跳闸。在稳压管两端并接有电容 256C，其作用主要是在零压时间继电器 286KT 吸合过程中，在 286KT 常闭联锁打开的瞬间，利用电容的反突变特性，使加在 286KT 线圈的电压有一衰减过程（使 286KT 吸合的电流不是突然变小，而是随时间衰减）。所以并接电容 256C 的目的就是帮助零压时间继电器能可靠吸合，避免在此过程中出现“打摆子”现象。

零压保护电路同时还起到保护阀 287YV 的交流保护作用，即保护阀 287YV 由二路供电：一路从控制电路电源线 531→主电路入库转换开关 20QP、50QP 联锁→车顶门行程开关 297QP 联锁→287YV 线圈；另一路由零压保护电路给 287YV 供电，由此构成保护阀的双电源供电状态。即使出现控制电路切断而机车高压供电依然存在的情况下，287YV 仍得电，门联锁锁闭，各室门打不开，达到确保人身安全的目的。

2. 辅接地保护

在变压器辅助绕组 x_6 与地之间设有辅助电路接地保护电路，这个系统由辅助接地继电器 285KE，整流元件 291U，限流电阻 262R，电容 257C，辅接地故障开关 237QS 组成。辅接地保护属于有源保护装置，支路经 464 号线接入 110 V 控制电源后接地。

当辅助电路某点接地时，辅接地保护系统形成回路，285KE 动作吸合，其辅助联锁使主断路器分闸线圈得电跳闸，司机台辅助接地信号显示。此时 285KE 常闭联锁开断，回路串入电阻 262R 以免出现大电流而烧损接地继电器。同时经由 285KE 自身正联锁和恢复中间继电器 562KA 的反联锁而“自锁”，保持接地故障信号记忆。故障解除后，借助主断路器合闸操作，使 562KA 线圈得电，其反联锁断开使 285KE 线圈失电恢复，在限流电阻 262R 两端并接电容 257C 的目的是使 285KE 动作时能可靠吸合，以提高保护系统的可靠性。

237QS 是辅助接地保护故障隔离开关，若确定辅助电路有一点接地且不能排除时，可切断接地保护电路，使 285KE 不再动作，机车维持故障运行。此时要求司机严密监视各辅机工作状态，确保安全。

3. 辅机过载保护

SS_4型辅机过载保护均采用自动开关作辅机过载保护。自动开关具有两种保护功能，即瞬时电磁脱扣和短路保护，以及热脱扣动作的过载保护。短路故障不超过 0～5 s 内开断，过载保护具有反时限特性，过载电流越大，动作时间越短，过载电流较小，则保护动作时间较长。该保护的特点是：分断能力较高，保护动作及时，只切断发生故障的相应支路。因自动开关的保护特性具有分散性，所以其保护特性的整定和校核非常关键。需要注意的是：自动开关在保护动作后，无法立即恢复，需过 2～3 min 热元件冷却复位后，才能重新合上动作按钮。

4. 辅过电压保护

采用跨接在辅助绕组 a_6—x_6 两端的 R–C 过压保护电路，由电阻 260R、电容 255C 组成，吸收过电压。

5. 辅过电流保护

辅助电路过电流保护采用电流继电器 282KC，在辅助绕组短路及其他原因造成辅助电路短路，其电流超过 2 800 A 时，282KC 吸合动作使机车主断路器分闸，并显示辅助过流信号。

课后讨论与复习题

1. 电力机车辅助设备有哪些？是单相、还是三相的？又是什么样的电路向这些辅助设备供电？
2. SS_4型电力机车的辅助电路主要可分为哪几部分电路？
3. 劈相机的作用、劈相机的正常起动、劈相机故障时的牵引通风机电容分相起动。
4. 你知道 SS_4型电力机车哪些设备用三相交流电吗？
5. SS_4型电力机车辅助电路中的保护环节有哪些？

项目 4　SS_4型电力机车控制电路

项目导读

控制电路是由控制电源、主令电器及控制电气设备组成的电路。就其功能而言控制电路就是主令电路，司机通过主令电路发出指令来间接地控制机车主电路及辅助电路，以完成各种工况的操作。电力机车控制电路是机车三大电路中最为复杂的电路，是一种逻辑电路，属于低压直流小功率电路。目前，我国电力机车控制电路电压为直流110 V。

SS_4 型电力机车控制电路是由司机控制器、低压电器、主电路与辅助电路中的各个电器的电磁线圈及各个电器的触头联锁、开关等组成的有接点控制电路及电子电路。控制电路可以控制主电路和辅助电路中的各个电器动作，并通过司机控制台上的各个按键开关和司机控制手柄位置操作，使机车按照司机的意图运行。

由于主电路和辅助电路中各个电器的动作均要有控制电路控制，因而对控制电路也提出了相应的要求，目的是保证行车的安全，便于操纵、运用、维修，尽量减少电器设备，达到最佳的经济指标。

SS_4 型电力机车目前大多已经改为装有 LCU 的无触电控制电路，因此单独介绍了 LCU 逻辑控制单元。

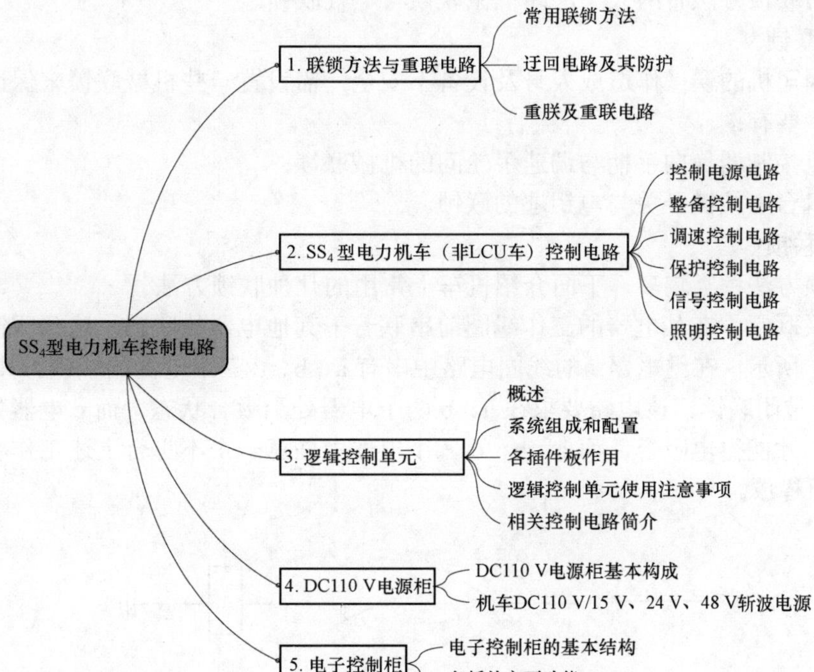

任务 4.1　联锁方法与重联电路

任务说明

知道电力机车控制电路的常用联锁方法，才能更好地识读电路。通过本任务的学习，熟悉常用的联锁方法，知道两节或两台电力机车之间是如何相互配合运行的。

任务目标

- 熟悉常用的联锁方法。
- 了解迂回电路。
- 知道机车重联的方法。

内容讲解

4.1.1　常用联锁方法

机车控制电路必须满足主电路和辅助电路的需求，如电器按一定次序动作，司机按一定顺序操作，因此必须设置一些联锁来满足控制电路的逻辑要求。

在考虑控制电路的联锁时，首先必须满足电路的要求，在此前提下应尽量减少联锁数目，因为多设一个联锁就使电路多一个发生故障的可能性，同时也增加了分析处理故障的难度。因此在设置控制电路的联锁时应统筹考虑，权衡处理。

机车上的联锁方法有两大类，即机械联锁与电气联锁。

1. 机械联锁

为避免因司机的误操作造成人身及设备不安全，需设置一些机械联锁来保证。目前采用的机械联锁主要有：

（1）司机控制器换向手柄与调速手轮间的机械联锁；

（2）司机台上按键开关与电钥匙的联锁。

2. 电气联锁

电气联锁方法种类较多，下面介绍机车上常用的几种联锁方法。

（1）串联联锁。在某电器的工作线圈前串联若干其他电器的联锁，这些联锁称为串联联锁，如图 4-1 所示，在继电器 J 的线圈电路中串有 a、b、c 三个电器的联锁，其中 a、b 为常开联锁，c 为常闭联锁。该电路要求在 a、b 两个电器处于吸合状态，而 c 电器处于释放状态时，继电器 J 才能得电吸合，而 a、b、c 三个电器中任意一个不符合上述工作状态时，继电器 J 即失电而释放。

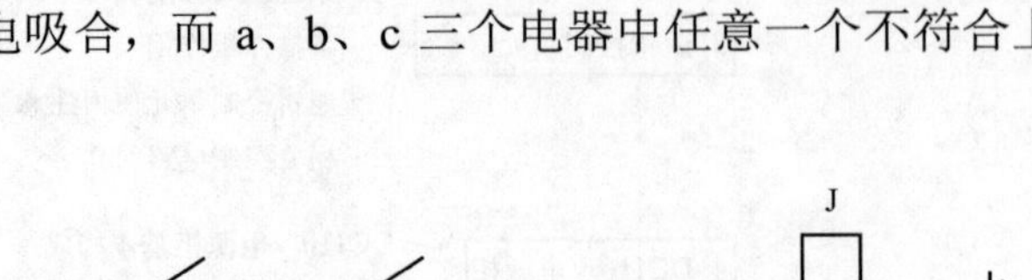

图 4-1　串联联锁

串联联锁是由多个条件来使一个电器通电的，而其中任一条件的消失就会使电器线圈失电。在电路中要求满足多个条件才能接通另一电路的环节，一般采用串联联锁电路。但串联联锁越多，可靠性越低，因此，应尽量减少串联联锁的数量。

（2）并联联锁。在某个电器工作线圈前并联若干其他电器的联锁，这些联锁称为并联联锁，如图 4–2 所示，在继电器 J 的线圈前并有 a、b、c 三个电器的联锁，其中 a、b 为常开联锁，c 为常闭联锁。该电路要求在 a、b 两个电器处于释放状态，而 c 电器处于吸合状态时，继电器 J 的线圈不通电而使其处于释放状态，而 a、b、c 三个电器中任意一个不符合上述工作状态时，继电器 J 即得电而吸合。

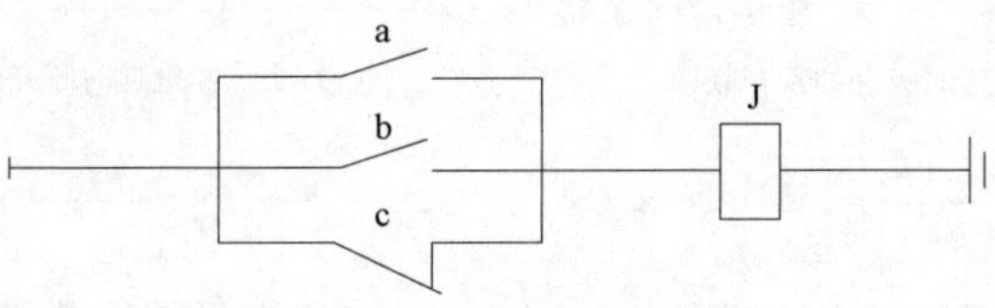

图 4–2　并联联锁

并联联锁是多个条件中的任一条件成立则该电器工作线圈得电，而只有全部条件消失该电器线圈才能失电。这种联锁方法对电器动作顺序没有固定要求，电路中常用这种联锁作为双重供电线路以保证重要电路供电的可靠性。另外，对于保护电器及显示电器也采用此种方法。

（3）自持联锁。在某电器工作线圈前的电路中并联有该电器本身的常开联锁，这个联锁称为自持联锁，如图 4–3 所示，在继电器 J 的线圈电路中并联有 a、J 两个联锁，当 a 电器处于吸合状态时其常开联锁闭合，继电器 J 的线圈得电，该继电器吸合，其本身的常开联锁也闭合，此后，即使 a 电器释放，继电器 J 的线圈也仍可由自身的常开联锁供电保持吸合状态，只有在其常开联锁以外的电路断开时，继电器 J 的线圈才会失电。这种电路的特点是：电器吸合时需要一定的条件，在电器吸合后这种条件可能消失，但电器此时仍能保持吸合状态，只有在电路的其他部分断开时，才能使该电器释放。

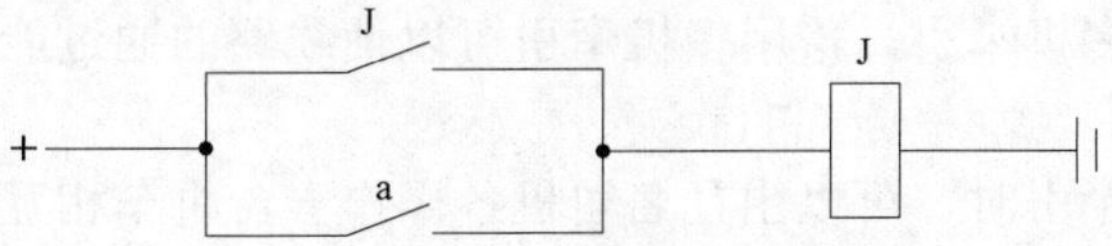

图 4–3　自持联锁

自持联锁常用于电器工作的条件可能构成后又消失，但又需要在构成条件消失后，必须保持该电器持续工作的场合。如电力机车劈相机起动中间继电器的联锁及劈相机接触器的联锁即为自持连锁。

（4）延时联锁。延时联锁是指某电器的线圈得失电与其联锁动作不同步。其实现方法有多种，如采用在电器铁心上加短路铜套，或在继电器本身某些联锁上加装钟表机构。在要求有短暂延时时，也可以在要求滞后动作的电器线路中多串联一个要求先动作电器的常开联锁实现，或者如图 4–4 所示，在电气的工作线圈旁并联一个电容，在线圈断电后，由于电容可通过电器线圈放电，因此使线圈延时失电，从而使电器延时释放。

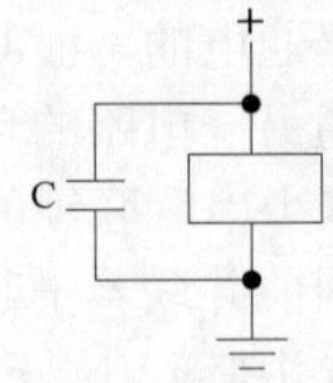

图 4-4　并联电容的延时作用

有 4 种延时联锁，如图 4-5 所示。

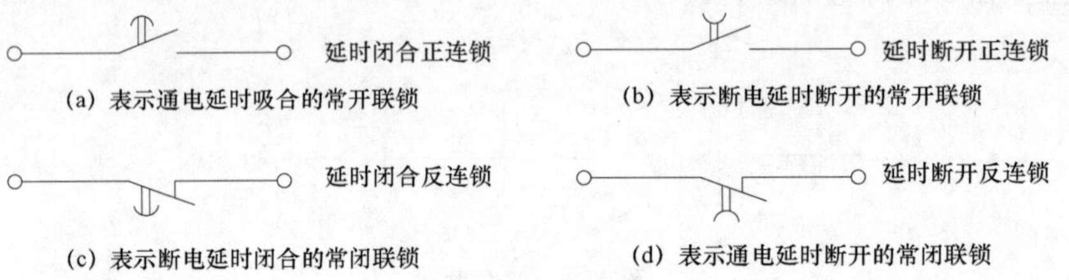

图 4-5　延时联锁

4.1.2　迂回电路及其防护

某一电器或支路在某一时刻本不应该有电，却通过其他支路“串电”到该支路，这种串电电路称为迂回电路。迂回电路会引起电器的误动作，破坏电器动作的逻辑关系，造成电路工作紊乱。迂回电路产生的原因主要是设计时考虑不周，在多条控制电路组合时产生。在机车运用或检修中接错线也会形成迂回电路。

防止迂回电路的主要方法是在电路中串入防迂回二极管，利用二极管的单向导电性来满足要求，但在日常检查中需注意检查二极管是否击穿。

4.1.3　重联及重联电路

随着铁路运输的不断发展，在铁路干线电力牵引运行中，一台机车牵引有时往往不能满足运输的要求，就需要多机牵引。采用多机牵引可以使线路的通过能力大大增加，提高铁路运输的经济指标。

在干线上使用多机牵引时，可以由几名司机各操作一台机车相互配合，也可以仅由一名司机在一台机车上操纵，通过机车两端的多芯电缆插头将各台机车的电气线路连接起来，实现由一名司机操纵多台机车。我们称后一种运行方式为电力机车的重联运行。司机操纵的那台机车称为本务机车，非操纵机车称为重联机车。

重联机车由于在电路上是相互连接的，因此它们应该具有相同的电路，这样才能达到同步运行、减少内耗的目的，也就是说同型电力机车重联运行最方便。在重联机车的电路中，必须防止由于一台电力机车的电器动作情况而影响另一台机车的电器动作。如图 4-6 所示，在第一台机车上操纵，当按键按下时，两台电力机车的继电器 J 均吸合，而在接触器 A 吸合后，两个继电器 J 均失电而释放。但在图 4-6（a）所示的线路中，若第一台机车的接触器 A 因故障不能吸合，则两台机车的继电器 J 均不能打开，这就将第一台机车中的故障也转移到第二台机车上了。反之，若第二台机车的接触器 A 因故障不能吸合，则两台机车的继电器 J 仍能正常工作，这就掩盖了第二台机车中存在的故障，所以这种线路的设计是不合理的。为了防止上述情况发生，可将线路适当改变，按图 4-6（b）的方式连接。

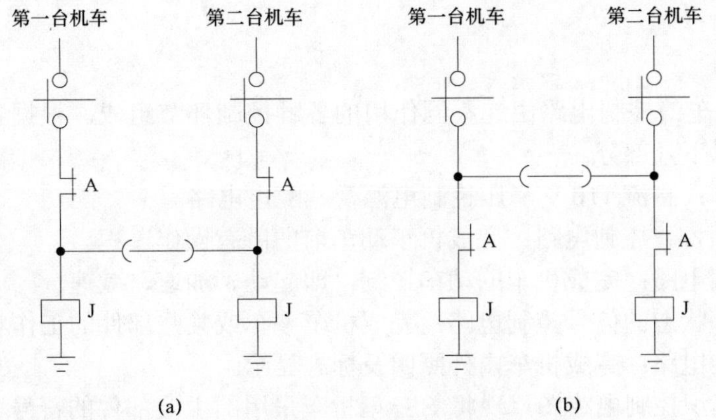

图 4-6　机车重联电路

有些电力机车电路在单机运行时是可靠的，但在重联时则可能引起迂回电路，这也是需要在考虑重联电路时予以注意的。此外，由于电力机车的司机室有两个，分为一端和二端，对于同一端的司机室而言，两台电力机车重联时可能是顺向连挂，也可能是反向连挂，因此，两台电力机车的反向器电路上应保证无论按什么连接方式，两台电力机车的行驶方向总是一致的。重联电力机车发生某些故障时，应在本务电力机车上有信号显示。

对于多机牵引中各台电力机车均单独操纵时，虽然不能达到同步运转，但只要各位司机技术熟练，配合默契，仍可以得到较好的效果。特别是采用补机在列车尾部推进的方式，既可以减轻车钩拉力，在通过无电区时，又能分别断开从而保持一台电力机车的牵引力，对列车运行也是有利的。电力机车部件质量不高及工作不可靠的电力机车不宜进行重联运行。

课后讨论与复习题

1. 机车常用联锁方法有哪些？
2. 什么是电力机车重联？

任务 4.2　SS_4 型电力机车（非 LCU 车）控制电路

任务说明

控制电路（不包括电子电路）一般由主令电器、各种功能的继电器、接触器、转换开关、保护电器以及电源等主要部件组成。

SS_4 型电力机车的控制电路分为有联锁控制电路和无联锁控制电路两部分。本任务仅介绍有联锁控制电路的原理。

任务目标

- 能识读控制电源电路。
- 能识读整备控制电路。
- 能识读调速控制电路。
- 了解信号照明电路。

内容讲解

SS_4 型电力机车的控制电路由起不同作用的各种控制环节组成。根据各环节所起的作用不同，它可分为以下几部分：

（1）控制电源：直流 110 V 稳压控制电源及其配电电路。

（2）整备（预备）控制电路：完成机车动车前的所有操作过程。

（3）调速控制电路：完成机车的动车控制，即起动、加速、减速。

（4）机车内部状态的信号控制电路：完成机车整车或某些部件的工作状态显示。

（5）照明控制电路：完成机车内外照明及标志显示。

为便于大家读识控制电路图，现将 SS_4 型机车采用的主要部件的符号种类归纳如表 4–1 所示。

表 4–1　SS_4 型机车主要部件的符号种类

序号	名　称	代号	序号	名称	代号
1	司机控制器	AC	9	中间继电器	KA
2	琴键开关	SK	10	时间继电器	KT
3	按钮开关	SB	11	压力、流速继电器	KF
4	电源开关	SA	12	电压继电器	AK
5	自动空气开关	QA	13	接地继电器	KE
6	位置转换开关	QP	14	过流继电器	KC
7	故障转换、功能转换开关	QS	15	接触器	KM
8	电磁阀	YV	—	—	—

由于电力机车电气线路中电器设备种类繁多，电路本身又较复杂，尤其控制电路更复杂，为了读图方便，我们将电力机车电路中通用的符号按新国标总结，电气线路符号表见表 4–2。

对表中有关符号作几点说明。

（1）各电气设备在电气线路图中除按表内符号表示外，在符号旁边还应标明相应电气设备在电路中的代号。如在接触器线圈旁注上 205KM 表示 205 号接触器的线圈，且在所有 205 号接触器各联锁触头旁边也注明 205KM，说明是同一电器在电路中不同位置的控制关系。

（2）导线也是电气线路图中的一部分，特别是一些重要的导线应在电气线路图中标明导线代号，不同类型和不同作用的导线可用不同字母表示。

（3）常开联锁、常闭联锁（也称正联锁、反联锁）是指在电器工作线圈未通电、电器处于释放状态时的联锁位置而言，若其联锁触头是打开的即为常开联锁（正联锁），若其联锁触头是闭合的即为常闭联锁（反联锁）。当电器工作线圈通电而电器动作后，常开联锁闭合，常闭联锁打开。在 SS 系列电力机车电气线路中，联锁位置采用了通用的“上开下闭，左开右闭”的画法，即将常开联锁画在导线的左边和上边，将常闭联锁画在导线的右边和下边。也有些机车采用相反的画法，如法国制造的 6G 型电力机车。

（4）应当指出的是，并不是所有的电器联锁都有常开、常闭的概念。对于某些组合电器（如位置转换开关）的联锁触头，这类联锁除标出其所属电器的代号外，还应表明该联锁在何位置接通。这类联锁又称位置联锁，或指定位闭合联锁。

表 4–2　电气线路符号表

顺序	符号	名称	顺序	符号	名称
1	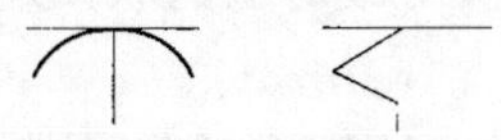	受电弓	12	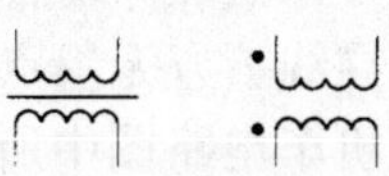	双绕组变压器
2		接地	13		熔断器
3		插头和插座	14		电阻
4		避雷器火花间隙	15	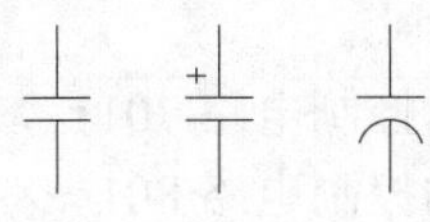	电容
5	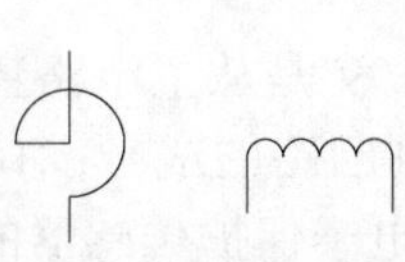	电抗器扼流圈	16	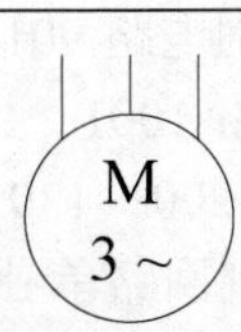	三相鼠笼型 异步电动机
6		换向或补偿绕组 串励绕组并励或 他励绕组	17	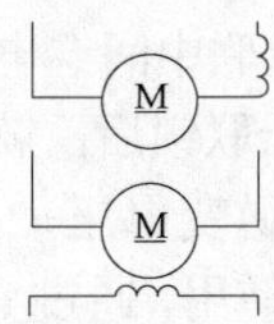	串励直流电动机 他励直流电动机
7	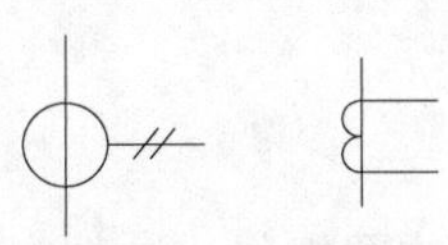	电流互感器脉冲 变压器	18	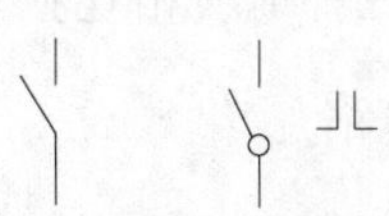	常开联锁 一般开关
8	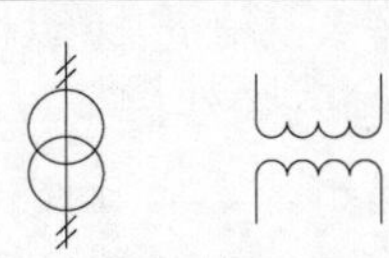	电压互感器	19	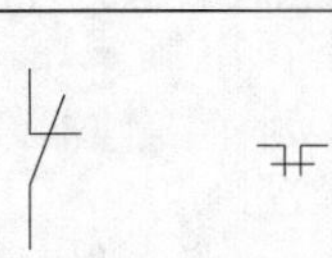	常闭联锁
9	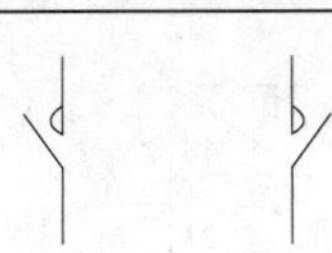	接触器触头	20	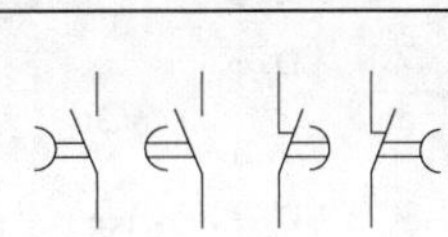	延时联锁
10		断路器	21		具有自动释放的 负荷开关
11	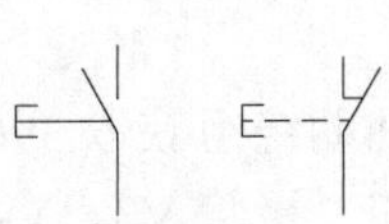	按钮开关动合按钮 动断按钮	22	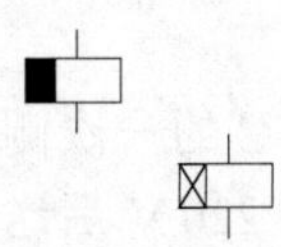	时间断电器线圈 电空阀线圈

（5）对于凸轮控制器或鼓形控制器，在电路图中将这类圆形的触头闭合次序展开为一个平面的触头闭合电路图，简称展开图。在某工作位置若某导线对应的联锁是接通的，则在该位置相应的导线下方以黑点（或黑线段）表示；在某工作位置若某导线对应的联锁是断开的，则在该位置相应的导线下方无黑点（或黑线段）。

（6）国产电力机车电路图中所示的接触元件和联锁触头的开、闭位置表示原则和操作位如下：司机控制器在零位；位置转换开关在机车 1 端向前、牵引位；各按键开关在水平断开位；空气断路器在开断位；各刀开关在运行位；各保护自动开关在开断位。

SS_4 型电力机车控制线路的线号划分与其他韶山系列机车的线号划分类似，具体划分如下。

（1）整备调速控制电路 400～629，500 除外。

（2）照明控制电路 630～689，780～789。其中 680～689 为升弓压缩机及风扇控制；780～789 为仪表照明控制。

（3）信号显示控制电路 701～779。

（4）电空制动控制电路 801～899。

（5）通信信号控制电路 901～999。

（6）电子控制电路 1001～1399，1600～1799。其中 1001～1199 是从主电路直接送入电子控制电路的线号；1200～1399 是从辅助回路直接送入电子控制回路的线号；1600～1799 是控制电路与电子控制回路单独联系的线号；1500～1599 是辅机电子保护传感器的线号。

（7）内重联线线号前带有“N”字母，如 N401、N403 等；外重联线线号前带有“W”字母，如 W400；经重联中间继电器控制的导线线号，是在原线号的前面加“2”，如线号为 401 的导线，经重联继电器联锁后，就成为“2401”。这样做的好处是便于记住每根重联线的用途。

（8）线号 500 是逆变电压+24 V 和+15 V 的地线，400 和 600 是控制电源+110 V 的地线。其中 600 是电源屏内使用，通过 667QS 与 400 线相连，线号 700 是电子柜内本身电源的地线，400、500、700 这三种地线相互独立，互不联系。

4.2.1 控制电源电路

SS_4 型电力机车控制电源为 110 V，由全波半控桥式整流稳压装置提供。控制电源原理图如图 4-7 所示。

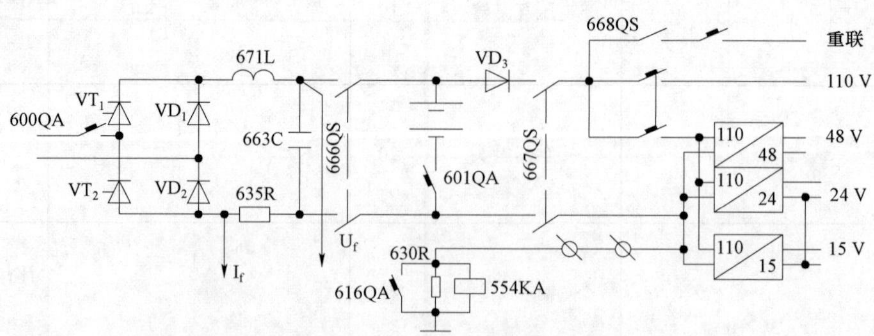

图 4-7 控制电源原理图

电源变压器 670TC 的一次侧通过库用转换开关从牵引变压器辅助绕组获取 396 V 单相电源，经 670TC 降压到 220 V 后送入半控桥，通过晶闸管 V1、V2 和二极管 V3、V4 构成半控桥式整流，再经 671L 电抗器、663C 电容滤波后，成为较平稳的直流电压。通常情况下，110 V 整流电源与蓄电池并联运行，向机车控制电路提供 110 V 电源。蓄电池相当于一个数千微法的电容，兼起滤波作用，从而保证静态电压脉动有效值小于 5 V，因此工作时不得断开蓄电池。

在机车正常运行时，单相半控桥式整流稳压装置及蓄电池并联使用，主要由 110 V 整流电路提供电源，蓄电池起稳压等作用；在降弓情况下，蓄电池供机车作低压试验、辅助压缩机打风及照明用。在运行中电源柜故障时，蓄电池作维持机车故障运行的控制电源。

110 V 稳压电源具有恒压、限流的特点，输出电压稳定为 110 V±5%，输出电流在短路情况下被限制在 55A±10%（此时不再稳压）。

机车在库内可由控制电路库用插座直接输入 110 V 电源，或向蓄电池组进行正常充电或强充电。在一般情况下，机车在库内可通过辅助电路库用插座输入 380 V 单相电源，由稳压电源投入工作提供控制电源。控制电源的输出电压由装在电源柜上的 650PV 与装在副司机台上的 658PV 分别测量。控制电路中的电流由 640PA、648PA 测量，其中 640PA 通过分流器 672RS 安装在电源柜上检测放电及充电电流，648PA 通过分流器 673RS 安装于副司机台上指示控制电路的总负载电流值。

控制电路的保护均设在控制电源电路中。交流电源和蓄电池的短路保护采用自动开关 600QA、601QA；过电压保护采用阻容吸收电路，包括整流装置输入端和各个整流臂。控制电源各支路均由单极自动开关进行短路与过流保护，其对应关系如表 4-3 所示。

表 4-3　控制电源各支路单极自动开关

名称	代号	名称	代号
受电弓	602QA	无线电台	613QA
主断路器	603QA	逆变电源	614QA
司机控制器	604QA	电空制动	615QA
辅机控制	605QA	接地保护	616QA
前照灯	606QA	重联	617QA
副前照灯	607QA	电炉	229QA
车内照明	608QA	空调	230QA
电子控制	609QA	备用	231QA
电扇空调	610QA	窗加热	232QA
自动信号	611QA	取暖	233QA
自动停车	612QA	备用	623QA

整流输出通过 666QS 与蓄电池并联，110 V 电源通过 667QS 接通负载。666QS、667QS 均为双刀（单投）闸刀。当整流桥出现故障时，拉开 666QS 可使整流桥全部脱离蓄电池；当负载出现故障时，拉开 667QS 可同时切断负载与电源正、负两端的联系。二极管 V5 的作用是当一端的 DC110 V 电源故障需重联工作时，可防止处在工作中的 DC110 V 电源负载过重。

电阻 630R、中间继电器 554KA 及自动开关 616QA 组成控制电路的接地保护电路。正常工作时 616QA 闭合，400 号线接地，110 V 电路正常工作，554KA、630R 两端无电压，无电流流过。一旦出现蓄电池外壳接地或 110 V 正端接地，616QA 则流过接地电流；当接地电流超过额定值时，616QA 跳开，由 630R 限制接地电流，保护蓄电池，并维持 110 V 电源故障运行。

另外 110 V 直流电源经逆变、滤波产生+15 V、+24 V、+48 V 电源，分别供给机车司机台信号（+15 V）、仪表照明（+24 V）及机车自动信号（+48 V）使用。

4.2.2 整备控制电路

所谓整备控制是指机车动车前的各项预备性操作，如升受电弓、合主断路器、起动劈相机、空气压缩机、通风机，以及完成机车向前或向后牵引或制动的操作。

1. 电源钥匙 570QS 控制

电源钥匙是控制电路的主要开关，它不仅有电联锁，而且有机械联锁。当其置于关闭位时，主台各扳钮（头、副灯除外）均不能按动；当其闭合后，各扳钮可以开闭，但扳钮开放后，钥匙即被锁在开放位。钥匙闭合后 531、466、401 线有电。电路路径为

控制电源线 464→受电弓单极自动开关 602QA→570QS（闭合位）→531。

464 线→604QA→465 线 ┌→570QS（闭合位）→401
　　　　　　　　　　　└→570QS（闭合位）→466

570QS 闭合后，627AC，628AC，电子柜 AE，287YV，558KA，568KA，539KT，528KT，284KE，665KA，非操纵节 569KA，116KM，126KM，156KM，166KM 同时得电。接通以下电路：

（1）466→532KT 常闭联锁 627AC→628AC→412→568KA→400。

（2）466→678KA 常闭联锁→420→AE。

（3）466→12KM 常闭联锁→22KM 常闭联锁→32KM 常闭联锁→42KM 常闭联锁→558KA→400。

（4）531→20QP（运行位）→50QP（运行位）→297QP（关闭位）→287YV→400。

（5）531→562KA 常闭联锁→539KT→400。

（6）531→4QF（断开位吸合）→528KT→400。

（7）531→235QS（运行位）→284KE→400。

（8）401→665KA→400。

（9）401→401a→重联电缆→非操纵节 401b→569KA→400。

（10）466→ ┌→116KM┐
　　　　　├→126KM┤
　　　　　├→156KM┼→400。
　　　　　└→166KM┘

2. 受电弓控制

受电弓的升起是由压缩空气进入升弓气缸，推动气缸内的活塞而产生的。所以，要升起受电弓，必须具备足够压力的压缩空气。

压缩空气的开通与关闭受电磁阀的控制，具体控制过程如下。

（1）电源由 602QA 自动开关提供，经主台按键开关的电钥匙联锁 570QS，使导线 531 有电。一路经 20QP、50QP、297QP 使保护阀 287YV 得电动作，开通高压室门联锁阀的气路，如图 4-8 所示。保护阀供电电路为

464→602QA→570QS（闭合位）→531→20QP（运行位）→50QP（运行位）→297QP（关闭位）→287YV→400。

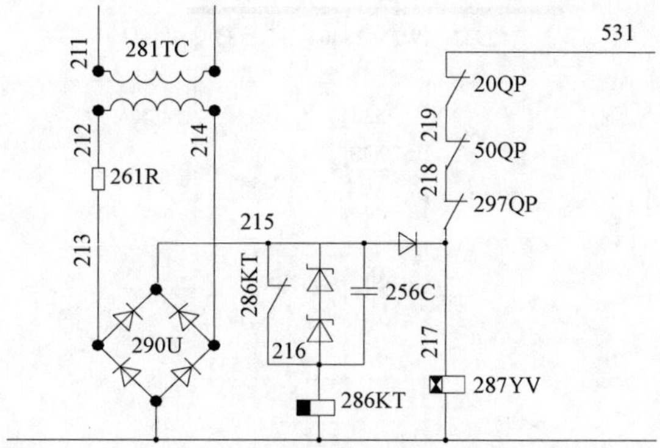

图 4-8　高压室门联锁阀控制环节

若此时，门联锁已正常关闭，则门联锁阀动作，使高压室门闭锁，并开通通向受电弓升弓电磁阀的气路，为升弓做好准备，如图 4-9 所示。

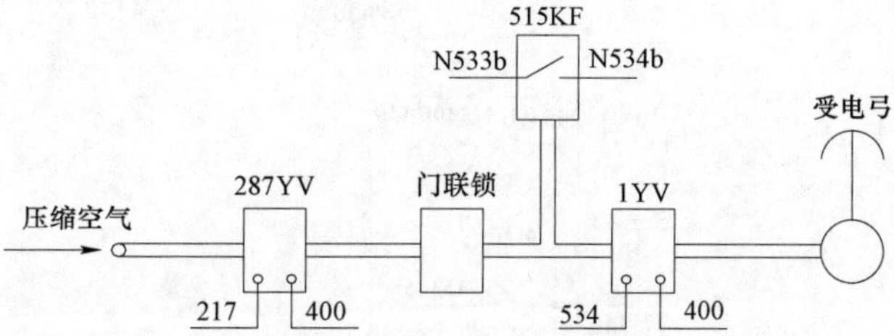

图 4-9　受电弓升弓气路

另一路经“前受电弓”按键开关 403SK 及受电弓隔离开关 587QS，使导线 533 有电，如果此时 588QS 在“重联”位，即“0”位，导线 533 经内重联插头后，使另一节车的 N533b 有电，再经另一节车的受电弓风压继电器 515KF 和内重联插头，使本车的 534 导线有电，受电弓升起。从而实现了只有当重联的两节车的高压室门都关好后，受电弓才能升起的设想，达到了保证人身安全的目的。升前弓电路为

464→602QA→570QS（闭合位）→531→403SK（闭合位）→532→前节车受电弓故障隔离开关 587QS（正常位）→533→533a（经内重联线至后节车）→533b→非升弓节（后节）受电弓风压继电器 515KF（风压达到 150 kPa 以上时吸合）→534b（经内重联线回到前节车）→534a→前节车受电弓电空阀 1YV→400。

若此时风压隔离开关 588QS 在“单机”位，即“1”位，导线 533 经 588QS 使导线 549 有电，再由导线 549 进入另一节车，经另一节车主断路器的辅助联锁 4QF，使导线 N534b 有电，然后返送到本节车，本节车的 1YV 得电，受电弓升起。从而保证了“单机”时，若另一节车的主断路器处于闭合位，则主断路器 4QF 的辅助常闭联锁处于打开位，导线 534 无电，受电弓升不起，可确保安全，受电弓控制电路如图 4-10 所示。

（2）两台车重联时，导线 532 经重联中间继电器 546KA，使导线 W2532 有电，经外重联电缆后，使另一台车的 W2532 有电，促使另一台车的受电弓升起。

（3）升后弓时，闭合“后受电弓”按键开关 402SK，导线 531 经 402SK 使导线 535 有电，经内重联线的交叉重联，使另一节车的 N532 导线有电，促使另一车的受电弓（相对于本节车来说是后弓）升起。交叉重联线的连接方式如图 4-11 所示。

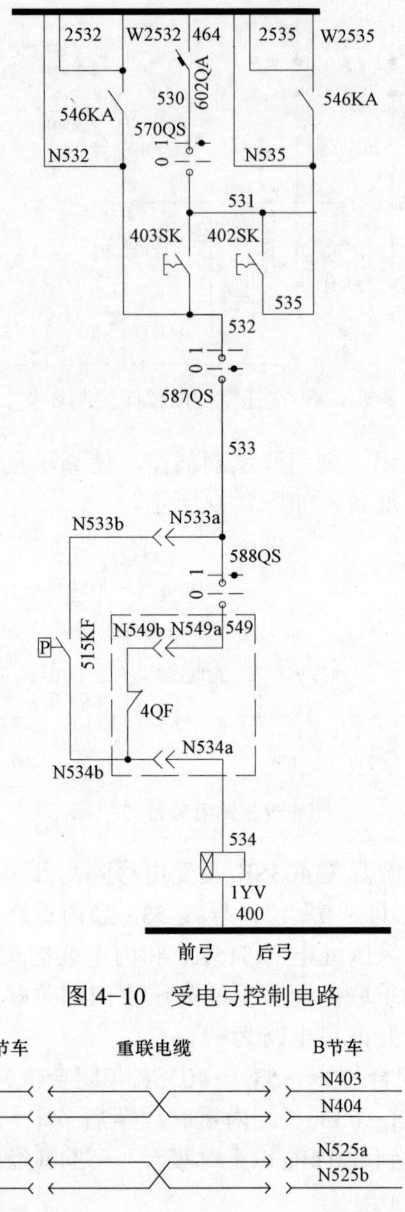

图 4-10　受电弓控制电路

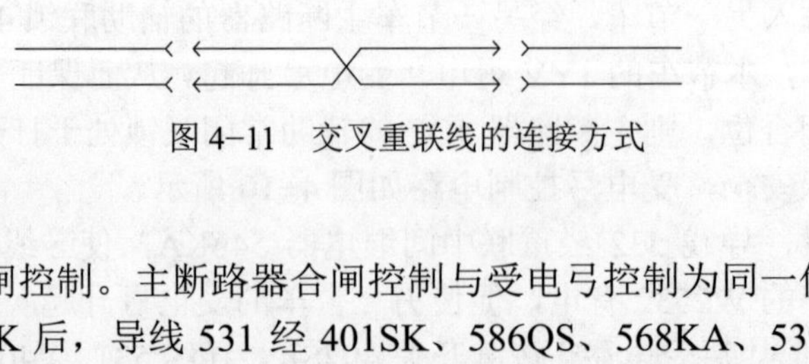

图 4-11　交叉重联线的连接方式

3. 主断路器控制

（1）主断路器合闸控制。主断路器合闸控制与受电弓控制为同一供电支路。当按下“主断合”按键开关 401SK 后，导线 531 经 401SK、586QS、568KA、539KT、567KA，使导线 541 有电，若此时主断路器的风缸风压足够（大于 450 kPa），也就是 4KF 动作，则主断路器的合闸线圈 4QFN 得电动作，主断路器的动作机构在压缩空气推力的作用下，合上主、辅触头，从而完成主断路器的合闸操作，如图 4-12 所示。主断路器合闸电路为

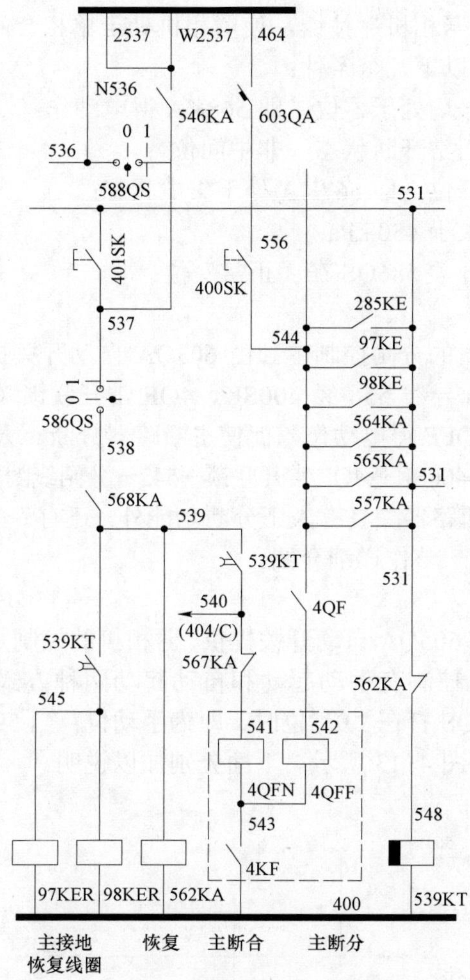

图 4-12　主断路器控制电路

531 ┬→恢复中间继电器 562KA 常闭联锁

　　└→合闸按键 401SK→主断路器隔离开关→主断延时继电器 539KT→400。

586QS→零位中间继电器 568KA 常开联锁→

539 ┬→562KA→400。

　　└→539KT 常开联锁→劈相机中间继电器 567KA 常闭联锁→主断路器合闸线圈 4QFN→风压继电器 4KF 常开联锁→400。

其中，586QS 是主断路器的隔离开关。568KA 是零位中间继电器，当全车的司机控制器处于零位时，568KA 得电动作，其常开联锁才闭合。539KT 是主断控制延时继电器，它受恢复中间继电器 562KA 常闭联锁的控制，合闸操作前，导线 531 经 562KA 的常闭联锁，使 539KT 得电动作，其常开联锁闭合。当合闸操作时，562KA 得电动作，其常闭联锁打开，539KT 失电，延时 1 s 后，其常开联锁打开，切除合闸供电回路，避免主断路器合闸线圈 4QFN 及主接地继电器恢复线圈 97KER、98KER 长时间通电烧损。567KA 是劈相机中间继电器，操作起动劈相机前，567KA 处于失电状态，其常闭联锁闭合，沟通主断路器的合闸回路，以避免过无电区后，由于不关闭“劈相机”按键，使劈相机处于单相合闸而堵转。所以，要使主断路器能顺利闭合，必须具备以下几个条件：

① 全车所有司机控制器均处于零位，即 568KA 得电动作；

② 主断路器本身处于正常开断状态（非中间位）；

③ 劈相机按键处于断开位，即 567KA 处于失电状态；

④ 主断路器风缸风压大于 450 kPa；

⑤ 主断路器故障隔离开关 586QS 在“正常”位。

（2）主断路器分闸控制。

① 人工分闸。主断路器的分闸控制单独由 603QA 自动开关提供电源，当按下“主断路器分”按键开关 400SK 时，导线 556 经 400SK、4QF 常开联锁（此时已闭合），使导线 542 有电，主断路器分闸线圈 4QFF 得电动作，促使主断路器分断。人工分断电路为

464→603QA→分闸按键400SK→4QF 常开联锁→542→分闸线圈 4QFF→4KF 常开联锁→400。

② 故障自动分闸。主断路器除具有人工分断功能外，还有许多种保护环节动作，也会使主断路器分断，这将在保护一节作详细介绍。

4. 劈相机控制

所有辅机的控制电源由 605QA 自动开关提供，劈相机的控制是完成其他辅机控制的先决条件。SS_4 型机车的劈相机控制有手动起动和自动起动两种方式，它是通过方式选择开关 591QS 进行选择的。当 591QS 打在“0”位时，即为手动位；当 591QS 打在“1”位时，即为自动位。劈相机控制电路如图 4-13 所示。下面分别加以说明。

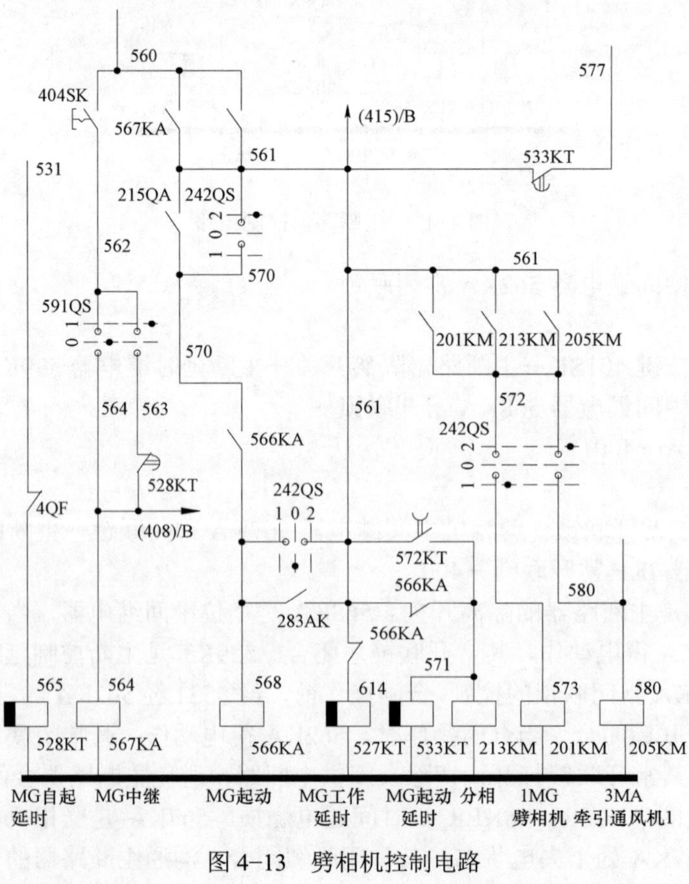

图 4-13　劈相机控制电路

（1）手动控制。按下“劈相机”按键开关 404SK，导线 560 经 404SK 与 591QS，使导线 564 有电，劈相机中间继电器 567KA 得电动作，其电路为

464→605QA→560→劈相机按键 404SK→591QS（0）→564→劈相机中间继电器 567KA→400。

567KA 得电吸合，常开联锁闭合，导线 560 经 567KA 的常开联锁，使导线 561 有电。它分成 5 条支路：

第 1 条支路，导线 561 经劈相机起动中间继电器 566KA 的常闭联锁，使起动电阻接触器 213KM 和劈相机起动延时继电器 533KT 得电动作，为劈相机的接触器 201KM 闭合做好了准备。其电路为

464→605QA→560→567KA 常开连锁→561→566KA 常闭联锁→{→533KT；→213KM}→400。

213KM 吸合，接入起动电阻，并使劈相机接触器 201KM 吸合。533KT 吸合为 283AK 提供电源，其常闭联锁断开 577 线通路，保证劈相机起动未完成前，无法起动其他辅机。

第 2 条支路，导线 561 经 213KM 的辅助联锁，使导线 572 有电，经劈相机故障隔离开关 242QS 以及劈相机辅机保护联锁 215QA，使 201KM 得电动作，劈相机的主回路沟通，开始起动。其电路为

561→{→201KM 常开联锁；→213KM 常开联锁}→572→劈相机故障隔离开关 242QS→573→201KM→400。

第 3 条支路，导线 561 经 283AK，使导线 568 有电，劈相机起动中间继电器 566KA 得电动作，其常闭联锁打开，切断 213KM 和 533KT 的供电回路，甩掉劈相机起动电阻，使劈相机进入正常工作状态，同时，566KA 的常开联锁闭合。其电路为

561→283AK 常开联锁→568→566KA→400。

第 4 条支路，导线 561 经 215QA 和 566KA 的常开联锁，使 566KA 继续得电自锁。其电路为

561→215QA→566KA 常开联锁→568→566KA→400。

第 5 条支路，导线 561 经 533KT 的常闭联锁，使导线 577 有电，为其他辅机正常工作做好准备。其电路为

531→533KT 常闭联锁→577。

至此，劈相机的控制顺利完成。这是单节车的情况，当两节车重联时，通过重联线 N564 使另一节车的 567KA 得电动作。起动另一节车的劈相机过程与单节车相同。

（2）自动控制。所谓自动控制是指司机操作主断路器合闸后，劈相机自动起动。这一功能主要用于机车过“分相绝缘”时，无须断劈相机及其他辅机按键开关，减少司机的操作步骤。将 591QS 打到“1”位，当主断路器闭合后，其辅助联锁的常闭联锁打开，导线 565 失电，劈相机自起延时继电器 528KT 失电，延时 1 s 后其常闭联锁闭合，导线 562 经 591QS 和 528KT 的常闭联锁，使 567KA 得电动作，劈相机开始起动，其电路为

464→605QA→560→404SK（按下位）→562→591QS（1）→563→528KT 常闭联锁→564→567KA→400。

以后的过程与手动控制完全一样，不再赘述。

（3）劈相机故障控制。若劈相机故障，则将 242QS 打到“2”位，也就是用通风机 1 代替劈相机，此时，通风机 1 通过分相电容起动后代替劈相机功能，使其他辅机依旧能正常工

作。具体控制过程如下：

① 将 242QS 打到“2”位；

② 将 296QS 打到电容位，随后的操作过程与起动劈相机相似。

首先按下 404SK、567KA 得电动作。导线 560 经 567KA，使导线 561 有电。

第1路：导线 561 经 566KA，使 213KM 和 533KT 得电，起动电容接入；

第2路：导线 561 经 213KM、242QS，使导线 580 有电，使通风机 1 的接触器（205KM）得电动作并自锁，通风机 1 开始起动，当其发电相电压达到 283AK 的整定值时，283AK 动作；

第3路：导线 561 经 283AK 使 566KA 得电动作，并通过其本身的常开联锁自锁；

第4路：导线 561 经 566KA 的常闭联锁切除 213KM 和 533KT 的供电回路，甩掉通风机 1 的起动电容，使通风机 1 进入正常工作状态；

第5路：导线 561 经 533KT，使导线 577 有电，为其他辅机的正常工作做好准备。

5. 压缩机控制

空气压缩机的控制与韶山系列的其他车型大致相同，在此作一简单介绍。

（1）主压缩机控制。首先按下“压缩机”按键开关 405SK，导线 577 经 405SK、517KF（压力调节器，风压低于 700 kPa 时闭合，风压高于 900 kPa 时断开）、566KA、579QS 的联锁，使压缩机接触器 203KM 得电动作，压缩机开始工作。其电路为

577→405SK→596→517KF 常开联锁→566KA 常开联锁→压缩机故障隔离开关 579QS→599→压缩机接触器 203KM→400。

若不想经风压调节器调节，则可按下 408SK“强泵”按键开关，导线 577 直接经 408SK，使导线 597 得电，这样，等于短接了 517KF 的常开联锁，从而使压缩机一直处于工作状态。其电路为

577→408SK→597→566KA 常开联锁→579QS→599→203KM→400。

这时，操作人员必须注意监听高压安全阀在 1 000 kPa 整定动作的冒气声，以便及时停止强泵工作。如果压缩机故障，只要把 579QS 打到故障位即可，如图 4-14 所示。

当两节车重联时，另一节车的压缩机就通过重联线 N597 进行控制，此时，起作用的是操纵车上的调节器，非操纵车上的调节器不再起作用。当两台车重联时，通过外重联线 W2597 对另一台车上的压缩机进行控制，以实现四台压缩机同时工作。

（2）辅助压缩机控制。机车升弓前若总风缸或控制风缸中已无压缩空气储存，则需利用升弓压缩机（辅助压缩机）向控制风缸压气，供机车受电弓升弓和主断路器合闸使用。其电源由 610QA 自动开关提供，导线 680 经 596SB1 或 596SB2，使 442KM 得电动作，其主触头闭合，导线 680 经 442KM 的主触头使升弓压缩机 447MD 得电工作，开始打风，如图 4-15 所示。其电路为

464→610QA→680→596SB1 或 596SB2→辅助压缩机电动机接触器 442KM→400。

680→442KM→447MD→400。

6. 通风机控制

SS_4 型机车的通风机控制除正常的手动控制外还有自动起动的控制环节。下面分别加以介绍。

（1）手动控制。按下“通风机”按键开关 406SK，导线 577 经 406SK 使导线 578 有电，再经 566KA、242QS，通风机 1 隔离开关 575QS，使通风机 1 接触器 205KM 得电动作，通风机 1 开始起动。其电路为

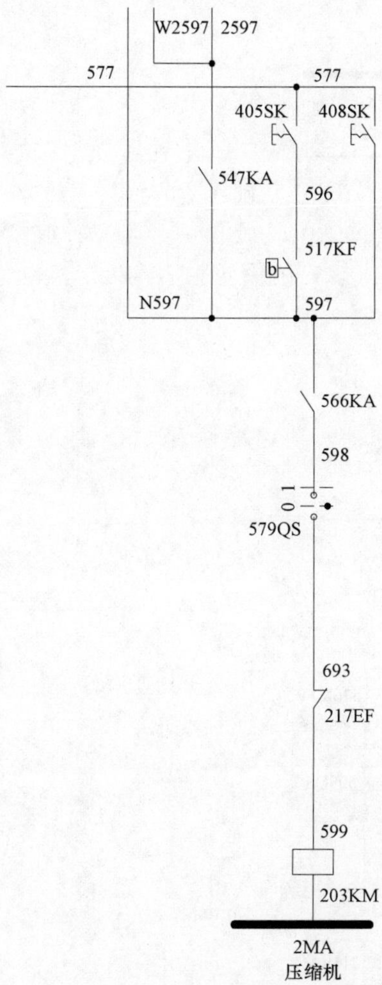

图 4-14　压缩机控制电路

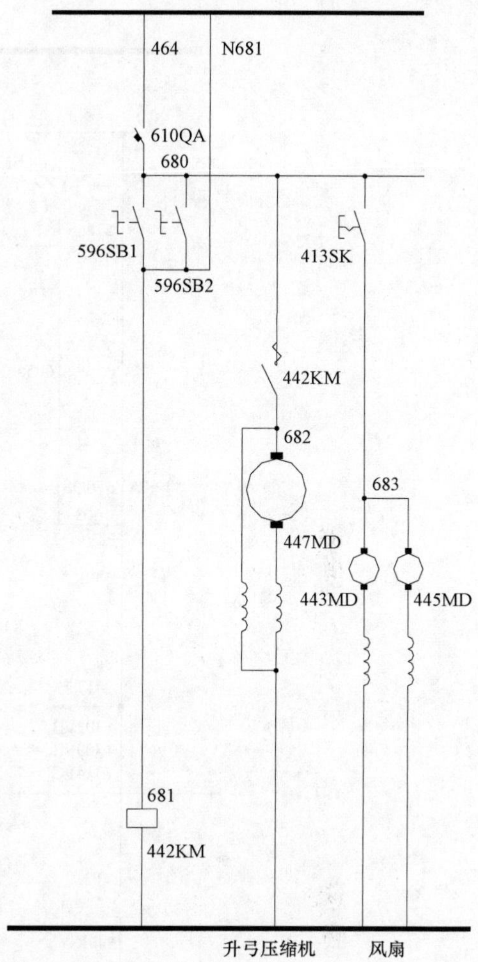

图 4-15　辅助压缩机控制电路

577→406SK→578→566KA 常开联锁→242QS（1）→575QS（0）→205KM→400。

同时，205KM 的辅助常闭联锁打开，使 535KT 失电，延时 3 s 后，535KT 的常闭联锁闭合，则导线 579 经 535KT，使导线 581 有电，再经通风机 2 的隔离开关 576QS，使通风机 2 的接触器 206KM 得电动作，通风机 2 开始起动。其电路为

577→406SK→578→566KA 常开联锁→535KT 常闭联锁→牵引风机 2 故障隔离开关 576QS→206KM→400。

同时，206KM 的常闭联锁打开，536KT 失电，延时 3 s 后，536KT 的常闭联锁闭合，导线 581 经 536KT，使导线 687 有电，然后，分别经 584QS、599QS，使 212KM 和 211KM 同时得电动作，即油泵和变压器风机同时开始起动，直至正常工作，如图 4-16 和图 4-17 所示。其电路为

577→406SK→578→566KA 常开联锁→535KT 常闭联锁→536KT 常闭联锁→

→599QS→592→211KM
→584QS→591→212KM
→400。

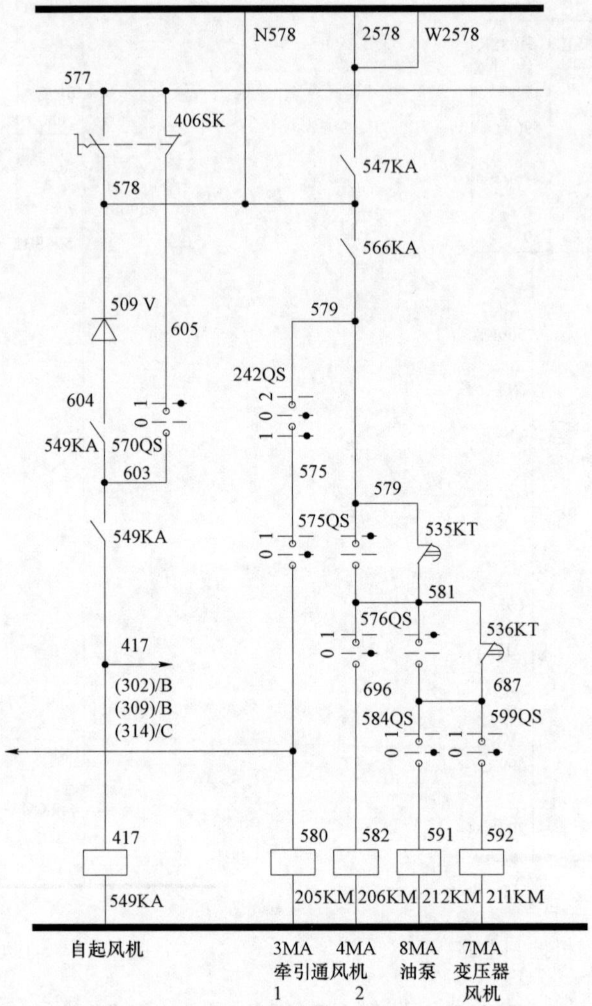

图 4-16　牵引通风机控制

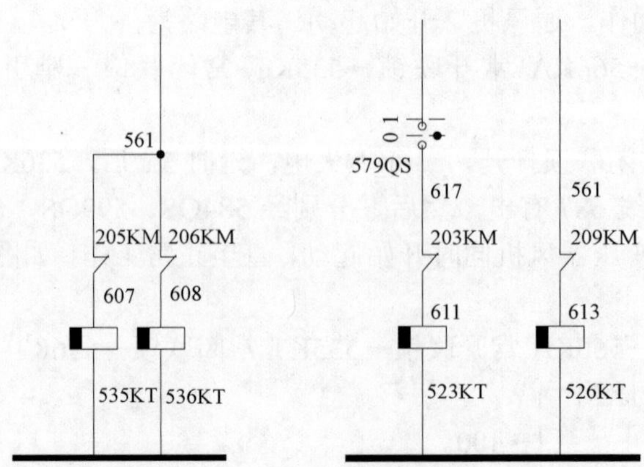

图 4-17　风机延时控制

（2）自动控制。所谓自动控制是指司机的调速手轮转到某一级位后，通风机能够自动地起动，投入正常工作。从原理图上看，起作用的是 417 导线，这根控制线从司机控制器中出来，当调速手轮转到 1～5 级以上时，导线 417 得电，自起风机中间继电器 549KA 得电动作，此时，570QS 在“1”位，406SK 在非按下位。所以，导线 577 经 406SK 的常闭联锁，570QS、549KA 的常开联锁为 549KA 提供电源，使其自锁。其电路为

417→549KA→400。

自锁电路：577→406SK 常闭联锁→570QS（1）→549KA 常开自持联锁→549KA→400。

同时，导线 603 经 549KA 的另一对常开联锁和 509 V，使导线 578 有电，接下来的控制过程与手动控制完全一样，在此不再重复说明。

当司机控制器调速手轮退到“0”位时，导线 417 不再从司机控制器中得电，而是通过自锁从导线 577 中得电。所以，调速手轮回到“0”位时，通风机并不自动关闭。若要关闭通风机，必须操作 406SK，切除 549KA 的供电回路，使其解锁，然后，再关闭 406SK，也就关闭了通风机。此环节的设计目的在于避免通风机频繁起动。

当两节车重联时，通过内重联线 N578 去控制另一节车的通风机工作。

当两台车重联时，通过外重联线 W2578 去控制另一台车的通风机工作，以便实现所有机车上的通风机同步工作。

7. 制动风机控制（附图三/411–412）

按下“制动风机”按键开关 407SK，导线 577 经 407SK、566KA、581QS，使制动风机 1 的接触器 209KM 得电动作，制动风机 1 开始起动。其电路为

577→407S→566KA 常开联锁→589→制动风机 1 故障隔离开关 581QS→制动风机 1 电动机接触器 209KM→400。

其中，566KA 是劈相机起动中间继电器，581QS 是制动风机 1 的故障隔离开关。当制动风机 1 故障或因其他原因需要切除时，可以将 581QS 打到故障位。在制动风机 1 接触器 209KM 得电动作后，受其常闭辅助联锁控制的 526KT，因 209KM 的常闭辅助联锁打开而失电，延时 3 s 后，526KT 的常闭联锁闭合，导线 589 经 526KT 的常闭联锁、制动风机 2 的故障隔离开关 582QS，使制动风机 2 的接触器 210KM 得电动作，制动风机 2 开始起动，并进入正常工作状态。其电路为

589→526KT 常闭联锁→制动风机 2 的故障隔离开关 582QS→210KM→400。

至此，两台制动风机控制完毕，如图 4–18 所示。

当两节机车重联时，通过内重联线 N590 控制另一节车的制动风机。

当两台机车重联时，通过外重联线 W2590 控制另一台车的制动风机。

8. 牵引控制（附图四/305–306、303）

牵引控制有两种情况：一种是牵引向前，另一种是牵引向后。下面分别加以说明，并以主司机控制器控制为例。

（1）牵引向前。当主司机控制器 627AC 的转换手把打到“前”位时，导线 402、403、406 有电。主司机控制器接线图如图 4–19 所示。其控制电路为

465→570QS→401→627AC1→402。

465→570QS→401→627AC2→403。

465→570QS→401→627AC5→406。

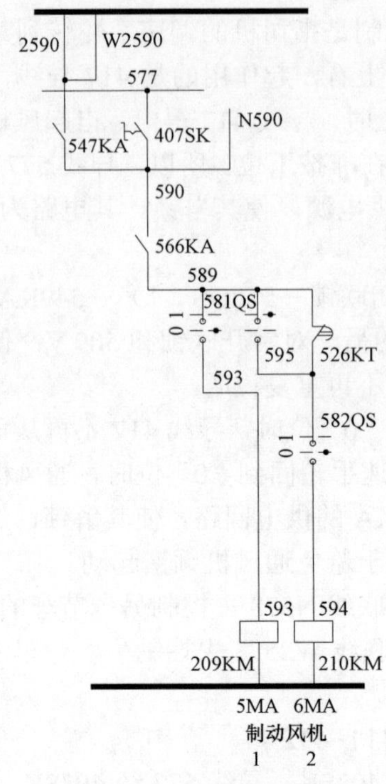

图 4-18 制动风机控制

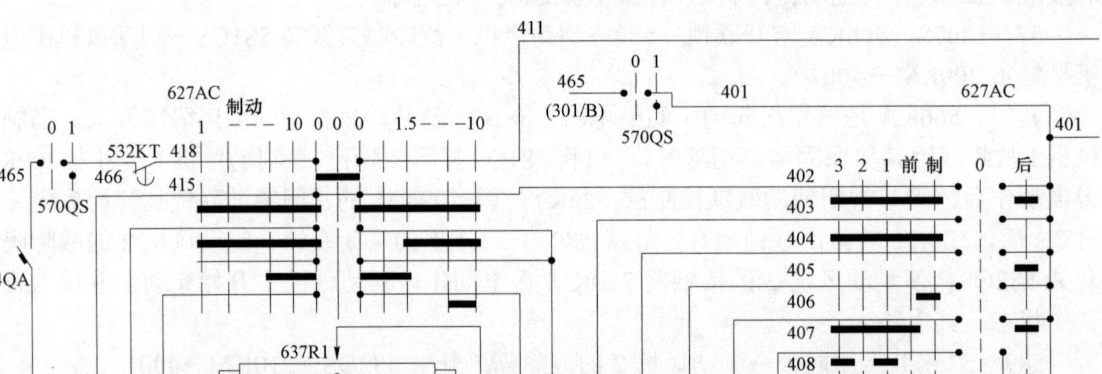

图 4-19 主司机控制器接线图

其中，导线 402 供电给调速手轮，导线 403 控制向前，导线 406 控制牵引。它们的控制环节是：导线 403 经线路接触器中间继电器 558KA，使 107YVF 和 108YVF 两个电磁阀得电，负责前后转换的两位置转换开关转到“向前”位，其控制电路为

403→558KA 常开联锁→107YVF、108YVF→400。

导线 406 经 558KA、560KA（牵引制动转换中间继电器，它受导线 405 控制，牵引时失电，制动时得电）和 92KM 常闭联锁，使 107YVT、108YYT 两个电磁阀得电，负责牵引制动转换的两位置转换开关转到“牵引”位。这样，就完成了牵引向前的转换控制，如图 4-20 所示。其控制电路为

406→558KA 常开联锁→560KA 常闭联锁→92KM 常闭联锁→107YVT、108YVT→400。

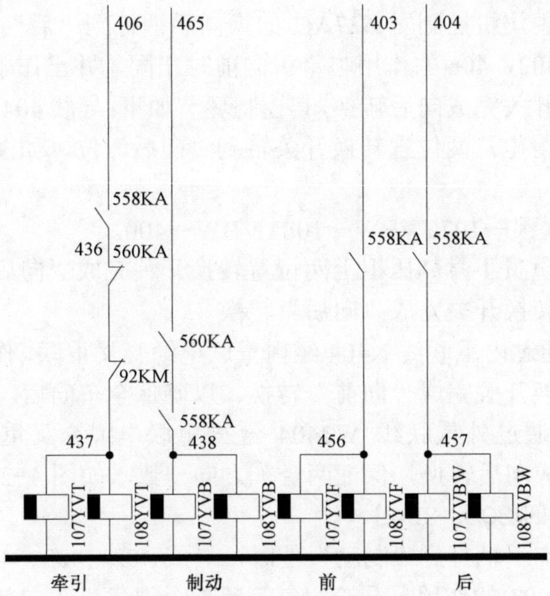

图 4-20　牵引制动控制环节

当两节车重联时，通过内重联线 N406 控制另一节车的两位置转换开关完成牵引转换；通过本节车的 N403 经内重联电缆的交叉重联，作用于另一节车的 N404，使另一节车的两位置转换开关完成向后转换，以保证全车牵引向前，如图 4-21 所示。

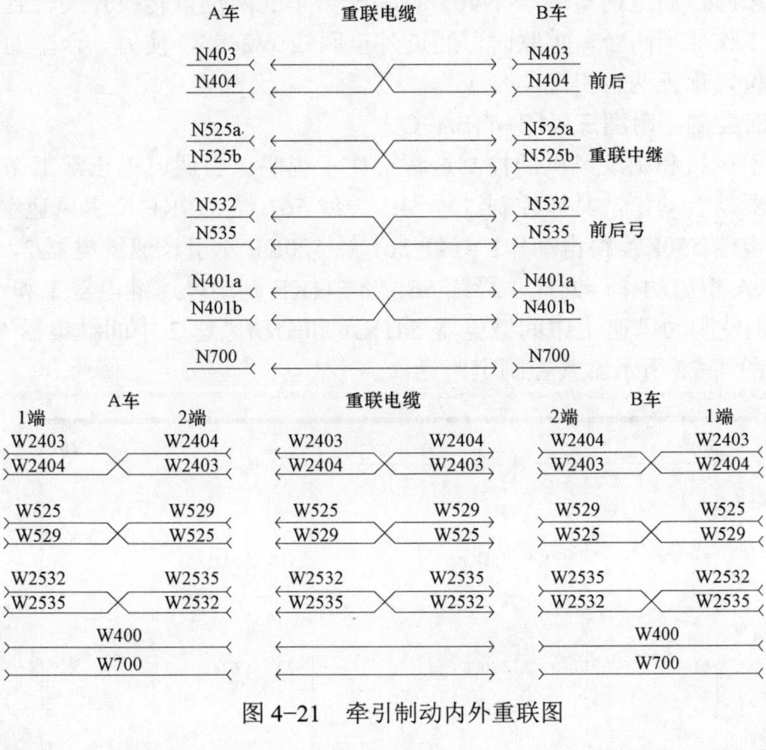

图 4-21　牵引制动内外重联图

当两台车重联时，通过外重联线 W2406 控制另一台车的两位置转换开关完成牵引转换；通过本车的 N2403 经外重联电缆的交叉重联，最终作用于另一台车的 W2403，使另一台车完成向前转换，以确保两台机车方向一致，如图 4-21 所示。

（2）牵引向后。当主司机控制器 627AC 的换向手柄打到“后”位时，导线 402、404、406 有电。其中，导线 402，406 的作用与牵引向前时相同，并已作了说明；导线 404 的作用是用来控制两位置转换开关完成向后转换，其控制环节如下：导线 404 经 558KA，使 107YVBW 和 108YVBW 两电磁阀得电，两位置转换开关转到“向后”位，如图 4–20 和图 4–21 所示。其控制电路为

404→558KA 常开联锁→107YVBW→108YVBW→400。

其中，107YVBW 负责Ⅰ号高压柜上两位置转换开关完成“向后”转换，108YVBW 负责Ⅱ号高压柜上两位置转换开关完成“向后”转换。

当两节车重联时，通过内重联线 N404 经内重联电缆交叉重联，作用于另一节车的 N403，使另一节车的两位置转换开关完成“向前”转换，以确保全车向后。

当两台车重联时，通过外重联线 W2404 经外重联电缆交叉重联，作用于另一台车的 W2404，使另一台车完成向后转换，保证两台车方向一致，如图 4–21 所示。

9. 制动控制（附图四/302、304）

当主司机控制器换向手柄打到“制动”位时，导线 402、403、405 有电。导线 402 的作用与牵引时相同，导线 403 的作用只是给空气管路部分提供机车向前的信号，对控制电路无特别含义，导线 405 用来控制两位置转换开关完成向制动位转换，控制环节为：导线 405 经 560KA、558KA，使 107YVB 和 108YVB 两电磁阀得电，两位置转换开关转到“制动”位，如图 4–20 和图 4–21 所示。其中 560KA 受 405 控制。其控制电路为

465→560KA 常开联锁→558KA 常开联锁→107YVB、108YVB→400。

当两节车重联时，通过内重联线 N405 使另一节车的两位置转换开关转到“制动”位，保证两节车同步工作。当两台车重联时，通过外重联线 W2405，使另一台车的两位置转换开关转到“制动”位，保证两台机车同步工作。

10. 风速延时控制（附图三/413–415A–C）

前面，对牵引风机和制动风机的控制过程已作了说明。当通风机正常工作后，安装在风道中的风速继电器就会动作，具体控制过程为：导线 561 经 519KF 牵引风速继电器 1，使牵引风速 1 中间继电器 550KA 得电动作：导线 561 经 520KF 牵引风速继电器 2，使牵引风速 2 中间继电器 551KA 得电动作；同样，导线 561 经 511KF 制动风速继电器 1 和 512KF 制动风速继电器 2，分别使制动风速 1 中间继电器 541KA 和制动风速 2 中间继电器 542KA 得电动作。风速延时如图 4–22 所示。其控制电路为

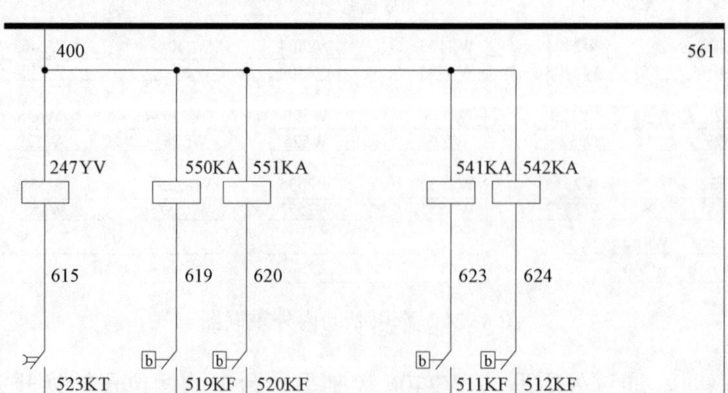

图 4–22　风速延时

561→519KF 常开联锁→550KA→400。

561→520KF 常开联锁→551KA→400。

561→511KF 常开联锁→541KA→400。

561→512KF 常开联锁→542KA→400。

牵引时，导线 406 有电，经 560KA 的常闭联锁，使导线 518 有电，再经 219QA 和 550KA，使导线 516 有电。然后，经 551KA 和 220QA，使导线 514 有电，风速延时时间继电器 530KT 得电动作，其常开联锁闭合，如图 4–23 所示。其控制电路为

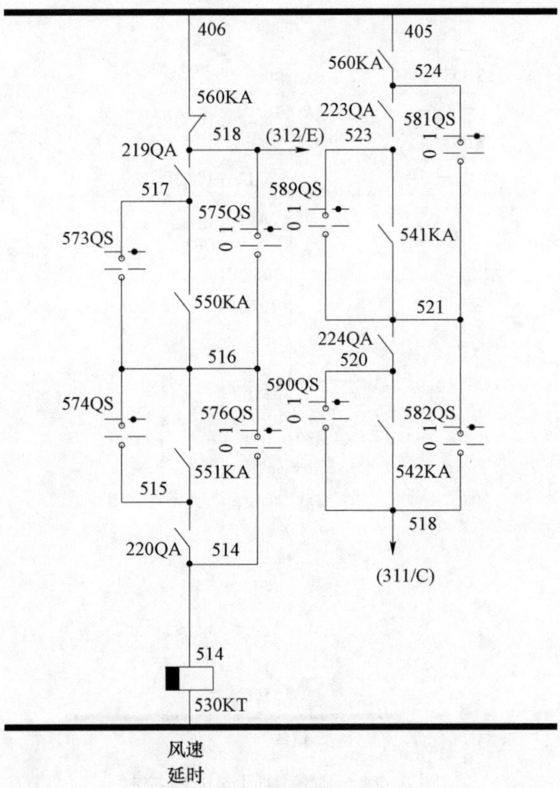

图 4–23　风速延时控制

406→560KA 常闭联锁→518→219QA→550KA 常开联锁→551KA 常开联锁→220QA→530KT→400。

（1）在 550KA 和 551KA 常开联锁并有 573QS 和 574QS 分别为牵引风速继电器 1、2 隔离开关，当风速继电器动作不良时，打到故障位。短接 550KA 或 551KA 机车继续运行。

（2）219QA 和 220QA 为辅机自动开关，风机电动机发生故障时，自动开关（或辅机保护装置）保护动作，使 530KT 失电，确保预备中间继电器不得电。

（3）电路中还并联 575QS 和 576QS 分别为牵引风机 1、2 隔离开关，当某一牵引风机故障时，相应隔离开关打到故障位。在切除故障风机的同时，也短接了相应的风速环节。

制动时，导线 405 经 560KA，使导线 524 有电，再经 223QA 和 541KA，使导线 521 有电，然后，经 224QA 和 542KA，使导线 518 有电，如图 9–24 所示。其控制电路为

405→560KA 常开联锁→223QA→541KA 常开联锁→224QA→542KA 常开联锁→518→接通牵引时风速继电器电路。

（1）223QA 和 224QA 为制动风机 1、2 自动开关。

（2）541KA 与 542KA 常开联锁并有 589QS 和 590QS 为制动风速继电器 1、2 隔离开关。

（3）电路还并联 581QS 和 582QS 为制动风机 1、2 隔离开关，作用同牵引情况类似。

11．预备环节控制（附图三/303C-E）

当全车整备控制电路控制完成时，最终产生的结果，是预备中间继电器 556KA 得电动作，如图 4-24 所示。

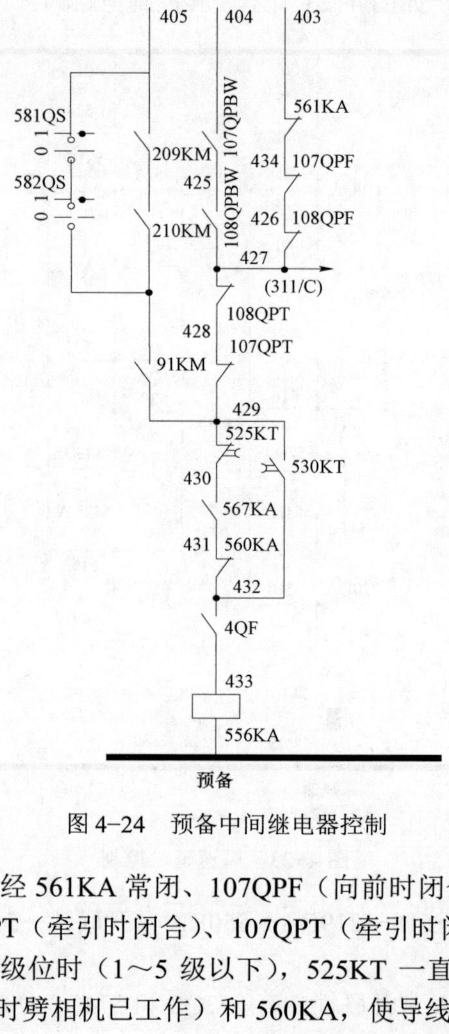

图 4-24　预备中间继电器控制

牵引向前时，导线 403 经 561KA 常闭、107QPF（向前时闭合）、108QPF（向前时闭合）使导线 427 有电，经 108QPT（牵引时闭合）、107QPT（牵引时闭合），使导线 429 有电。当司机控制器调速手轮处于低级位时（1～5 级以下），525KT 一直处于常闭状态，所以，导线 429 经 525KT、567KA（此时劈相机已工作）和 560KA，使导线 432 有电，再经 4QF（主断路器已合上），使 556KA 得电动作；当司机控制器调速手轮处于高级位时（1～5 级以上），525KT 延时 25 s 后，其常闭联锁打开，导线 429 必须经 530KT，使导线 432 有电，然后，经 4QF 使 556KA 得电动作，表示预备完成。其控制电路为

403→561KA 常闭联锁→107QPF 常闭联锁→108QPF 常闭联锁→108QPT 常闭联锁→107QPT 常闭联锁→429→525KT 常闭联锁→567KA 常开联锁→560KA 常闭联锁→4QF 常开联锁→556KA→400。

牵引向后时，导线 404 经 107QPBW（向后时闭合）和 108QPBW（向后时闭合），使导线 427 有电，以后的环节与牵引向前时，完全一样，不再重复。

所以，牵引时，要使 556KA 得电动作，必须具备以下几个条件：

① 司机操作钥匙必须给上，即 570QS 打到“1”位；

② 两位置转换开关必须转换到位；

③ 主断必须合上；

④ 劈相机必须工作；

⑤ 高级位时，风速延时必须完成。

制动时，导线 405 有电，404 无电，而 403 虽有电但不起作用，所以，起作用的只是 405 导线。它经 209KM、210KM、91KM 的辅助常开联锁（此时已闭合），使 429 有电，再经 530KT 和 4QF，使 556KA 得电动作。而 91KM 是受线路接触器辅助联锁控制、线路接触器又受零位延时时间继电器的控制，所以制动时，要使 556KA 动作，司机控制器的调速手轮必须离开“0”位。其控制电路为

405→209KM 常开联锁→210KM 常开联锁→励磁接触器 91KM 常开联锁→429→530KT 常开联锁→4QF 常开联锁→556KA→400。

4.2.3　调速控制电路

当机车整备（预备）完毕，一切正常时，就可以进行调速控制。调速控制是通过司机控制器的调速手轮来完成的。根据顺序前后，下面分几个环节加以介绍。

注意：调速控制电路的配电由自动开关 604QA 经导线 465 提供，再由主司机台按键开关箱的钥匙开关 570QS 进行控制。钥匙开关起电气联锁作用，只有司机用钥匙合上 570QS 后，调速控制电路才能进行有效的操纵。

1. 零位控制（附图四/301、302-E）

SS_4 型电力机车是由完全相同的两节车重联而成，每节机车只有一个司机室，每个司机室内装有主、辅司机控制器各一只，所以，一台机车总共有 4 只司机控制器。每节车都有自己独立的零位中间继电器 568KA 和零位延时时间继电器 532KT，以及零位失电中间继电器 678KA。

单节车时，控制过程如下：导线 464 经 604QA，使导线 465 有电，再经 570QS 和 532KT 的常闭联锁，使导线 418 有电，并送入司机控制器调速手轮的第一层接点上；若此时调速手轮处于“0”位，则导线 418 经 627AC，使导线引 411 有电，再经 628AC 辅控制器，使导线 412 有电，568KA 得电动作。其控制电路为

464→604QA→570QS→466→532KT 常闭联锁→418→627AC1→411→628AC1→412→568KA→400。

当主司机控制器调速手轮离开“0”位（机械“0”位）时，导线 411 失电，最终导致 568KA 失电；同时，627AC 调速手轮离开“0”位后，导线 415 得电，零位延时时间继电器 532KT 得电吸合，其常闭联锁打开，导线 418 无电，进一步保证 568KA 失电。另外，因 532KT 的常开联锁闭合，使线路接触器得电动作，这一控制环节在下面作详细介绍。

当两节车重联时，通过 N415 去控制另一节车的 532KT，通过 N418 去控制另一节车的 568KA，达到两节机车零位同步控制的目的。如非操纵节司机控制器不在“0”位，且 570QS 已合上，则通过 N415 重联线使操纵节 532KT 吸合，操纵节虽然在“0”位，因 532KT 常闭联锁打开，导致全车 568KA 不能吸合，如图 4-25 所示。

当两台机车重联时，通过 W2415 和 W2418 分别控制另一台车的 532KT 和 568KA，以达到所有重联机车零位同步控制的目的。

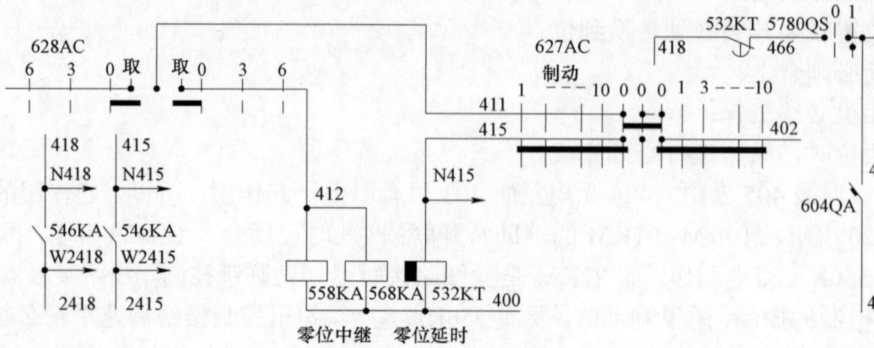

图 4-25　零位中继控制

2. 低级位延时控制（附图四/302-F）

当 627AC 调速手轮转到 1～5 级以上时，导线 417 有电，525KT 受导线 417 的控制，525KT 得电，并开始延时，25 s 后，其常闭联锁打开。525KT 是低级位延时时间继电器，它是电子式的，得电后延时，主要用于在机车低级位时免开通风机，进行调车作业，以及在起动通风机的过程中，快速起动机车。

3. 线路接触器控制（附图四/310-311）

线路接触器是沟通牵引电动机主回路的主要电器，如图 4-26 所示。导线 531 经 532KT（此时，司机控制器调速手轮已离开“0”位，532KT 得电，其常开联锁闭合）、10QP、60QP，使导线 501 有电。其控制电路为

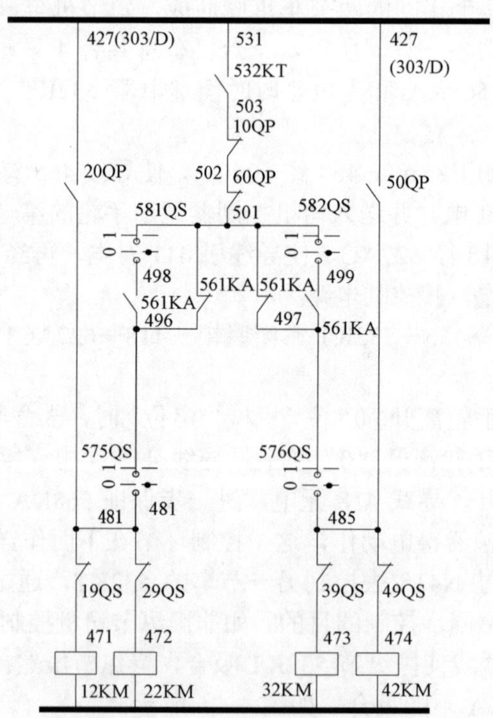

图 4-26　线路接触器控制环节

531→532KT 常开联锁→10QP 常闭联锁→60QP 常闭联锁→501。

其中，10QP、60QP 分别是 1、2 高压柜中空载试验转换开关的辅助联锁，打到运行位时，常开联锁闭合。

当机车处于牵引状态时，导线 501 经 561KA 的两对常闭联锁，分别使导线 496 和 497 有电，导线 496 经 575QS 使导线 481 有电，然后，分别经 19QS、29QS，使线路接触器 12KM 和 22KM 得电动作；而导线 497 经 576QS，使导线 485 有电，然后，导线 485 分别经 39QS 和 49QS，使线路接触器 32KM 和 42KM 得电动作，此时，牵引状态的电动机主回路形成。以第一电动机支路为例，其控制电路为

501→561KA 常闭联锁→496→575QS（0）→481→19QS 常闭联锁→471→12KM→400。

上述支路中，19QS～49QS 分别是牵引电动机 1～4 的隔离开关的辅助联锁。

当机车处于制动状态时，导线 501 一路经 581QS、561KA 常开联锁（制动时，其常开联锁闭合），使导线 496 有电；另一路经 582QS、56lKA 的另一对常开联锁，使导线 497 有电，接下来的环节与牵引时相同，不再重复说明。以第一电动机支路为例，其控制电路为

501→581QS→561KA 常开联锁→496→575QS（0）→481→19QS 常闭联锁→471→12KM→400。

581QS 和 582QS 分别是制动风机 1 和制动风机 2 的故障隔离开关，当某一制动风机故障时，在隔离相应风机的同时，也隔离了牵引电动机，避免烧坏制动电阻。前述 575QS 与 576QS 牵引风机故障隔离开关的作用与此相似，避免牵引电动机无风烧损。

4. 调速控制（附图四/306-307）

SS_4 型机车是无级调速的全相控机车，它的调速控制主要是由无联锁控制电路（电子控制电路）来完成，这一部分内容将在电子电路中说明。在此，只对与调速有关的有联锁控制的电路作一介绍。

（1）调速信号给定。机车的速度给定信号由司机控制器输出，当司机转动调速手轮时，速度给定及相应电流给定信号也随之改变，达到控制机车速度的目的。主司机控制器 627AC 输出的速度给定信号通过电位器 637R 完成。这一环节中，1701 是从电子控制柜内送出来的 +15 V 的电源线；700 是地线；1703 是速度给定信号线，送入电子柜内，电子柜根据这一信号的大小，对机车速度及电动机电流实施控制。

（2）磁场削弱控制。SS_4 型机车的磁削只有当调速手轮转到 6 级以上时，才起作用，这是根据机车的牵引特性和磁削的基本原理而设置的一个环节。当调速手轮转到 6 级以上时，导线 401 经 627AC 使导线 410 有电，此时，把 627AC 的调速手轮打到 1 级削弱位，导线 410 经 627AC 使导线 407 有电，1 级磁削的两个电磁阀 17YV 和 47YV 得电动作，受其控制的相应接触器闭合，电动机完成 1 级削弱，其控制电路为

407—┬→17YV—┐
　　　└→47YV—┴→400。

若此时，把 627AC 的调速手轮打到 2 级，则导线 410 经 627AC 使导线 408 有电，而 407 失电。导线 408 分别经 17KM 和 47KM，使导线 458 和 459 有电，2 级磁削的两个电磁阀 18YV 和 48YV 得电动作，相应的接触器闭合，电动机完成 2 级削弱，其控制电路为

408 → 17KM 常闭联锁 → 18YV → 400。
408 → 47KM 常闭联锁 → 48YV → 400。

若把 627AC 的调速手轮打到 3 级位，则导线 410 经 627AC 使导线 407 和 408 得电，17YV、47YV、18YV、48 VV 都得电动作，磁削的所有接触器都闭合，电动机完成 3 级磁削，提高了机车运行速度，如图 4–27 所示。其控制电路为

407 → 17YV → 400。
407 → 47YV → 400。

408 → 17KM 常闭联锁 → 18YV → 400。
408 → 47KM 常闭联锁 → 48YV → 400。

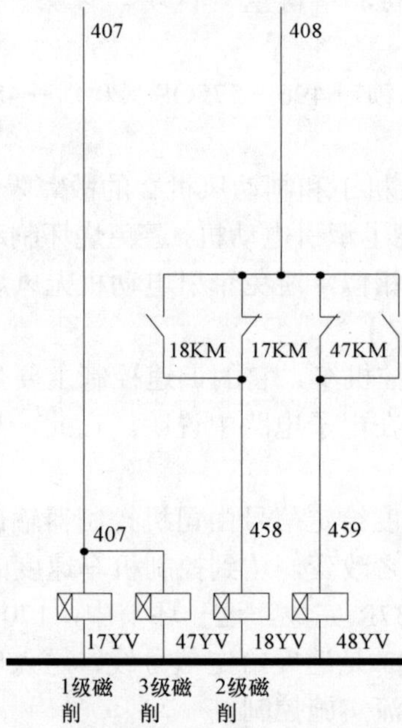

图 4–27　磁削控制环节

保证磁场削弱只能顺序进行的联锁电路：

在 1 级磁场削弱控制支路中的 17KM、47KM 常闭联锁及 18KM、48KM 常开联锁的关联环节保证磁场削弱只能顺序进行，防止了跳级的发生。当“1”向“2”级转换时，只有保证在 1 级解除后，才能利用 17KM、47KM 常闭联锁使 2 级磁削电空阀 18YV、48YV 得电；而 18KM、48KM 常开联锁是进入 3 级后的自锁电路。

5. 励磁接触器控制（附图四/304）

正常工作时，当司机控制器的换向手柄置“制动位”时，导线 405 有电，经 516KF（制动缸压力继电器，低于 150 kPa 闭合）、12KM、22KM、32KM、42KM 以及 107QPB 和 108QPB，使导线 439 有电，91KM、92KM 得电动作，两个励磁接触器都闭合，如图 4–28 所示。其控制电路为

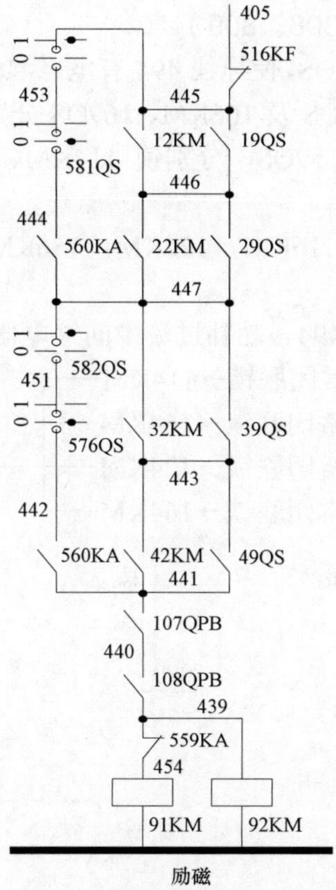

图 4-28　励磁接触器控制

405→516KF 常闭联锁（制动缸压力小于 150 kPa 时闭合）→12KM 常开联锁→22KM 常开联锁→447→32KM 常开联锁→42KM 常开联锁→441→107QPB 常开联锁→

108QPB 常开联锁 ─┬→559KA 常闭联锁→91KM ─┬→400。
　　　　　　　　　└→92KM ──────────────┘

（1）当某台牵引电动机故障时，需将相应的电动机隔离开关置“故障”位，其线路接触器失电，在切除故障电动机后，故障开关的辅助联锁短接该电动机线路接触器常开联锁，继续给 91KM、92KM 送电。

（2）当制动风机 1 故障时，将相应的故障隔离开关 581QS（或 582QS）置“故障”位，则 12KM、22KM（或 32KM、42KM）失电，导线 405 经 516KF 后，经 581QS（故障位）、575QS（正常位）的 560KA 常开联锁使 447 线有电，继续给 91KM、92KM 送电；制动风机 2 故障时，将相应的故障隔离开关 582QS 置“故障”位，则 32KM、42KM 失电，导线 447 经 582QS（故障位）、576QS（正常位）的 560KA 常开联锁使 441 线有电，继续给 91KM、92KM 送电。

（3）当牵引风机 1（牵引风机 2）故障时，此时如还想使用电制动，则必须将 575QS（576QS）置“故障”位，将 1#高压柜（2#高压柜）中的 19QS、29QS（39QS、49QS）隔离开关置“故障”位，19QS、29QS（39QS，49QS）的常闭联锁使 447（441）线有电，继续给 91KM、92KM 送电。

6. 功补接触器控制（附图四/308、309）

导线 466 经功补隔离开关 572QS，使导线 494 有电，经功补过流中间继电器 555KA、4QF，使导线 492 有电，经 126KM、129QS 及 166KM、169QS 分别使 124KM 及 164KM 得电动作，经 116KM、119QS，及 156KM，159QS，分别使 114KM、154KM 得电动作，如图 4-29 所示。其控制电路为

464→604QA→570QS→466→116KM，126KM，156KM，166KM→400。其各常开联锁分别控制各个功补接触器的吸合。

466→功补隔离开关 572QS→494→功补过流中间继电器 555KA 常闭联锁→492→

├→116KM 常开联锁→119QS 常闭联锁→114KM─┤
├→156KM 常开联锁→159QS 常闭联锁→154KM─┤
├→126KM 常开联锁→129QS 常闭联锁→124KM─┤ →400
├→166KM 常开联锁→169QS 常闭联锁→164KM─┤

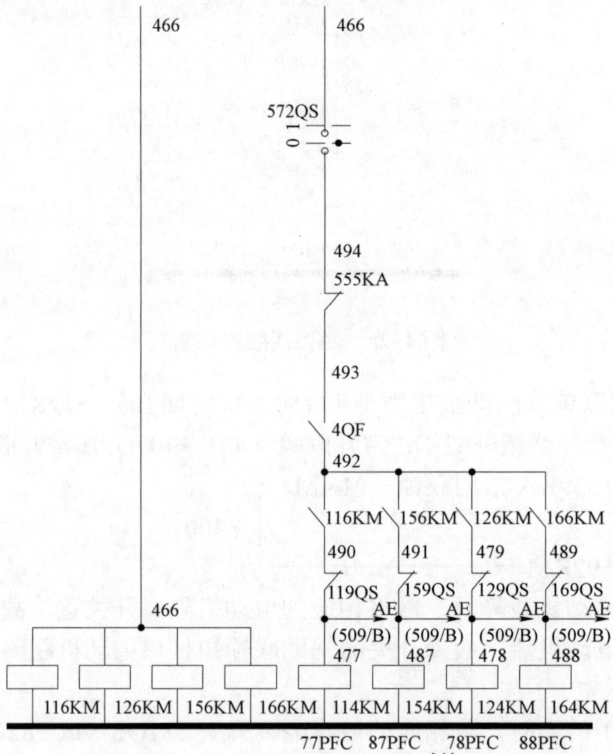

图 4-29　功补控制环节

其中，126KM 和 166KM 是功补电容的放电接触器，129QS 和 169QS 分别是 78PFC、88PFC 主隔离开关的辅助联锁；116KM、156KM 是功补电容的放电接触器，119QS、159QS 是 77PFC、87PFC 的主隔离开关的辅助联锁。这样，4 个功补接触器都闭合，为功补投入作好了准备。在上述支路里，加 4QF（有些电路图上无此环节）环节是为了满足先合主断后投功补的要求。功补电容的放电接触器 116KM、126KM、156KM、166KM 受导线 466 控制，当司机拿掉钥匙，即 570QS 处于“0”位（非工作位）时，导线 466 失电，则 116KM、126KM、156KM、166KM 都失电，它们的辅助常开联锁都打开，分别使 114KM、124KM、154KM、164KM 失

电，功补退出主回路。

7. 重联中间继电器控制（附图四/313）

当两台机车重联时，除400线以外的所有重联控制信号都经过重联中间继电器的联锁，便于意外时及时切除重联控制信号。每节机车上分别装有4个重联中间继电器，受一个隔离开关的控制，如图4-30所示。导线531经570QS，使导线525有电，经592QS使导线526有电，545KA～548KA4个中间继电器都得电，接通重联控制信号。当两节车重联时，通过内重联线N526，使另一节车的526得电，另一节车的545KA～548KA得电动作，接通了后一节车的外重联控制信号。当两台车重联（外重联）时，其控制电路如图4-31所示。

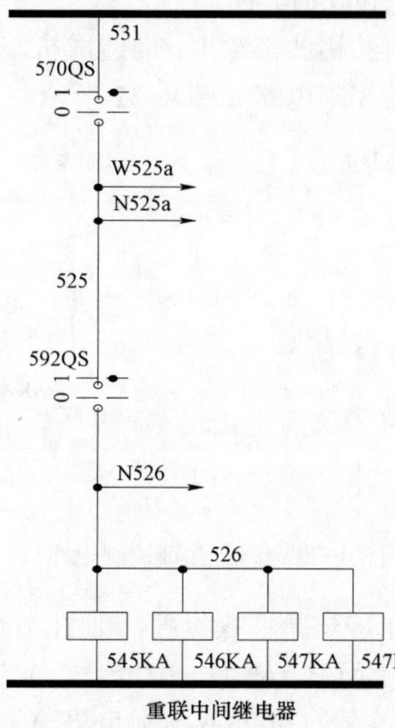

图4-30　重联中间继电器控制环节

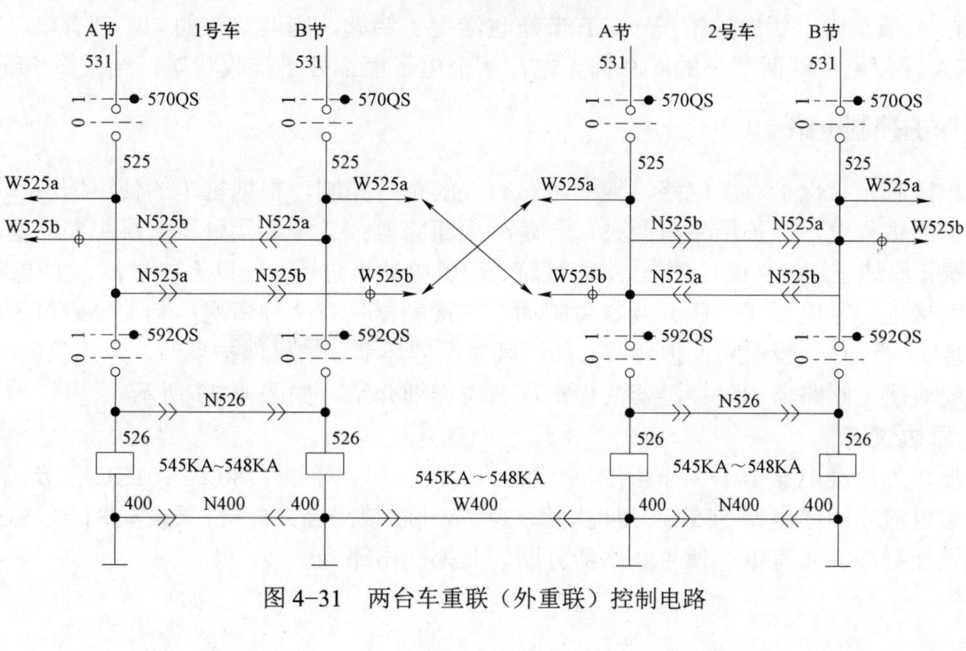

图4-31　两台车重联（外重联）控制电路

假设 1 号车的 A 节车为操纵端，则 1 号 A 节车的钥匙 570QS 打到“1”位（工作位），导线 525（1 号 A 节车）有电，通过内重联 N525a 送入 B 节车的 N525b，到达中央端子板，然后，从中央端子板出来，线号变成 W525b，到 B 节车车头的外重联插座内；通过外重联电缆的交叉重联，使 2 号车 A 节的 W525a，即 525 线得电，此时，若将 2 号 A 节车的 592QS 打到“1”位（重联），则 2 号车的 2 组 545KA～548KA（共 8 只中间继电器）得电动作，接收从 1 号车送来的重联控制信号，完成两台车重联同步操作所必须做的第一步工作。所以，对被重联车来说，只有在与操纵端同一方向的司机室内的重联选择开关才起作用，其他司机室内的重联选择开关不起作用。

8. 司机室钥匙互锁控制（附图四/309-B）

为了防止一台车两个司机室内的钥匙都给上，而造成机车窜车的现象，在 $SS_{4进}$型及 SS_{4B}型机车上加装了钥匙互锁环节，其控制电路如图 4-32 所示。

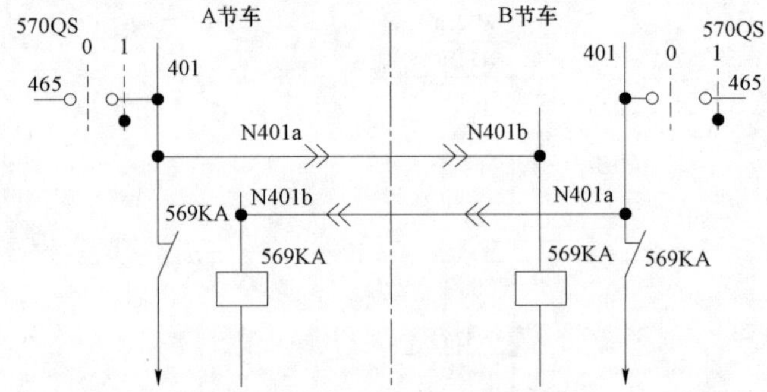

图 4-32　钥匙互锁控制电路

当 A 节车为操纵端时，B 节车应该是非操纵端，即 B 节车的 570QS 应处于“0”位（非工作位），所以，A 节车的 401 有电，而 B 节车的 401 无电。A 节车的 401 通过内重联线 N401a 送入 B 节车的 N401b，作用于 B 节车的 569KA，使 569KA 得电动作，其常闭联锁打开，进一步确保非操纵端送入电子柜的操纵端信号 419 无电，使非操纵端的电子柜始终接收调制信号。若在 A 节车给上钥匙的情况下，B 节车也给上了钥匙，则两节车的 401 都有电，两节车的 569KA 都得电，即两节车的 419 都无电，两个电子柜都处于接收状态，结果牵引无电流。

4.2.4　保护控制电路

保护控制是指保护对主电路、辅助电路有关的执行控制。根据机车的使用情况和可能产生故障的严重程度，保护结果有两种：一是跳主断路器；二是跳接触器。跳主断路器有以下几种情况：原边过流（网侧过流）、次边过流、牵引电动机过流、辅助系统过流、主电路接地、辅助电路接地、零电压（失压）及紧急制动。跳接触器只有两种情况：制动励磁过流和功补过流。事实上还有一些辅助保护环节，如：风速保护环节、辅机保护环节、风压保护环节等。在此，仅对跳主断路器和跳接触器的保护环节作详细介绍，如图 4-33 所示。

1. 原边过流

当原边过流继电器 101KC 检测到原边过流而动作时，导线 1780 经 101KC 使导线 552 有电，原边过流中间继电器 565KA 得电动作，其常开联锁闭合并自持，导线 531 经 565KA 的常开联锁使导线 544 有电，使主断路器分断。其控制电路为

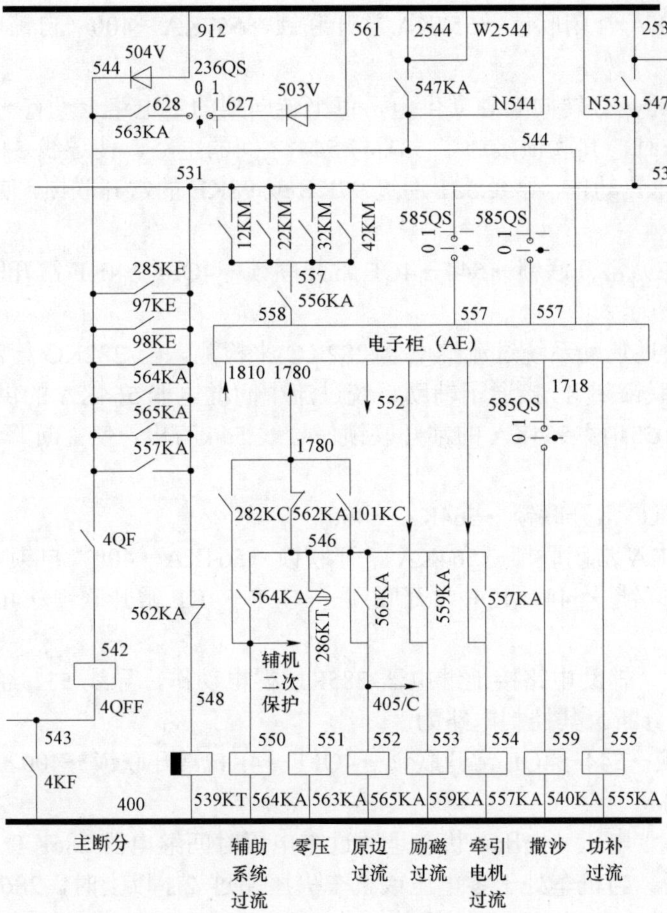

图4-33　机车保护控制图

电子柜1780→101KC常开联锁→565KA→400。

电子柜1780→562KA常闭联锁→565KA常开联锁→565KA→400（自锁电路）。

531→565KA常开联锁→544→4QF常开联锁→主断路器分闸线圈4QFF→4KF常开联锁→400。

2. 次边过流

次边过流的检测信号送到电子柜，当电子柜判断出次边过流时，送出110 V的电压信号，这一信号直接作用于565KA，使565KA得电动作并自持，最后使主断路器分断。其控制电路为

电子柜552线→565KA→400。

电子柜1780→562KA常闭联锁→565KA常开联锁→565KA→400（自锁电路）。

531→565KA常开联锁→544→4QF常开联锁→主断路器分闸线圈4QFF→4KF常开联锁→400。

3. 牵引电动机过流

检测牵引电动机的电流信号直接送入电子柜，由电子柜来判断电动机是否过流及哪一台过流。一旦判断出某台电动机过流，则电子柜送出+110 V的电压信号，这一信号直接作用于牵引电动机过流中间继电器 557KA，使其得电动作。557KA 得电后一方面通过其本身的常开联锁自持，另一方面导线531通过它的另一对联锁使导线544有电，主断路器分断。其控制电路为

电子柜→554→557KA→400。

电子柜 1780→562KA 常闭联锁→557KA 常开联锁→557KA→400（自锁电路）。

4. 主电路接地

SS_4 型机车的主电路是分转向架独立供电，每个转向架的主电路上设有一个接地继电器。当某一接地继电器动作时，其联锁接通了 531 与 544 之间的电路，使导线 544 有电，主断路器分断。如 97KE 或 98KE 动作，导线 531 通过 97KE 或 98KE 的常开联锁，使导线 544 有电。其控制电路为

531→97KE（98KE）常开联锁→544→4QF 常开联锁→4QFF→4KF 常开联锁→400。

5. 辅助系统过流

辅助系统过流是通过辅助系统过流继电器 282KC 来检测。当 282KC 检测到辅助系统过流时本身动作，其常开联锁闭合，接通了辅助系统过流中间继电器 564KA 的供电电路，564KA 得电动作并自持；导线 531 经 564KA 的常开联锁使导线 544 有电，使主断路器分断。其控制电路为

电子柜 1780→282KC 常开联锁→564KA→400。

电子柜 1780→562KA 常闭联锁→564KA 常开联锁→564KA→400（自锁电路）。

531→564KA 常开联锁→544→4QF 常开联锁→4QFF→4KF 常开联锁→400。

6. 辅助电路接地

当辅助电路接地时，辅助电路接地继电器 285KE 得电动作，导线 531 经 285KE 使导线 544 有电，使主断路器分断。其控制电路为

531→285 常开联锁→544→4QF 常开联锁→4QFF→4KF 常开联锁→400。

7. 零电压（失压）

检测机车是否处于零电压（失压）状态是通过零电压时间继电器 286KT 来检测的，检测环节见辅助电路原理图。当机车处于零电压或机车失压超过 2 s 以上时，286KT 失电，其常闭联锁恢复到闭合位，导线 546 经 286KT 的常闭联锁使导线 551 有电，零压中间继电器 563KA 得电动作，其常开联锁闭合；导线 561 经隔离二极管 503 V、零压隔离开关 236QS 及 563KA 的常开联锁，使导线 544 有电，促使主断路器分断。其中导线 561 受劈相机中间继电器 567KA 的控制，零压保护只有当劈相机投入工作时才起作用。其控制电路为

电子柜 1780→562KA 常闭联锁→286KT 常闭联锁→563KA→400。

561→503 V→236QS（0）→563KA 常开联锁→544→4QF 常开联锁→4QFF→4KF 常开联锁→400。

若劈相机未投入工作，则零压保护只亮“零压”故障灯不跳主断路器。

8. 紧急制动

紧急制动的控制信号来自信号柜和紧急制动按钮，这一信号的线号是 912。导线 912 经隔离二极管 504 V 使导线 544 有电，使主断路器分断。其控制电路为

912→二极管 504 V→544→4QF 常开联锁→4QFF→4KF 常开联锁→400。

9. 励磁过流

励磁过流的检测信号直接送入电子柜，由电子柜来判断励磁是否过流。若励磁过流，电子柜送出一个+110 V 的电压信号直接作用于励磁过流中间继电器 559KA。559KA 得电后，通过其本身的一对常开联锁自持，而另一对常开联锁切除 91KM 的供电电路使励磁无流，保护了励磁电路。其控制电路为

电子柜 553→559KA→400。

电子柜 1780→562KA 常闭联锁→559KA 常开联锁→559KA→400（自锁电路）。

10. 功补过流

功补过流也由电子柜来判断。当功补过流时，功补过流中间继电器 555KA 接收到电子柜送来的+110 V 电压信号得电动作。555KA 的一对常闭联锁打开，切除了功补接触器 114KM、124KM、154KM、164KM 的供电电路，使功补退出主电路。

11. 故障保护的恢复控制

上述各种故障保护，其自持的中间继电器由恢复中间继电器 562KA 的常闭联锁维持。故障消除后，闭合主断路器的同时，562KA 线圈得电，562KA 常闭联锁打开，使所有保护中间继电器失电打开，故障及其他信号恢复到保护前的状态。

在保护电路中恢复中间继电器 562KA 的作用如下。

机车上各种过流、接地、零压等故障保护，其自锁的中间继电器，均有恢复中间继电器 562KA 的常闭联锁。当故障消除后，闭合主断路器的同时，562KA 得电吸合，其常闭联锁断开，使各种保护中间继电器失电释放，恢复保护控制及相应信号，为下次故障保护做好准备。

4.2.5 信号控制电路

SS_4型机车的司机室内，安装有主显示屏和辅显示屏各一块，采用 LED 式发光二极管作光源，用+15 V 电源（线号 790）或+110 V 电源（线号 690）。主辅显示屏的外形及显示的数目完全相同，都是 32 个信号。主显示屏显示的是机车的主要状态及主要故障，辅显示屏显示的是对主显示屏显示内容的补充说明。如：主显示屏显示“牵引电动机”故障，那么，辅显示屏将显示某一台电动机故障。司机通过对机车信号的观察，可以了解机车的工作状况。下面对主辅显示屏所显示内容的控制环节作详细介绍。

1. 主显示屏的显示

（1）“前节车”。该信号显示的内容是前节车，即操纵端所在的一节机车。颜色是绿色，长亮。

（2）“后节车”。该信号显示的内容是后一节机车，即非操纵端所在的一节机车。颜色是绿色，长亮。

（3）“预备”。该信号受预备中间继电器 556KA 的常闭联锁控制。当机车预备完后，556KA 得电动作，其常闭联锁打开，导线 703 无电，“预备”信号灯灭，表示机车预备完毕。

（4）“电子柜预备”。当电子柜 A、B 组转换开关打在工作位，电子柜电源板工作正常时，导线 1719 失电，“电子柜预备”信号灯灭，表示电子柜开始工作。

（5）“主断”。该信号受主断路器的辅助常闭联锁控制。当主断路器合上时，其常闭联锁打开，导线 704 失电，“主断”信号灯灭，表示主断路器已合上。

（6）“零压”。当机车处于零电压状态时，零压中间继电器 563KA 得电动作，导线 690 经 563KA 使导线 705 有电，“零压”信号灯亮，表示机车处于零压状态下。

（7）“原边过流”。当原边过流中间继电器 565KA 得电动作时，导线 690 经 565KA 的常开联锁，使导线 706 有电，“原边过流”信号灯亮，表示机车的变压器原边有过流现象。

（8）“主接地”。当主接地继电器 97KE 或 98KE 动作时，导线 690 经 97KE 或 98KE 使导线 701 或 702 有电，送入辅显示屏，使辅显示屏中的“主接地 1”或“主接地 2”信号灯亮，同时，通过辅显示屏内的隔离二极管，送出 707 导线到主显示屏内，“主接地”信号灯亮，表明机车处于主接地状态下。

（9）“牵引电动机”。当电子柜检测出某台牵引电动机过流时，电子柜送出一信号作用于 557KA 使其得电动作，导线 690 经 557KA 的常开联锁，使导线 708 有电，“牵引电动机”信号灯亮，表明某台或全部牵引电动机过流。

（10）“零”位。当司机控制器的调速手轮处于“0”位时，其零位中间继电器 568KA 得电动作，导线 690 经 568KA 使导线 709 有电，“零”位信号灯亮，表示机车的调速手轮处于“0”位状态。

（11）“励磁过流”。当电子柜检测出励磁电路过流时，送出一个信号，使 559KA 得电动作，导线 690 经 559KA 使导线 710 有电，“励磁过流”信号灯亮，表示机车的励磁电路有过流现象。

（12）“空转”。当电子柜检测出机车有空转现象时，送出一个信号，1717 导线得电，“空转”信号灯亮，表示机车有空转现象。

（13）“劈相机”。该信号灯受 201KM、566KA 及 567KA 的控制。当劈相机起动时，567KA 得电动作，导线 690 经 566KA 常闭联锁及 567KA 常开联锁使导线 718 有电，“劈相机”信号灯亮；当劈相机起动完毕，566KA 得电动作，其常闭联锁打开，导线 718 失电，“劈相机”信号灯灭。若劈相机起动失败，则劈相机的保护开关 201KM 动作，690 线经 201KM 和 567KA 使导线 718 有电，劈相机信号灯亮，表示劈相机故障。所以，如果劈相机起动正常，其信号灯应该先亮一下，接着就灭，时间约 2 s，若点亮时间较长，可能是劈相机起动困难，必须及时关闭。

（14）“功补”。当电子柜检测出功率因数补偿有过流现象时，功补过流继电器 555KA 得电动作。导线 690 经 555KA，使导线 728 有电，“功补”信号灯亮，表示机车功补过流。

（15）“辅助电路”。当辅助电路有过流、接地现象时，从辅显示屏中送出一信号，导线 720 有电，“辅助电路”信号灯亮，表示机车的辅助电路有故障。

（16）“电制动”。当机车进入电制动状态时，司机控制器的换向手柄置“制”位，调速手轮离开“0”位，92KM 得电动作，导线 690 经 92KM 使导线 725 有电，“电制动”信号灯亮，表示机车正处于电制动状态。

（17）“控制电路接地”。当控制电路的高电位线发生接地时，控制电路中间继电器 554KA 得电动作，导线 690 经 554KA 使导线 757 有电，“控制电路接地”信号灯亮，表示机车控制电路有接地现象。

以上介绍的是主显示屏显示的本节机车的状态及故障情况。这些故障及机车状态信号通过内重联线进入另一节机车的主显示屏，所以，司机室内的主显示屏能够反映整车的状态及故障情况。

2. 辅显示屏的显示

辅显示屏与主显示屏相似，也能反映出整机的故障情况，不过，它反映的是故障的细节。对本节车所显示内容的控制环节作详细说明如下。

（1）“主接地 1”。当主接地继电器 97KE 得电动作时，导线 690 经 97KE 常开联锁得电，“主接地 1”信号灯亮，表示第一转向架所属的主电路有接地现象。

（2）“主接地 2”。与“主接地 1”相同，该信号灯亮时，表示第二转向架所属的主电路有接地现象。

（3）“牵引电动机 1”。当电子柜检测到牵引电动机 1 过流时，从内部送出的信号线 1711 有电，“牵引电动机 1”信号灯亮，表示牵引电动机 1 过流。

（4）“牵引电动机 2”。当电子柜检测到牵引电动机 2 过流时，从内部送出的信号线 1712 有电，“牵引电动机 2”信号灯亮，表示牵引电动机 2 过流。

（5）“牵引电动机 3”。当电子柜检测到牵引电动机 3 过流时，从内部送出的信号线 1713

有电，“牵引电动机 3”信号灯亮，表示牵引电动机 3 过流。

（6）“牵引电动机 4”。当电子柜检测到牵引电动机 4 过流时，从内部送出的信号线 1714 有电，“牵引电动机 4”信号灯亮，表示牵引电动机 4 过流。

（7）“辅接地”。当辅助电路发生接地时，285KE 得电动作，导线 690 经 285KE 常开联锁使 756 有电，“辅接地”信号灯亮，表示机车的辅助电路有接地现象。

（8）“牵引风机 1”。该信号灯受 219QA、205KM 及 550KA 的控制，205KM 得电闭合，导线 690 经 550KA 和 205KM 使导线 731 有电，该信号灯亮；当风机加速到一定速度时，风速继电器动作，风速中间继电器 550KA 得电动作，其常闭联锁打开，导线 731 失电，该信号灯灭，表示牵引风机 1 起动正常。所以，牵引风机 1 从起动到正常工作，其信号灯应该是先亮一下，接着就灭，若信号灯不灭，则可能是风机没有起动或风向反。当过流时 690 经 219QA 常闭联锁使 731 有电，信号灯亮。

（9）“牵引风机 2”。该信号灯受 220QA、206KM 以及 551KA 的控制。控制过程与“牵引风机 1”信号灯相似。

（10）“制动风机 1”。该信号灯受 223QA、209KM 以及 541KA 的控制。控制过程与“牵引风机 1”信号灯相似。

（11）“制动风机 2”。该信号灯受 224QA、210KM 以及 542KA 的控制。控制过程与“牵引风机 1”信号灯相似。

（12）“压缩机”。该信号灯只受压缩机保护开关 217QA 的控制。当 217QA 动作后，导线 690 经 217QA 使导线 751 有电，“压缩机”信号灯亮，表示压缩机电动机故障。

（13）“油泵”。该信号灯受 228QA、212KM 以及 518KF 的控制。228QA 和 212KM 分别是油泵的保护自动开关联锁和接触器的辅助联锁；518KF 是油流继电器。当油泵起动时，212KM 得电动作，导线 690 经 212KM 的辅助常开联锁和 518KF 的常闭联锁，使导线 753 有电，“油泵”信号灯亮；当油泵加速到一定程度时，518KF 动作，其常闭联锁打开，导线 753 失电，“油泵”信号灯灭。若起动失败，228QA 动作，其常开联锁闭合，导线 690 经 228QA 使导线 753 有电，“油泵”信号灯长亮，表示油泵故障。当然，若 518KF 故障，也会使该信号灯长亮。

（14）“变压器风机”。该信号灯只受变压器保护开关联锁 227QA 的控制。当 227QA 动作时，导线 690 经 227QA 使导线 754 有电，“变压器风机”信号灯亮，表示变压器风机故障。

（15）“辅过流”。当辅助系统过流时，564KA 得电动作，导线 690 经 564KA 常开联锁使 755 有电，“辅过流”信号灯亮，表示辅助系统过流。

（16）“DKL”。当逻辑制动单元故障时，该信号灯亮。

4.2.6　照明控制电路

1. 前照灯控制

电源由 464 经“前照灯”自动开关 606QA 提供。按下主、副台“前照灯”按键开关 410SK、418SK，前照灯接触器 440KM 得电吸合，前照灯 449EL 点亮，其控制电路如图 4-34 所示。其控制电路为

464→606QA→650 ─┬→主台按键 410SK ─┐
　　　　　　　　　└→副台按键 418SK ─┴→440KM→400。

650→440KM 常开联锁→655→449EL→400。

2. **副照明灯控制**

副照明灯电源由 464 经 607QA 提供，其控制电路如图 4-35 所示。

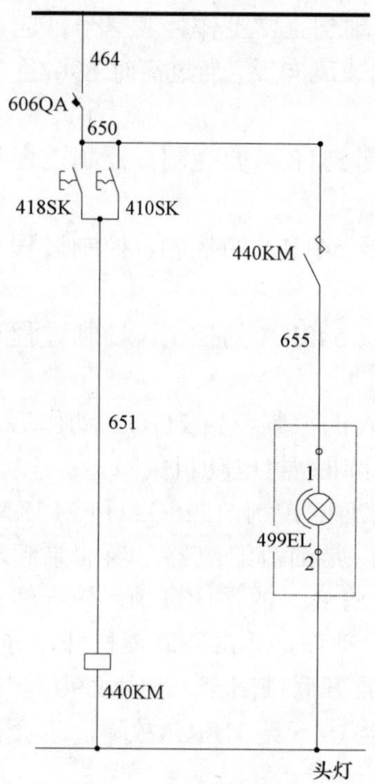

图 4-34　前照灯控制电路

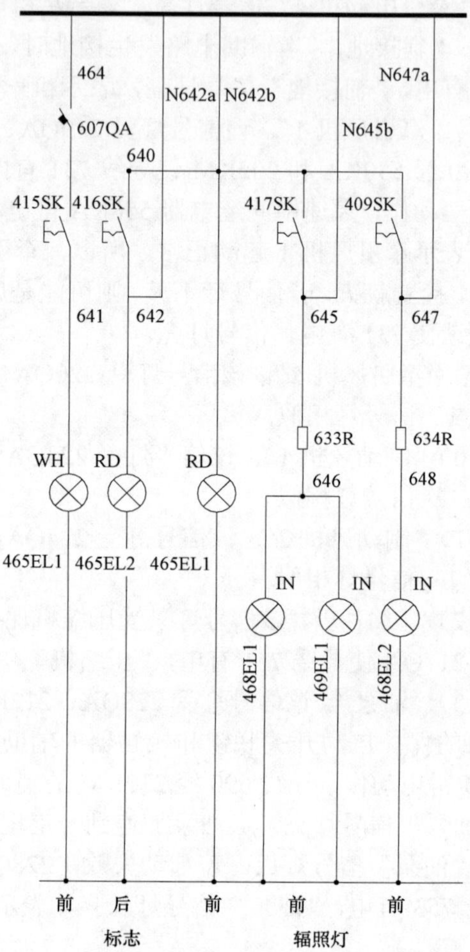

图 4-35　副照明灯控制电路

当按下副前照灯按键开关 417SK，经限流电阻 633R，接通 468EL1、469EL1，副前照灯投入工作。其控制电路为

464→607QA→640→副台副前照灯按键 417SK→633R→646→468EL1、469EL1→400。

当按下副后照灯按键开关 409SK，经限流电阻 634R 接通 468EL2，副后照灯投入工作。其控制电路为

464→607QA→640→主台副后照灯按键 409SK→634R→468EL2→400。

限流电阻是限制灯泡冷态起动电流，可以提高灯泡电寿命。

当按下前标志灯按键开关 415SK，前标志灯 465EL1 投入工作。其控制电路为

464→607QA→640→415SK→465EL1→400。

当按下后标志灯按键开关 416SK，后标志灯 464EL2 投入工作。其控制电路为

464→607QA→640→416SK→464EL2→400。

3. **各室照明电路**

各室照明电源由 464 经 608QA 提供，如图 4-36 所示。

司机室照明灯 448EL1、449EL1 受副台按键开关 422SK 控制。其控制电路为

464→608QA→630→422SK→448ELl→449EL1→400。

各室照明灯 460EL、461EL、462EL 受副台按键开关 420SK 控制。其控制电路为

464→608QA→630→420SK →460EL～462EL→400。

走廊照明灯 452—456EL、452—456EL2、457EL 受副台按键开关 421SK 与走廊开关 571QS 交叉控制通断。其控制电路为

464→608QA→630→421SK→571QS→635—┬→452EL1～457EL →┬→400
　　　　　　　　　　　　　　　　　　└→452EL2～456EL2→┘

4. 仪表照明控制

仪表照明为 24 V 电源，其电源由 464 经 614QA、逆变器 426 VC 至 780 提供。通过副台仪表照明按键开关 419SK 控制，如图 4-37 所示。其控制电路为

780→副台仪表照明按键 419SK→781→471EL1～484EL1→500。

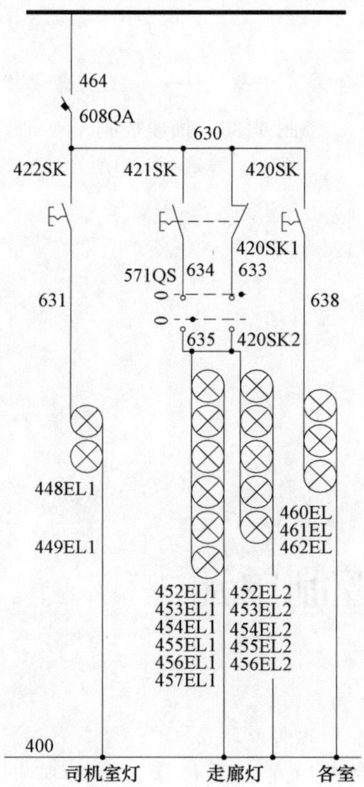

图 4-36　各室照明灯控制

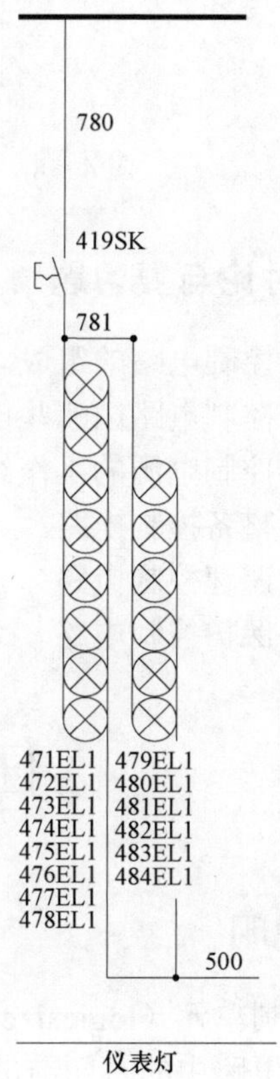

图 4-37　仪表照明灯控制

5. 电风扇控制

电风扇电源由 464 经 610QA 提供。按下电风扇开关 413SK，电风扇开始工作，如图 4-38 所示。其控制电路为

464→610QA→680→副台风扇按键 413SK→443MD，445MD→400。

6. 插座控制

控制电路为：464→610QA→680→661XS，660XS→400，如图 4-39 所示。

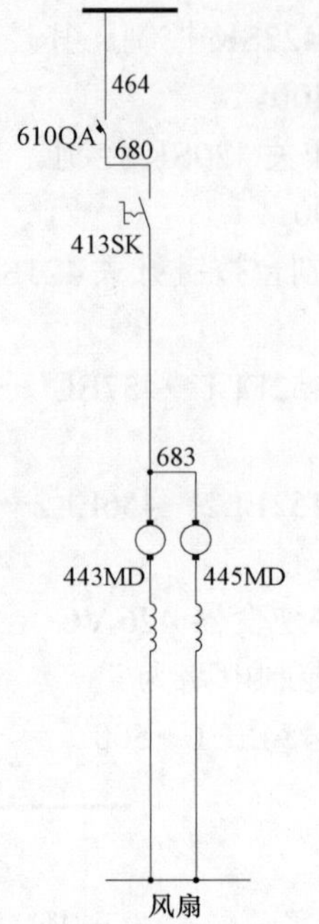

图 4-38　电风扇控制

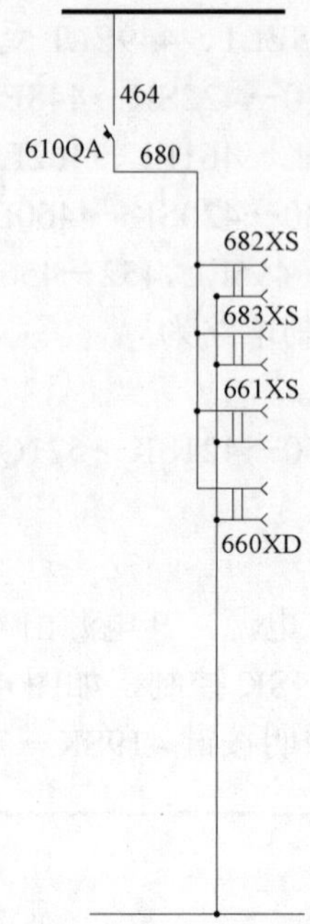

图 4-39　插座控制

课后讨论与复习题

1. 机车控制电路的组成。
2. 机车控制电路由哪些电器组成。
3. 机车控制电源的工作结构和原理。
4. 识读整备控制电路。
5. 识读调速控制电路。
6. 识读保护控制电路。

任务 4.3　逻辑控制单元

任务说明

逻辑控制单元（logical control unit，LCU）在电力机车上的作用，主要就是取代机车上继电器控制电路中的时间继电器、中间继电器等低压电器和大量的迂回线路，实现机车控制系统无触点控制，从而提高机车电气线路的可靠性。

通过本任务的学习，能够熟悉逻辑控制单元设备和相关电路。

任务目标

- 熟悉 LCU 逻辑控制装置。
- 知道逻辑控制单元使用的注意事项。
- 了解 LCU 电路。

内容讲解

4.3.1　概述

SS_4 型电力机车从 2003 年开始，在机车控制电路中装设 LCU 逻辑控制装置。装设 LCU 逻辑控制装置 SS_4 型电力机车，在机车主断路器的分合闸、辅机的起停、位置转换开关的转换、励磁及线路接触器分合、线路保护及故障显示等控制电路中替代了传统继电器有触点控制电路，实现了机车的逻辑控制。LCU 逻辑控制装置根据司机指令完成机车电器的逻辑控制，使原来复杂的控制线路变成了简单的输入、输出控制线路。机车主要电器辅助联锁大大减少，取消了不必要的中间继电器和时间继电器，减少了机车线路接点，电气控制系统的可靠性大为提高。

4.3.2　系统组成和配置

SS_4 型电力机车采用的 LCU 逻辑控制装置，一套设备共有 4 个电子箱，A、B 节机车的Ⅰ端、Ⅱ端低压柜各安装一台，Ⅰ端为 LCU1、Ⅱ端为 LCU2。LCU1 与 LCU2 除内部接线不一致外，其结构、组成完全一样。LCU 采用标准 6U 机箱硬件结构，双机冷备份，故障时可通过转换开关进行 A、B 组切换。每台 LCU 主要由电源板（1*1）、主控板（1*2）、开关量输入板（1*2）、开关量输出板（1*4）组成，LCU 系统框图如图 4-40 所示，LCU 在低压柜中的位置如图 4-41 所示。

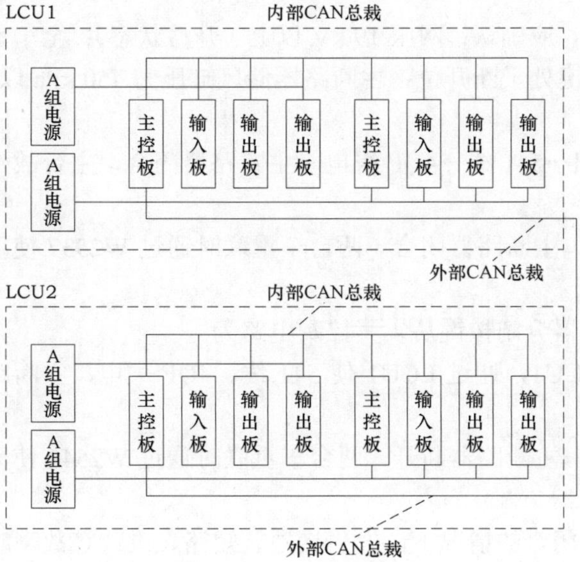

图 4-40　LCU 系统框图

图 4-41　LCU 在低压柜中的位置

4.3.3　各插件板作用

SS_4 型电力机车采用的 LCU 逻辑控制装置具有功能相同的 A、B 两组控制系统，可以任选一组工作。

（1）电源板。为系统提供电源，工作电压范围：40～132 V。

（2）输入板。将司机操作指令信号、机车电器的开关量信息转换为数字信号，再通过现场总线传输给主控板。每块输入板有 48 路开关量输入接口及输入信号 LED 显示。

（3）输出板。输出板单片机通过现场总线接收逻辑单元主控板的控制信号，通过无汞触点控制电路驱动各个接触器。每块插件板共有 24 路驱动输出、驱动 LED 显示（绿灯）和接触器短路保护显示（红灯）。

（4）逻辑单元主控板。通过内部总线接收输入板送来的开关量信号，按程序设定的逻辑关系，通过内部总线输出指令到输出板，实现机车各接触器的控制。

4.3.4 逻辑控制单元使用注意事项

（1）LCU1、LCU2 的控制转换开关可置 A 组或 B 组；置 A 组时电源板 L1 指示灯亮，置 B 组时电源板 L2 指示灯亮。

（2）主控板上的 RUN 指示灯亮表示程序运行正常，Ll 指示灯亮表示该装置为 LCU1；L2 指示灯亮表示该装置为 LCU2。

（3）主控板上的 ERROR 指示灯亮表示程序运行不正常，RUN 和 ERROR 指示灯交替有规律地闪烁表示程序自检失败。

（4）当运行途中 LCU 逻辑控制装置出现故障时，可转换 LCU“A、B 组”，转换时，必须手柄回 0，断开主断路器和各辅机按键。

4.3.5 相关控制电路简介

1. 主断路器控制

（1）主断路器闭合。主断路器闭合前，应确认：网压 19 kV 以上（升弓状态）；全车调速手柄在“0”位，“零”位灯亮；劈相机按键处于断开位；主断路器储风缸压力 450 kPa 以上。闭合主断路器合闸按键后，其控制电路为

531→主断路器合闸按键→537→LCUl→541 线→4QF 得电→主断路器闭合，主台故障显示屏“主断”、“零压”灯灭。

两节车重联时通过 N537 使非操纵节车主断路器闭合。两台车重联时通过 W2537 使重联机车主断路器闭合。

（2）主断路器正常分闸。闭合主断路器分闸按键后，其控制电路为

531→主断路器分闸按键→544 线→LCU1，通过 LCU1 使 541 线、4QF 失电，主断路器断开。

两节车重联时通过 N544 使非操纵节车主断路器断开。两台车重联时通过 W2544 使重联机车主断路器断开。

（3）主断路器故障分闸。主断路器在闭合的情况下，发生接地、短路、过载等故障时，导线 544 送信号到 LCU，使 541 线失电，主断路器断开。

① 原边过流。当原边过流时，过流继电器 101KC 动作，通过导线 552、LCU2，使 541 线、4QF 失电，主断路器断开。

② 次边过流。次边电流互感器检测的电流信号送入电子柜 AE，电子柜判断出次边过流时，送出信号，通过导线 552、LCU2，使 541 线、4QF 失电，主断路器断开。

③ 牵引电动机过流。电动机电流互感器检测的电流信号送入电子柜 AE，电子柜判断牵引电动机是否过流及哪台电动机过流，如果过流则送出信号，通过导线 554、LCU2，使 541

线、4QF 失电，主断路器断开。

④ 主接地。当发生主接地故障时，接地继电器 97KE 或 98KE 动作，接通导线 531 与 544，544 线有电，通过 LCU1 使 541 线、4QF 失电，主断路器断开。

⑤ 辅助回路过流。当辅助回路过流时 282KC 动作，通过导线 550、LCU2，使 541 线、4QF 失电，主断路器断开。

⑥ 辅助回路接地。当发生辅助回路接地故障时，接地继电器 285KE 动作，接通导线 531 与 544，544 线有电，通过 LCU1 使 541 线、4QF 失电，主断路器断开。

⑦ 零压保护。当劈相机投入使用时，如机车处于零电压或失压 2 s 以上，则 286KT 失电，其常闭联锁闭合，通过导线 551、LCU 内部逻辑关系使 541 线、4QF 失电，主断路器断开。

⑧ 紧急制动时自动断电。当机车紧急制动时，通过导线 804、LCU2 使主断路器断开；当自动停车装置动作时，通过导线 912、LCU 内部逻辑关系使 541 线、4QF 失电，主断路器断开。

⑨ 主断控制器。当受电弓发生漏气或刮弓等故障时，自动降弓装置及主断控制器动作，通过 544 线、LCU1 使 541 线、4QF 失电，主断路器断开。

2. 劈相机控制

（1）起动劈相机前必须闭合控制电源自动开关 605QA、604QA、602QA 及控制电源钥匙开关 570QS，591QS 选择手动位或自启位。591QS 在自启位时，主断路器断开后，不关闭劈相机按键，闭合主断路器后，劈相机自动起动，以简化过分相操纵程序。闭合劈相机按键 404SA，其控制电路为

① 464→605QA→404SA→562→LCU2→571→213KM 得电，接入劈相机起动电阻。

② 213KM 得电闭合，常开联锁闭合，其控制电路为

464→602QA→570QS（闭合位）→531→213KM 常开联锁→572→LCU2→573→201KM 得电，劈相机开始起动。

③ 劈相机起动正常后，283AK 动作，常开联锁闭合，其控制电路为

464→604QA→570QS（闭合位）→466→283AK 常开联锁→568→LCUl→CAN→LCU2→213KM 失电释放，劈相机起动完成。

④ 当两节车重联时，闭合劈相机按键 404SA 后，LCU 内部逻辑使导线 564 有电，通过内重联线 N564，使非操纵节机车劈相机起动；当两台车重联时，导线 564 通过重联中间继电器 547KA 使 W2564 线有电，通过重联控制电缆使重联机车劈相机起动。

（2）劈相机起动完成后，通过 LCU 内部逻辑接通导线 577，为其他辅机起动提供控制电源。

（3）当劈相机故障时，将 242QS 打到“2”位（通风机位），296QS 打到电容位，用牵引通风机 1 进行电容分相起动。

3. 压缩机控制

目前 SS_4 型电力机车普遍采用螺杆式空气压缩机，在该压缩机电动机的控制电路中，串接有压力接点 YJ 和温度接点 WJ。压力接点 YJ 用以保证压缩机在低负荷下安全起动，防止压缩机起动时的背压影响其正常起动，当压缩机进气阀压力超过 400 kPa 时，该接点断开，压力降至 300 kPa 以下时闭合。温度接点 WJ 用以防止因温度过高影响压缩机正常工作，当排气温度超过 105 ℃时该联锁断开，低于 90 ℃时闭合。

闭合压缩机按键 405 SA，当总风缸压力在 900 kPa 以下时，其电路路径为

464→605QA→405SA（闭合位）→517KF→565→LCU2→外部 CAN 总线→LCUl→567→

压力接点 YJ（400 kPa 以上断开，300 kPa 以下闭合）与温度接点 WJ（105 ℃以上断开，90 ℃以下闭合）→203KM 得电，压缩机起动。

当总风缸压力在 900 kPa 以上时，517KF 自动断开，203KM 失电，压缩机停止工作。闭合强泵风按键，可进行强制打风，当总风缸压力在 950 kPa 以上，高压安全阀喷气，应断开强泵风按键停止打风，以防总风缸压力过高发生意外。

当压缩机故障时，可用 579QS 进行故障隔离。

4. 通风机控制

（1）牵引通风机控制。

① 手动控制。劈相机起动后，闭合通风机按键 406SA，通过 LCU 内部逻辑，使 205KM 得电，通风机 1 起动，由于 LCU 逻辑控制的延时作用，通风机 2 延时起动，避免两个通风机同时起动造成过载。通风机 2 起动完成后，经过 LCU 逻辑控制的延时作用，211KM、212KM 得电闭合，油泵电动机和变压器风机起动。通过重联控制环节可使非操纵节机车或重联机车通风机顺序起动。

575QS、576QS 分别为牵引通风机 1、2 故障隔离开关，584QS、599QS 分别为油泵、变压器风机障隔离开关。

② 自动控制。当调速手柄在 1～5 级以上时，417 线有电，通过 LCU 内部逻辑使牵引通风机自动起动。

（2）制动通风机控制。闭合制动通风机按键 407SA，通过 LCU 内部逻辑使制动通风机 1、2 顺序起动。581QS、582QS 分别为制动通风机 1、2 故障隔离开关。

5. 两位置转换开关控制

（1）牵引控制。

① 换向手柄向前。导线 402、403、406 有电，其中 402 给调速手柄供电；403 通过 LCU 使两位置转换开关向前电空阀得电，控制机车向前；406 通过 LCU 使两位置转换开关牵引电空阀得电，控制机车向前牵引。当两节车重联时，通过内重联环节使非操纵节机车完成向后转换，保证全车向前。当两台车重联时，通过外重联环节使另一台机车完成向前转换，保证两台车都向前。

② 换向手柄向后。导线 402、404、406 有电，402、406 作用与“向前”位时相同，404 通过 LCU 使两位置转换开关向后电空阀得电，控制机车向后。当两节车重联时，通过内重联环节使非操纵节机车完成向前转换，保证全车向后。当两台车重联时，通过外重联环节使另一台机车完成向后转换，保证两台车都向后。

（2）制动控制。换向手柄制动位。导线 402、403、405 有电，402 作用与牵引时相同，403 提供机车向前信号，405 通过 LCU 使两位置转换开关制动电空阀得电，使两位置转换开关转换到制动位。当两节车重联时，通过内重联环节使非操纵节机车转换到制动位，保证全车同步工作。当两台车重联时，通过外重联环节使另一台机车也转换到制动位，保证两台车同步工作。

6. 风速延时控制

519KF、520KF 为牵引风速继电器 1、2，511KF、512KF 为制动风速继电器 1、2。当通风机起动正常时，相应的风速继电器动作，通过 LCU 给机车预备环节提供信号。牵引时，LCU 风速延时环节通过 406 得电动作；制动时，LCU 风速延时环节通过 405 得电动作。

573QS、574QS 分别为牵引风速 1、2 故障隔离开关；589QS、590QS 分别为制动风速 1、2 故障隔离开关。

7. 预备控制

（1）牵引工况预备环节完成的必要条件：① 两位置转换开关转换到位；② 主断路器闭合到位；③ 劈相机工作正常；④ 高级位时，牵引通风机运行正常，风速延时完成。

（2）制动工况预备环节完成的必要条件：① 两位置转换开关转换到位；② 主断路器闭合到位；③ 劈相机及各通风机运行正常，风速延时完成；④ 励磁接触器 91KM、92KM 和线路接触器 12KM、22KM、32KM、42KM 闭合到位；⑤ 机车制动缸压力在 150 kPa 以下。

LCU 逻辑控制环节检测机车整备控制电路完成后，给电子柜提供预备完成信号，司机室故障显示屏“预备”灯灭，表示预备完成。

8. 零位控制

SS_4型电力机车全车共有 4 个司机控制器，当其均处于“0”位时，导线 412 有电，通过 LCU 逻辑控制环节、导线 709，使司机室故障显示屏“零”位灯亮。当司机控制器离开“0”位后，412 线失电，“零”位灯灭，同时 415 线有电。

9. 线路接触器控制

当司机控制器离开“零”位后，415 线有电，通过 LCU 逻辑控制环节使线路接触器 12KM、22KM、32KM、42KM 得电吸合，牵引电动机主电路完成。

10QP、60QP 分别为第 1、2 转向架空载试验开关；20QP、50QP 为库用转换开关；19QS、29QS、39QS、49QS 分别为第 1～4 牵引电动机故障隔离开关；575QS、576QS 分别为牵引通风机 1、2 故障隔离开关，581QS、582QS 分别为制动通风机 1、2 故障隔离开关，隔离通风机的同时，也切断了相应转向架的线路接触器得电电路。

10. 励磁接触器控制

正常工作时，当司机控制器的换向手柄置“制动位”时，导线 405 有电，通过 LCU 逻辑控制环节使励磁接触器 91KM，92KM 得电吸合。

19QS、29QS、39QS、49QS 分别为第 1～4 牵引电动机故障隔离开关；575QS、576QS 分别为牵引通风机 1、2 故障隔离开关，581QS、582QS 分别为制动通风机 1、2 故障隔离开关，隔离通风机的同时，维持励磁接触器的得电电路。

11. 保护控制

SS_4 型电力机车发生接地、短路、过载等故障时，除通过主断路器跳闸执行保护功能外（具体动作过程见本节主断路器控制），还有以下两种保护方式：

（1）通风机不工作或风速继电器故障时，通过 LCU 逻辑控制装置进行截流保护。

（2）电阻制动工况下过流时通过断开励磁接触器来执行保护。

① 牵引电动机过流。由直流电流传感器 111SC、121SC、131SC 或 141SC 检测的牵引电动机电流信号送入电子柜，由电子柜判断是否过流，如果过流，则电子柜送出信号，通过 LCU 使励磁接触器 91KM 跳开。

② 励磁过流。励磁电流传感器 199SC 检测的励磁电流信号送入电子柜，由电子柜判断是否过流，如果过流，则电子柜送出信号，通过 LCU 使励磁接触器 91KM 跳开。

课后讨论与复习题

1. LCU 逻辑控制装置的使用中应注意什么？
2. 试着识读 LCU 的控制电路图。

任务4.4　DC110 V电源柜

任务说明

控制电源电路中的元件和设备安装在电源柜中，对于司机要熟悉电源柜中的设备，尤其是自动开关板和三把闸刀。

任务目标

- 熟悉电源柜的基本构成。
- 熟悉电源柜中的自动开关。
- 了解电源柜中三把闸刀的作用。

内容讲解

4.4.1　DC110 V电源柜基本构成

SS_4型电力机车电源柜分高、低柜两部分。电源柜结构示意图如图4-42所示，低柜的上方安装机车的电子控制柜，如双点划线所示部分。低柜内上层装有晶闸管整流桥V1～V4及V5，整流桥的后面是阻容板及晶闸管的触发装置KBC、KBR、C1、C2、R1、R2、C3、C4、1MB及2MB。低柜下层装有电源变压器670TC，电抗器671L。

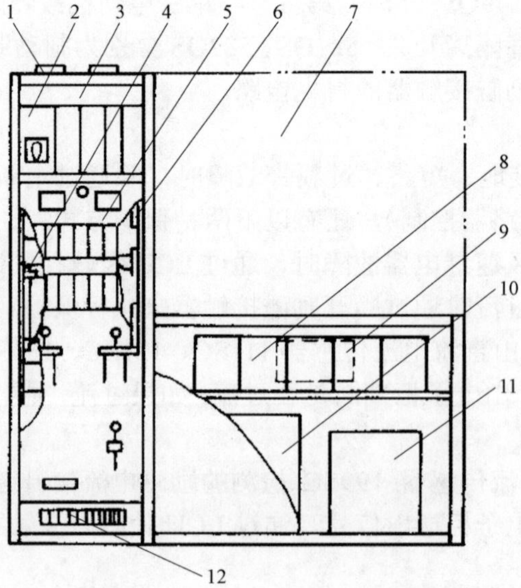

1—对外连接插座；2—电控插件箱；3—双风扇机；4—电阻板组装；5—开关板；6—分流器组装；7—机车电子柜；8—整流器组装；9—阻容板组装；10—电源变压器；11—滤波电抗器；12—接线端子。

图4-42　电源柜结构示意图

高柜顶端是该柜对外连线的两个20芯插座63XS、65XS。高柜上层是电子控制箱及其双风扇机，电子控制箱中装有4块插件，其中2块是110 V电源的“稳压触发”插件，2块是“电源”插件（即110 V变48 V、24 V、15 V），以及一个A—B组转换开关，以备某一组故障时，进行A、B组转换用，中层的开关板上装有蓄电池电压表650PV、电流表640PA、照明灯泡497EL、小开关676SB，全车的110 V控制电路自动开关，交流的取暖、窗加热、空调、电炉的自动开关。这些自动开关均为自动脱扣手动恢复，自动开关型号为TH-55B。

开关板上还装有三把闸刀：

（1）蓄电池闸刀666QS，即整流桥输出与蓄电池相连接的闸刀；

（2）负载闸刀667QS，即110 V电路的总负载开关；

（3）重联开关668QS，正常工作时，闸刀方向朝下，只有需重联运行时，打到上方重联位。

还装有一个短路片669XB，当维修检查接地故障需断开接地电路时，只要打开短路片即可。高柜的下层是接线端子及接地螺钉。

电阻板上装有630R、中间继电器554KA及功率因数补偿用隔离变压器100TC。

分流器板上装有两个分流器673RS和672RS，以及信号电阻635R。

4.4.2 机车DC110 V/15 V、24 V、48 V斩波电源

本电源具有输入过、欠压保护、辅助电源欠压保护、各路输出过流及过、欠压保护功能。

电源主要技术参数

输入直流电压……77～137.5 V

输出直流电压……15^{+1}_{-1} V，24^{+2}_{-2} V，48^{+2}_{-2} V

各路额定输出直流电流……3 A

各路最大输出直流电流……4 A

效率η……η>60%

保护：

15 V输出欠压保护值……13.4～13.6 V

15 V输出过压保护值……16.4～16.6 V

24 V输出欠压保护值……20.8～22.2 V

24 V输出过压保护值……26.8～28.2 V

48 V输出欠压保护值……42～44 V

48 V输出过压保护值……52～54 V

110 V输出欠压保护值……68～70 V

110 V输出过压保护值……140～145 V

辅助电源欠压保护值……约9 V

课后讨论与复习题

1. 电源柜基本组成？
2. 电源柜中三把闸刀的作用是什么？

任务 4.5　电子控制柜

任务说明

SS_4 型（1～158 号）电力机车的牵引与制动控制分别由牵引控制柜和制动控制柜来实现。158 号以后的机车更习惯把牵引与电制动柜叫作电子控制柜（简称电子柜），结构和性能上都更新换代，但依然属于电子电路，还没有实现微机控制。本任务主要是学习电子控制柜的基本结构和各插件完成的功能。

任务目标

- 熟悉电子控制柜的基本构成。
- 熟悉各插件的主要功能。

内容讲解

4.5.1　电子控制柜的基本结构

SS_4 型电力机车电子柜与 L 型的电源柜安装在一起。由柜体、插件箱、插件三种主要部件组成，如图 4-43 所示。

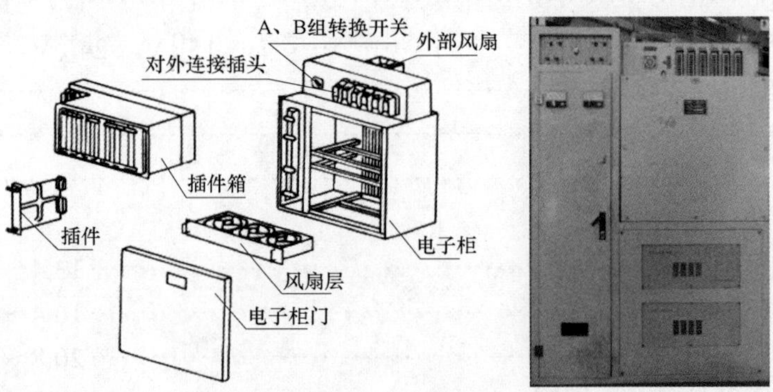

图 4-43　电子柜结构示意图

1. 电子柜柜体

电子柜柜体用钢板压制而成，上部装有 1 个 A、B 组转换开关和 6 个对外连接插座，每个插座的编号从左至右为 N101～N106。这 6 个对外连接插头座采用 56 芯矩形线簧式插头座，为了防止插错，插头座内有两根防插错的编码销，可组成不同的编码。

电子柜下部正面有柜门，用改锥旋转门四周的 8 个活动锁扣即可将柜门取下。柜内分 3 层，上层装 A 组控制系统的插件箱Ⅰ，中层为风扇层，下层装 B 组控制系统的插件箱Ⅱ。这 3 层均是抽屉式的，可从柜内取出。

在正常工作时，柜门要盖上，这样整个电子柜就构成封闭的结构，有防尘和屏蔽的作用。

2. 插件箱

插件箱主要由铝型材和侧板、盖板等构成。

插件箱Ⅰ内插件的布置如图 4-44 所示。

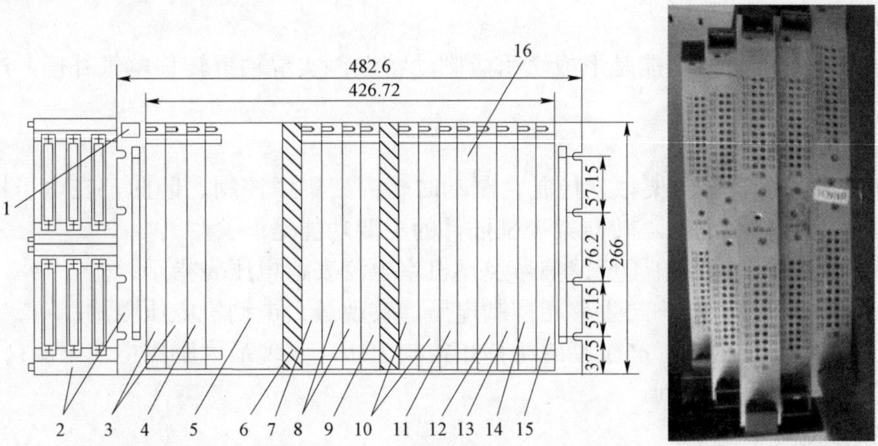

1—铭牌；2—5-08 系列插件箱；3—输入/输出插件；4—调制解调插件；5—电源插件；6—测试位置；7—保护逻辑插件；8—脉冲形成插件；9—脉冲放大插件；10—转向架控制插件；11—特性控制插件；12—频率变换插件；13—防空转控制插件；14—补偿控制插件；15—补偿接口插件；16—空电联合控制插件。

图 4-44　插件箱Ⅰ插件布置图

4.5.2　各插件主要功能

1. 斩波电源插件

斩波电源插件的主要功能是将机车控制系统提供的 110 V 控制电压变换成 5 V、±15 V、±24 V 直流电压，给电子柜其他插件供电。

本电源具有输入过、欠压保护、辅助电源欠压保护、各路输出过流及过、欠压保护功能。另外还具备二次起动保护功能。

2. 输入、输出插件

输入、输出插件的主要功能是作为机车蓄电池和电子电路之间的接口，对进出电子柜的直流电位进行隔离，以消除 110 V 回路由于各有联锁电器动作导致的干扰。其输入采用光电耦合进行信号传递，输出用继电器进行信号传递。共由 10 个输入通道和 10 个输出通道组成。

3. 调制解调插件

调制解调插件的主要功能是对本务机车的电流给定值进行定频调宽的 PWM 调制。脉冲宽度对应给定值，电平为蓄电池电平。调制脉冲经重联线传送给各重联机车，经各机车独立解调后，形成原给定模拟量。

4. 保护逻辑插件

保护逻辑板的主要功能有：牵引变压器次边的过流保护，各牵引电动机过流保护、励磁过流保护以及对这些过流动作的保持和显示环节。它还包括主要电路板在位保护。

5. 脉冲形成插件

脉冲形成插件的主要功能是：

① 产生与脉冲形成有关的控制信号；

② 形成三段桥顺序开放的逻辑并产生移相触发信号；

③ 产生三段桥及励磁桥的触发脉冲。

6. 脉冲放大插件

脉冲放大插件的主要功能是将脉冲形成插件产生的脉冲进行功率放大，送至硅机组触发相应的晶闸管。

7. 特性控制插件

特性控制插件的主要功能是形成牵引、制动特性，实现轴重转移电气补偿，产生控制两个转向架的牵引、制动指令。

8. 转向架控制插件

SS_4 型机车牵引时转向架独立控制，制动时转向架集中控制。因此，在电子柜中有两块完全相同的转向架控制插件。转向架控制插件的主要功能是：

① 提供电动机电流、电压反馈信号及司机室电流表、电压表指示；

② 进行电枢电流调节，产生移相控制电压，实现最大电动机电压限制；

③ 进行制动电流调节，产生励磁桥移相控制电压，实现最大励磁电流限制；

④ 实现加馈制动的控制。

9. 转换控制环节

用于A、B组电子控制电路触发脉冲的转换和司机室电动机电流表、电压表显示信号的转换。

10. 电压给定插件

电压给定插件主要功能：

① 进行电动机电流、电压信号的处理，提供B组运行时司机室电流表、电压表显示；

② 对司机指令信号进行处理，提供B组运行时牵引、制动给定值信号。

牵引时可实现恒流控制，自动限压。

11. 空电联合制动插件

空电联合制动插件的主要功能是以机车准恒速加馈电阻制动和DK-1型机车电空制动机为基础，以主手柄级位作为速度给定，根据机车速度及其他相关状态，控制空气制动的投入和缓解，同时对电阻制动进行干预，使空气制动和电阻制动有机地结合起来。

12. 补偿控制插件

补偿控制插件的主要功能是对原边电压信号、原边电流信号进行采样，计算无功含量，综合判断各种逻辑，决定PFC装置的投入与切除，并显示故障。

13. 补偿接口插件

补偿接口插件的主要功能是：

① 将输入的模拟信号转换成系统必须的数字信号或参与形成其他信号；

② 将补偿控制插件输出的数字信号处理或变换成模拟信号输出。

14. 频率变换插件

频率变换插件的主要功能是将轴端转速传感器送入的轮对转速信号转换成与频率成正比的直流电压信号，同时将因轮径差等引起的误差自动补偿并且记忆。

15. 空转滑行控制插件

空转滑行控制插件的主要功能是对频率变换后的速度信号分别进行处理，求出速度差加速度及速度微分等信号，在速度差加速度及速度微分达到一定值时，对电流指令信号进行空转校正及记忆，并具有自动洒沙、空转显示及自动制动阀缓解等附属功能。同时还可提供机车速度信号的恒压、恒流输出。

课后讨论与复习题

1. 电子控制柜的基本结构？

2. 电子柜中各插件的主要功能是什么？

项目 5　SS_4 型电力机车电气试验及应急故障处理

项目导读

机车高、低压试验是机车全面检查的一个重要部分，它不仅是对机车检修后及运用前的技术安全进行检查，而且也是保证机车运用质量的必要手段。通过试验，可确认机车电气部件是否正常工作，相互配合是否正确，也就是用动态检查的方法对机车进行全面的质量检验。

本项目是按 SS_4 型电力机车高低压试验程序进行高低压试验；通过做高低压试验，发现机车电气故障，并对电气故障进行判断及处理。作为电力机车司机、学习司机，在接车后要做高、低压试验，由司机操作，学习司机配合完成，以检查机车的各电气设备和电气线路是否正常；在列车运行中出现电气故障时，需要进行故障的判断、处理。通过应急处理解决故障，或者维持列车运行直到进站或入段后再处理。

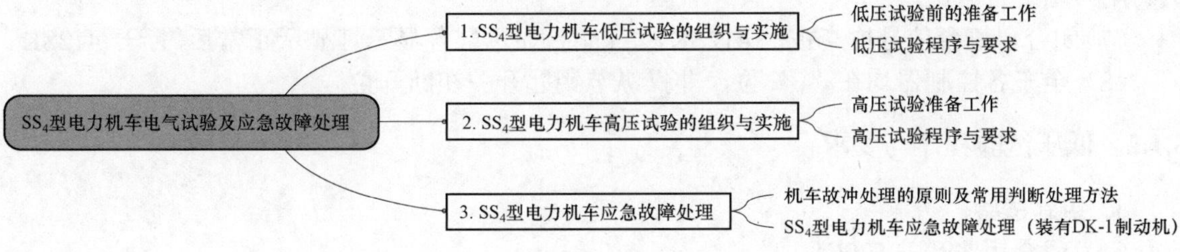

任务 5.1　SS_4 型电力机车低压试验的组织与实施

任务说明

本任务是按 SS_4 型电力机车低压试验程序进行低压试验，通过低压试验，发现机车低压电气故障，并对电气故障进行判断及处理，从而训练 SS_4 型电力机车电气故障应急处理能力。

任务目标

- 能说出 SS_4 型电力机车低压电器屏柜的布置，屏柜内电器的安装位置。
- 熟悉机车低压试验程序，能按程序进行机车低压试验，并能判断每步试验结果的正确与错误。
- 熟练操作各故障转换开关，熟练运用故障应急处理方法对试验中出现的常见故障进行安全、准确、快速的处理。

内容讲解

机车低压试验在机车组装完毕之后进行，其目的是检查机车各电气设备的连接是否正确、各电气设备的执行机构动作是否正常及相互逻辑关系是否正确，用以消除检修中造成的错接、漏接等现象。在接通库内辅助电源时，还可试验各辅助机组的工作状态。

低压试验前应对机车上安装的各种电气部件或组件以及电气线路作一次一般性整备检查，并对某些电气和机械设备作必要的操作。

5.1.1 低压试验前的准备工作

（1）确认车顶无人，锁闭两节车车顶门，使297QP可靠闭合。

（2）各管路塞门在正常工作位，总风压力不小于700 kPa，机车闸缸压力300 kPa。

（3）闭合电源柜667QS、666QS闸刀，看屏内电压表650PV及副台电压表显示不少于90 V，闭合676SB，照明灯497EL亮；闭合全部自动开关。

（4）将逆变电源选择开关置A或B，并将相应的钮子开关打向工作位，确认逆变电源插件板上15 V、24 V、48 V信号灯亮；确认斩波器48 V风扇转动。

（5）将两节车电子柜转换开关均置“A”组。

（6）将两节车零压保护隔离开关236QS，牵引风速故障隔离开关573QS、574QS及制动风速故障隔离开关589QS、590QS置“故障”位，劈相机自启开关591QS置手动位，其余开关、闸刀均置正常位。

（7）闭合司机台信号检查按键412SK，主、副台显示屏各显示灯显示正常后，断开412SK。

（8）全车各控制器均在“0”位，非操纵节钥匙开关在断开位。

5.1.2 低压试验程序与要求

1. 钥匙试验

（1）闭合钥匙开关570QS。

听：门联锁保护阀动作声，287YV吸合；

看：“0”位灯亮。

同时下列电器得电：“0”位中间继电器568KA，线路接触器中间继电器558KA，主断路器延时继电器539KT，劈相机自启时间继电器528KT，辅助电路库内外转换继电器284KE，钥匙互锁继电器569KA，功补放电接触器，自动信号同步继电器665KA，重联转换开关592QS在重联位时，重联中间继电器得电吸合。

（2）断开钥匙开关570QS。

听：门联锁保护阀失电排风声；

看：“0”位灯灭。

上述得电电器均失电。

（3）反复断合2～3次钥匙开关570QS，正常后保持闭合位。如闭合钥匙开关570QS后，“0”位灯不亮，必须查明原因，排除故障，以防高压试验窜车。

2. 主断路器试验

（1）闭合主断路器“合”按键401SK。

听：主断路器闭合声，恢复中间继电器562KA吸合声；

看：“主断”灯灭，“零压”灯灭又亮。

按键闭合期间恢复中间继电器 562KA 得电，引起 539KT、563KA 失电，539KT 失电又使主接地继电器恢复线圈 97KER、98KER 失电，按键恢复后，上述得电电器失电，失电电器得电，563KA 失电又得电，引起“零压”灯灭又亮。同时因主断路器闭合，4QF 联锁断开，使劈相机自启实践继电器 528KT 失电。

（2）闭合主断路器“断”按键 400SK。

听：主断路器断开声；

看：“主断”灯亮。

（3）闭合主断路器合按键（现象同（1）），反复合断 1～2 次，正常后保持闭合位。

3. 劈相机试验

（1）闭合劈相机按键 404SK（591QS 在手动位）。

听：劈相机中间继电器 567KA 吸合后，劈相机起动电阻接触器 213KM 和劈相机接触器 201KM 吸合声；

看：“劈相机”灯亮。

同时时间继电器 523KT、526KT、527KT、535KT、536KT 和压缩机放风电空阀 247YV 得电吸合。

（2）人为按两节车 283AK 劈相机起动继电器试验按钮（有的机车不用按，10 s 左右自动动作）。

听：劈相机起动中间继电器 566KA 吸合后，起动电阻接触器 213KM 释放声，533KT 释放声；

看：“劈相机”灯灭。

（3）劈相机自启试验。

① 断开主断路器。

听：主断路器断开声；

看：“主断”灯亮。

② 将劈相机自启开关 591QS 打向自启位。

听：567KA、201KM、566KA 延时释放声及各时间继电器延时释放声。

③ 闭合主断路器。

听：主断路器闭合声，528KT 延时释放声及 567KA、213KM、533KT、201KM 及各时间继电器依次吸合声；

看：“劈相机”灯亮。

④ 人为按两节车 283AK 试验按钮。

听：213KM、533KT 释放声；

看：“劈相机”灯灭。

⑤ 试验正常后，经 591QS 重新置手动位。

4. 辅机试验

（1）压缩机。闭合压缩机按键 405SK，总风压力大于 700 kPa 时按强泵风按键 408SK。

听：压缩机接触器 203KM 吸合声，延时 3 s 后，听 523KT 和 247YV 释放声。

（2）通风机。闭合通风机按键 406SK：

听：牵引风机 1 接触器 205KM 吸合声；

看：主台“辅助回路”灯亮，副台“牵引风机 1”灯亮；

3 s 后，

听：535KT 释放声，206KM 吸合声；

看：副台“牵引风机 2”灯亮；

又 3 s 后，

听：536KT 释放声和 211KM、212KM 吸合声；

看：副台“油泵”灯亮；

再隔 3 s 后，

听：527KT 释放声。

（3）制动风机。闭合制动风机按键 407SK：

听：制动风机接触器 209KM 吸合声；

看：副台“制动风机 1”灯亮；

隔 3 s 后，

听：526KT 释放声和 210KM 吸合声；

看：副台“制动风机 2”灯亮。

（4）试验正常后依次断开 408SK、406SK、405SK。

听：各接触器释放声；

看：“牵引风机 1”、“牵引风机 2”、“油泵”灯灭。

劈相机扳钮、制动风机扳钮不关，以免影响后续试验。

5. 换向试验

（1）换向手柄打“制”位。

听：两位置转换开关转换声。

前节车向前，后节车向后，牵制鼓转“制”位，同时牵引制动转换中间继电器 560KA、561KA、风速延时继电器 530KT 得电吸合。

（2）将闸缸压力缓解至 100 kPa 左右后，调速手轮离开“0”位，打向“制”区。

听：线路接触器 12KM、22KM、32KM、42KM 及励磁接触器 91KM、92KM 吸合声；

看：“电制动”灯亮，“预备”灯灭，“0”位灯灭。

同时 532KT、556KA 得电吸合，558KA、568KA 失电释放。

（3）正常后，空气制动阀打制动位。

听：91KM、92KM、556KA 释放声；

看：“电制动”灯灭，“预备”灯亮。

（4）调速手轮回“0”。

听：线路接触器释放声；

看：“0”位灯亮。

（5）换向手柄置“前”位。

听：两位置转换开关转换声；

看：“预备”灯灭。

（6）换向手柄置“0”位。

听：两位置转换开关转换声，电空阀失电排风声，530KT 延时释放声。如果手柄回“0”过快，则听不到转换声，仅能听到 530KT 延时释放声。

看：“预备”灯亮。

（7）换向手柄置“后”位。

听：两位置转换开关转换声；

看：“预备”灯灭。

同时 530KT、556KA 得电吸合。

（8）换向手柄回“0”位。

听：两位置转换开关转换声，电空阀失电排风声，530KT 延时释放声；

看：“预备”灯亮。

（9）正常后将 573QS、574QS、589QS、590QS 均置“正常”位。

6. 牵引试验

（1）换向手柄置“前”位。

听：两位置转换开关转换声；

看：“预备”灯灭。

（2）调速手轮离开“0”位，置牵引区 0 至 1～5 级。

听：线路接触器吸合声；

看：“零”位灯灭。

（3）调速手轮置 1～5 级以上。

听：牵引风机接触器依次吸合声；

看：主台“辅助回路”灯亮，副台“牵引风机 1”“牵引风机 2”“油泵”灯依次亮。

调速手轮 1～5 级以上 417 线有电，使通风机自启继电器 549KA 得电吸合并自锁（通过 577 线、406SK 非按下位），578 线亦有电，使通风机依次起动。

（4）25 s 后，调速手轮置 6 级以上。

听：525KT 延时吸合声；

看：“预备”灯亮。

417 线给 525KT 供电，延时 25 s 后吸合，常闭联锁打开，切断预备继电器 556KA 另一供电支路，使 556KA 失电释放。

（5）磁场削弱试验。

① 换向手柄置“Ⅰ”位。

听：磁削接触器 17KM、27KM、37KM、47KM 吸合声。电空阀 17YV、47YV 吸合。

② 换向手柄稍离“Ⅰ”位后置“Ⅱ”位。

听：先听 17YV、47YV 失电排风声，17KM、27KM、37KM、47KM 释放声，置“Ⅱ”位后，听 18KM、28KM、38KM、48KM 吸合声。18YV、48YV 吸合。

③ 换向手柄置“Ⅲ”级。

听：17KM、27KM、37KM、47KM 吸合声。17YV、47YV 得电吸合。

④ 换向手柄由“Ⅲ”“Ⅱ”“Ⅰ”依次退回“前”位。

分别听 17YV、47YV 及 18YV、48YV 失电排风声及相应磁削接触器释放声。

（6）调速手轮回“0”位。

听：线路接触器释放声；

看：“零”位灯亮，“预备”灯，主台“辅助回路”，副台“牵引风机 1”“牵引风机 2”“油泵”灯仍亮。

此时，549KA 依靠 577 线、406SK 非按下位仍得电自持，578 线还有电，通风机及油泵接触器仍吸合；417 线通过 577 线及 549KA 常开联锁仍有电，525KT 继续吸合，其常闭联锁仍断开，并继续切断 556KA 供电电路，“预备”灯仍亮。

（7）闭合 406SK 后再断开。

听：205KM、206KM、211KM、212KM、549KA、525KT 失电释放声；

看："预备"灯灭。主台"辅助回路"，副台"牵引风机 1""牵引风机 2""油泵"灯灭。

按下 406SK 后，577 线通过 406SK 非按下位给 549KA 供电，回路被切断，549KA 失电释放，常开联锁打开，578 线、417 线失电，导致 525KT、205KM、206KM、211KM、212KM 均失电。525KT 常闭联锁闭合，接通 556KA 供电电路，"预备"灯灭。

（8）"后"位试验。

① 换向手柄置"后"位。

听：两位置转换开关转换声；

看："预备"灯灭。

② 调速手轮置牵引区 1～5 级。

听：线路接触器吸合声；

看："零位"灯灭。

③ 正常后，调速手轮回"0"，换向手柄回"0"并取出。

7. 辅台试验

（1）换向手柄置辅台"前"位并推向调速区（1 至 1～5 级即可）。

听：先听两位置转换开关转换声，再听线路接触器吸合声；

看："预备"灯灭，"零"位灯灭。

（2）将换向手柄置辅台"后"位，并推向调速区。

听：先听两位置转换开关转换声，再听线路接触器吸合声；

看："预备"灯灭，"零"位灯灭。

（3）试验完后，将换向手柄取出，注意双槽口对正。

8. 保护试验

（1）主接地。人为使主电路某一点接地（注意安全）。

听：主断路器断开声；

看：主台"主断"灯、"主接地"灯亮，辅台"主接地 1"或"主接地 2"灯亮。

（2）辅接地。闭合主断路器，人为使辅助回路某点接地。

听：主断路器跳闸声；

看：主台"主断"灯、"辅助回路"灯亮，辅台"辅接地"灯亮。

（3）牵引过载。闭合主断路器，人为闭合牵引电动机过流继电器 557KA。

听：主断路器跳闸声；

看：主台"主断"灯、"牵引电动机"灯亮。

（4）原边过流（主短路）。闭合主断路器，人为闭合原边过流中间继电器 101KC。

听：主断路器跳闸声；

看：主台"原边过流"灯、"主断"灯亮。

（5）辅过载。闭合主断路器，人为闭合辅过流中间继电器 282KC。

听：主断路器跳闸声；

看：主台"辅助回路"、"主断"灯亮、辅台"辅过流"灯亮。

（6）励磁过流。换向手柄置"制"位，闸缸压力 100 kPa 左右，调速手轮离开"0"位（劈相机、制动风机接触器须闭合），人为闭合励磁过流中间继电器 559KA。

听：91KM 释放声；

看：主台"预备"灯、"励磁过流"灯亮。

（7）辅机保护。闭合主断路器，起动劈相机及各辅机后，人为闭合辅机保护试验按钮。

先听：相应接触器跳开声；如果辅机接触器无法跳开，则 3 s 后：
听：主断路器跳闸声；
看：主台“主断”灯、“辅助回路”灯亮，辅台“辅过流”灯亮。
（8）功补过流。人为闭合功补过流中间继电器 555KA。
听：功补接触器释放声；
看：“功补”灯亮。
试验完后，断开主断路器，将 236QS 恢复正常位。

课后讨论与复习题

1. 低压试验的目的是什么？
2. 低压试验前的准备工作有哪些？
3. 简述低压试验程序。

任务 5.2　SS_4型电力机车高压试验的组织与实施

任务说明

本任务是按 SS_4 型电力机车高压试验程序进行高压试验，通过高压试验，发现机车高压电气故障，并对电气故障进行判断及处理，从而训练 SS_4 型电力机车电气故障应急处理能力。

任务目标

- 能说出 SS_4 型电力机车高压电器屏柜的设备布置，屏柜内电器的安装位置。
- 熟悉机车高压试验程序，能按程序进行机车高压试验，并能判断每步试验结果的正确与错误。
- 能检查出电气线路或电器故障并进行处理。

内容讲解

机车高压主要是指机车在工频 25 kV 接触网电压下进行的升弓试验。高压试验是在完成了低压试验的基础上进行的，其主要目的是检查某些在低压试验中无法检查的线路及电气部件，观察仪表的显示情况，检查牵引电动机和各辅助电动机转向是否正确、工作是否正常，并进行牵引和制动试验。高压试验做完以后才能进行试运行或投入运用。

5.2.1　高压试验准备工作

（1）低压试验良好，各机械、电器作用良好；
（2）车顶作业、隔离开关作业完毕，锁好车顶门；
（3）各开关、闸刀、塞门均在正常工作位；
（4）A、B 节车各室及地沟无人，无工具、杂物，锁闭各室门，拉下锁闭杆；
（5）人员齐全，均处于安全位置，操纵台无禁动牌；
（6）总风压力 700 kPa 以上，闸缸压力 300 kPa。

5.2.2 高压试验程序与要求

1. 闭合 570QS

听：门联锁动作声；

看：“零”位灯亮。

注意确认主断路器在断开位，“主断”灯亮。

2. 升弓

（1）闭合后弓按键 402SK。

看：受电弓升起时间不大于 8 s，无冲网现象，网压表显示 19～29 kV。

注意：升弓前必须高声呼唤××道××机车升弓，并鸣笛一长声方可升弓；升、降弓必须二人确认升、降到位。

（2）断开后弓按键 402SK。

看：降弓时间不大于 7 s，无砸车顶现象，网压表降至 0。

（3）前弓试验。

同后弓，试验正常后升起双弓。

3. 闭合主断路器按键 401SK

听：主断路器闭合声，主变压器交流声；

看：主台“主断”“零压”灯灭，辅助电压表显示 301～460 V，辅台控制电压表显示上升至 110 V。

注意：合闸后，司机确认呼唤辅助电压，副司机确认呼唤控制电压；如果辅助电压低于 301 V 应立即断电、降弓，反复断合几次主断路器，再升弓、合闸，以防主断路器主触头闭合不到位引起瓷瓶爆炸；合闸后，如果听到主变压器交流声不正常，应立即断电、降弓，检查辅机接触器有无焊接现象，主变压器是否有异状，未查明原因，不得盲目试验。

4. 起动劈相机

闭合劈相机按键 404SK，另一手扶 400SK 按键；

听：劈相机起动正常；

看：辅助电压表针波动 30～60 V，“劈相机”灯亮又灭。

注意：闭合主断路器，等辅助电压稳定后，再起动劈相机；发现异常，立即断电。

5. 闭合压缩机按键 405SK（风压高于 700 kPa，闭合 408SK）

听：247YV 排风声，3 s 后停止，压缩机起动正常；

看：网压波动 30～40 V，总风压力达到 900 kPa 时自动停止泵风，如果闭合 408SK，当总风压力达 950 kPa 时，安全阀喷气，此时应关闭 408SK。

注意：

1. 起动各辅机时，亦应一手扶 400SK，发现异常，立即断电；

2. 学习司机走廊巡视检查两台压缩机，油压表指示 250 kPa 以上（螺杆式压缩机除外）如果是新车或修程车，还应看转向是否正确。

压缩机起动正常后进行制动机试验。

6. 电阻制动试验

（1）闭合 406SK。

听：通风机 1、2，变压器风机，油泵依次起动声正常；

看：主台“辅助回路”灯，辅台“牵引风机 1”灯亮又灭，3 s 后，“辅助回路”灯，“牵引风机2”灯亮又灭；再3 s后，“辅助回路”灯亮又灭，“油泵”灯亮又灭。

（2）闭合407SK。

听：制动风机1、2顺序起动正常；

看：“辅助回路”，“制动风机1”亮又灭；3 s后，“辅助回路”“制动风机2”亮又灭。

接新造车或修程车，起动通风机或制动风机时，应注意观察风向是否正确。

（3）换向手柄置“制”位，闸缸压力缓至100 kPa左右，调速手轮离开“0”位，移至“制”区。

听：91KM、92KM及线路接触器吸合声；

看：主台“电制动”灯亮、“零”位灯、“预备”灯灭；励磁电流逐渐上升至930A，牵引电动机加馈电流上升至50A。

闸缸压力应保持100～150 kPa，以防加馈电流引起机车后溜。

（4）断开406SK。

听：牵引风机1、2，变压器风机及油泵停转；

看：“预备”灯亮，励磁电流、牵引电动机电流降至0。

因560KA制位吸合，常闭打开，530KT又因风机关闭失电，故预备电路被切断。正常后重新闭合406SK。看预备灯灭，励磁电流逐渐升至930A，加馈电流50A。

（5）断开407SK。

听：制动风机1、2停转；

看：“预备”灯亮，励磁电流、牵引电动机电流降至0。

正常后，闭合407SK，看“预备”灯灭，励磁电流逐渐升至930A，加馈电流为50A。

（6）小闸制动300 kPa。

听：91KM、92KM释放声；

看：“预备”灯亮，“电制动”灯灭，励磁电流、牵引电动机电流降至0。

正常后，小闸缓至100 kPa，看“预备”灯灭，“电制动”灯亮，励磁电流逐渐升至930A，加馈电流为50A。

（7）正常后调速手轮回“0”，关闭406SK、407SK，小闸制动300 kPa。

7. 牵引试验

（1）换向手柄置“前”位，调速手轮进1级。

听：两位置转换开关声，线路接触器吸合声；

看：“预备”灯灭，“0”位灯灭，8台牵引电动机电流均升至150A。

注意： 试验前必须确认闸缸压力300 kPa，移动调速手轮时，另一手扶400SK，发现电流非正常上窜，立即断电。

（2）调速手轮回“0”位。

听：线路接触器释放声；

看：“0”位灯亮，牵引电动机电流下降至0A。

（3）“后”位试验。

同“前”位。

（4）辅台试验。

同主台。

注意： 辅台手柄行程短，操纵时应缓慢移动，以防窜车。

8. B组试验

（1）将两节车电子柜A、B组转换开关均置B组，注意转换时应在“0”位停留3 s以上，禁止快速转换。

（2）牵引试验方法同前。

（3）电阻制动试验，试风道继电器作用时，励磁电流不宜过大，200A左右即可，B组无加馈电流。

（4）试验正常后，两节车电子柜A、B组选择开关重新恢复A组。

9. 保护试验

（1）紧急制动时自动切除牵引力。手轮离“0”位，大闸紧急位：

听：“主断”跳闸，列车管紧急排风；

看：列车管压力急剧降至0，“主断”灯、“零压”灯亮。

闭合“主断”，大闸放至重联位解锁，15 s后缓解。

（2）捅紧急按钮。

听：“主断”跳闸，列车管紧急排风；

看：列车管压力急剧降至0，“主断”灯、“零压”灯亮。

闭合“主断”，大闸放至重联位解锁，15 s后缓解。

（3）失压保护。

降下前、后受电弓。

看：网压降至0；

听：劈相机停转。

2 s后，

听：“主断”跳闸；

看：“主断”灯、“零压”灯亮。

最后关闭劈相机按钮，取出电钥匙，试验完毕。

课后讨论与复习题

1. 高压试验的目的是什么？
2. 高压试验前的准备工作有哪些？
3. 简述高压试验程序。

任务5.3　SS_4型电力机车应急故障处理

任务说明

本任务是学习SS_4型电力机车电路的组成和各电路电流路径，熟悉SS_4型电力机车电路中各电气设备布置及其联锁接点的设置结构和具体作用，熟悉SS_4型电力机车高、低压电器柜设备布置，会使用与维护各高、低压电器，分析、判断和处理SS_4型电力机车运行中电路常见故障。

任务目标

● 能根据故障现象和显示信息，对SS_4型电力机车电气线路常见故障快速、准确地进行分析、判断和处理，确保机车正常运行。

内容讲解

5.3.1　机车故障处理的原则及常用判断处理方法

1. 机车故障应急处理的原则

机车是由成千上万个零部件组成的复杂有机体，由于操纵、保养、检修质量、运行条件及设计、制造工艺等方面存在问题，机车运行中难免发生各种故障，直接影响到机车设备的安全和列车运行的安全正点。这就要求机车乘务员必须掌握有关知识和技能，具备过硬的应急故障处理能力。

司机操作机车时，应随时检查机车总风缸、制动主管、制动缸的压力及各仪表的显示情况。发现异常现象后，及时采取相应的安全措施，防止故障扩大。并根据运行情况、手柄（轮）、开关、按钮的位置及各仪表、信号灯的显示或提示准确把握故障现象，进行综合分析判断。排除误操作原因，弄清故障的性质、种类和范围后，本着：先易后难；先检查处理可动部件，后检查处理静止部件；先检查处理惯性故障处所，后检查处理其他处所这三项原则，逐一检查处理。

机车故障应急处理之所以要把握这三项原则是因为：机车故障虽然千变万化，但实践经验告诉我们，运用机车的大部分故障属于简单的、易处理的、常见的，而且多发生在可动部件上。按照这三项原则，有利于快速处理故障。退一步讲，即使机车发生的故障属于复杂的、难处理的、少见的，或发生在静止部件上，也有利于快速判断故障处所。

例如，电力机车不升弓时，应首先检查车顶门及高压室门是否关好、风路塞门是否开放、升弓风压是否正常、故障隔离开关是否在运行位、自动开关是否闭合等简单的、常见的、易处理的故障处所。如果眉毛胡子一把抓，挨个检查，则会事倍功半。

2. 判断机车故障的常用方法

准确地判断故障处所，是处理故障的前提。随着机车装备的不断改善和技术密集程度的日益提高，对机车故障判断能力的要求越来越高，有些故障不会判断简直无从下手。

一些机车乘务员对故障判断重视不够，方法不当：有的凭经验处理，挨个找故障点，结果费力不讨好；有的头疼医头，脚疼医脚，不管三七二十一，哪儿不合适换哪儿；有的思维不正确，思路不开阔，误入歧途，钻牛角尖；等等。

判断机车故障要掌握正确的逻辑思维方法和判断方法，排除正常部件，缩小检查处理范围，减少无效劳动，以便准确迅速地找到故障处所。

判断故障的常用方法有直接确认法、辅助判断法、求同存异法、联系对比法、治疗诊断法。

（1）直接确认法。对一些比较明显的故障现象，如电气部件短路烧损、气动部件漏风、塞门未开、闸刀或开关未闭合等故障，可以直接确定处理；只有并且只有某个部件故障时才会出现某种故障现象，根据充分必要条件的判断原理，可以直接断定故障处所。

（2）辅助判断法。假设某个部件或某条支路故障，然后再采取短接或人为动作等方法甩开该部件或该支路，如果正常，则故障在此，反之在其他处所。较为复杂的电路、风路发生故障时，往往要采取这种辅助判断方法。混联电路或风路发生故障时，首先应从并联支路入手，投入另一支路，如果动作正常，则故障点在该支路，这样就缩小了检查处理范围，甚至可以直接确认故障点。

如果某个部件动作条件中既有电又有风，如电力机车的升弓、合闸，两位置开关的转换、电空接触器的闭合等，当其不能正常动作时，存在电路或风路或机械部分故障的可能（当然，也存在同时故障的可能，但一般少见），一个直接的判断方法就是人为闭合该部件，如果正常，则故障点在电路中，反之为风路不畅、风压不足或机械故障。

（3）求同存异法。对于较为复杂的系统出现故障时，应先检查确认其并联的两条支路是否都正常，如果均不正常，则故障点在其上的公共部分，反之在分支部分。如 SS_4 进型电力机车是由两节完全相同的四轴机车组成，如果操作时两节车均不正常，则故障点在操纵节重联线以上的公共部分；如某一节不正常，则故障点在该节相应的电路中。再比如，SS_4 型电力机车牵引无流，首先要确认主台和辅台是否都无流，如果是，再检查主电路是否构成，如果是，再检查电子柜 A、B 组是否都无流，如此逐一判断，才能迅速准确地找到故障处所。

（4）联系对比法。有些故障现象在某条回路，而其本身的回路中却查不出问题，则故障点应在其相关回路中。检查判断此类故障时，思路要开阔，通过检查试验相关设备的动作情况，进行综合分析，才能找到真正的故障点。

【例 5–1】已断定故障点在某一条串联电路中，有时需要判断是某电器在该电路中的联锁不良还是其本身故障。此时可以检查试验该电器在其他电路中的动作是否正常，如果正常，则为该电器在该电路中的联锁不良，否则首先要考虑该电器本身故障。

【例 5–2】某电力机车运行中第 2 牵引电动机固定分路电阻烧损，维持回段更换后进行牵引试验，发现该电动机电流值明显偏低。排除电流表本身故障后，动车试验发现该电动机电流值又明显偏高。结合该电动机固定分路电阻烧损的故障现象，可以判断为该电动机主极绕组部分断路，打开该电动机接线盒，果然发现其主极绕组接线烧断。其故障现象和判断原理分析如下：

固定分路电阻与主极绕组为并联关系，主极绕组为电感元件，具有阻交（流）通直（流）的特点，在有速度时会产生反电势抵消电动机端电压。当主极绕组烧损断路后，其并联的两条支路只剩下固定分路电阻一路，牵引电流全部从固定分路电阻流过。当机车静止加压时，因该电动机主极绕组断路，其并联的等效电阻值加大，在相同的外加电压作用下，其电流值必然偏低；动车时，因其主极绕组断路没有反电势，不能抵消电动机端电压，因而该电动机较并联的其他电动机的牵引电流自然偏高，而且又全部从固定分路电阻流过，时间一长必然会导致固定分路电阻烧损。

（5）治疗诊断法。对某些较为隐蔽的难以判断的故障，可以通过更换或活动相关元器件等方法，观察其变化，借以判断故障处所。如某些电子电路出现故障，可以通过更换相关插件或拆下重装或断电后重新给电等方法进行试验判断。再如，怀疑某气动部件故障时，可以轻轻敲击，或在天气寒冷时加热，或人为活动等方法判断故障点是否在该处。

3. 机车故障处理的常用方法及注意事项

处理运行中的机车故障，由于受到运行条件、工具配件、机车乘务员故障处理能力等方面的限制，不可能将机车停在区间，大卸八块、四平八稳地去处理（区间应急故障处理时间一般不宜超过 10 min）。因此，机车乘务员处理机车故障应以应急处理为主，其处理的方式方法应简明扼要，简便易行。

机车乘务员应急故障处理的常用方法有以下 5 种：人为动作法、切换法、切除法、更换简单配件、简单处理。凡是用这五种方法能够快捷处理、维持机车运行的故障，都应列为机车乘务员应急故障处理范围。下面以电力机车为例，对这五种方法的适用范围及注意事项进行简单介绍。

（1）人为动作法。由于电气、机械、风路故障，造成某些电气、机械设备不能按照司机操纵指令自动动作时，在主断路器不闭合、两位置开关不转换、继电器不吸合等情况下，适用该法，即通过人为动作实现操纵意图。使用此法时，应注意以下几点。

① 必须确认确属该器件故障，且该系统无其他故障，无误操纵行为，否则盲目人为动作极易引起意外。如某 SS_4 型电力机车司机，在调压开关处在 17 级，给钥匙开关后，零位灯不亮的情况下，未加确认，更未确认调压开关的位置，并进行相应的处理，即盲目人为闭合主断路器，给钥匙升弓。带着强大的负荷升弓合闸，造成机车飞窜，撞坏检修库大门。

② 要注意人身安全。如进入高压室处理故障时须确认降弓到位，处理过程中站稳把牢，防止用力过猛碰伤人体，一些电器人为闭合时应防止触电等。

③ 要注意人为动作须准确到位，否则手到“病”不除，有时还会引起新的故障。如某 SS_3 型电力机车在运行中出现卡位跳闸，乘务员检查确认卡位时间继电器 KSJ 不吸合，按照故障处理方法，人为闭合 KSJ，但由于该继电器本身机械故障，人为闭合后，其引起跳闸的常闭联锁仍然不能断开，乘务员未予确认并处理即进级，又跳闸，该班对此仍无察觉，对该电器机械故障未加处理，也没有拆除引起跳闸的常闭触头，反复试验无效，最后途停救援。

④ 对一些监护性电器，如预备中间继电器、风速延时继电器等，必须确认其监护的实质性条件具备，仅属继电器本身故障或一些辅助联锁不良时，方可人为闭合。人为闭合后，该电器的监护功能即失效，运行中须加强观察、巡视。

需要特别注意的是，人为闭合时的条件变更后，须使该电器释放，在新的运行条件下重新确认后，方可重新人为闭合。如换向手柄“前”位时预备继电器不闭合，确认“前”位预备的实质性条件具备，人为闭合后维持运行；当换向手柄置“后”位后，必须确认“后”位的预备条件具备后，方可再人为闭合预备继电器，否则两位置开关未转向“后”位，预备继电器又人为闭合，盲目动车必然对机车形成反向拖动，引起牵引电动机、两位置开关烧损，动轮擦伤等严重故障。

（2）切换法。机车上有备用系统的系统发生故障时，可以切除原系统，用备用系统维持运行，谓之切换法。使用此法时，应注意以下几点。

① 机车出库前须对备用系统进行检查试验，确认其作用良好。否则将会给故障处理带来很多麻烦，甚至可能引起机械故障。如某国产电力机车下压空气制动阀手把，闸缸压力不能缓解，乘务员接班后没有认真检查试验，发现这一不良现象并处理。运行中 DK−1 制动机电空位故障，转为空气位操纵。而该机车牵引的重载列车运行在长大下坡道上，须频繁撂闸，DK−1 制动机空气位撂闸，必须通过下压空气制动阀手把才能缓解机车闸缸压力，但由于该机车这一性能不良，导致机车闸缸压力得不到缓解。机车长时间抱闸，必然引起动轮弛缓。该机班因为这一小小的故障造成了责任机械故障。

② 必须确认是本系统的故障，转换才有效。如因线路接触器不吸合，牵引无流时，转换电子柜 A、B 组转换开关，显然无济于事。

另外，转换时还要结合当时的具体情况，确认转换是否可行。如电力机车重联运行中，DK−1 制动机电空位出现故障时，正确的处理方法是将其中继阀列车管塞门关闭，切除该机车的中继阀，由本务机车操纵全列车的制动与缓解。如按常规转空气位操纵，则会因其空气制动阀手把位置放置不当，干扰本务机车操纵。某机班曾因此发生机械故障，请求救援。

③ 对发生故障的原系统必须彻底切除，以免影响备用系统或其他系统的可靠工作。

④ 转换须准确、全面、到位，如韶山 $_4$ 进型电力机车劈相机故障后，用牵引通风机 1 电动机代替时，除将劈相机隔离开关 242QS 置通风机 1 位外，还需将起动电阻转换开关 296QS 置电容位。如少转换一项，则该电动机不能正常工作，甚至引起烧损。

⑤ 起动备用系统时，须严格遵守其相应的操纵方法，以防发生新的意外故障或事故。当DK–1 制动机转空气位操纵时，因中立电空阀不得电，列车管有补风作用，因此撂闸后须监视列车速度变化情况，以防车辆自然缓解，丧失制动力引起列车失控或断钩事故。再比如，有的 $SS_{4进}$型电力机车转 B 组操纵时，无准恒速功能，无论速度多高，一动手柄即有牵引电流，如果操纵上不注意这一点，惰行转牵引时，仍按在 A 组时的操纵方法，直接将手柄移到低于当时速度 10 km/h 的刻线上，则必然造成牵引电流迅速增大，极易造成断钩事故。

（3）切除法。即切除故障的装置或系统，停止其工作，保证其他部分可靠工作。与切换法不同的是，故障部分切除后无备用系统。使用此法时应注意：

① 切除安全监护装置时，一是必须确认属于保护系统误动作时方可切除；二是切除保护装置后应密切注意各仪表显示，加强机械间巡视，以人工监护弥补设备监护之不足，发现异常立即采取果断措施；三是切除局部监护装置可行时，不要切除整体，以充分发挥装置的监护作用，缩小人工监控范围。如某风速继电器不吸合时，只须切除该风速继电器，而不能将全部的风速监护装置切除。再如，高级位时因风速时间继电器不吸合，预备继电器不吸合时，只须处理风速时间继电器故障，而不必将预备继电器人为闭合，切除整个的预备监护系统。

② 一些部件切除后，会影响到其他部件的正常运行，有时须将其连带部件一并切除或对其限制使用。如 SS_4 型电力机车切除牵引风机 1 后，Ⅰ端的平波电抗器及整流柜就得不到强迫冷却，不能像平时那样操纵。再比如切除故障的牵引电动机后，须停止使用电阻制动。

③ 切除须准确到位。如 $SS_{4进}$型电力机车整流柜晶闸管击穿导致一合闸即跳闸，显示原边过流，须切除该整流柜时，切除点应在次边牵引绕阻与整流桥之间，如误切它处，则不起作用。

（4）更换简单配件。机车上一些常用的简单部件故障后，可更换备用配件或拆除相同的不太重要的配件后换上，维持运行。使用此法时应注意以下几点。

① 出库前须确认备用配件完整齐全，作用良好。

② 更换配件前，须确认确属该配件故障，该换则换，不要随意更换配件。

③ 更换配件时须按规定操作，如切除相关电源，遮断相关风路等。更换后，须确认安装到位，作用良好。

④ 对拆除的配件，要妥善处理。

（5）简单处理。除上述 4 种处理方法外，还有一些常用的简单处理法。如紧固松动件；对某些动作不灵活的部件敲击、振动、活动，使其可靠动作；一些电子插件工作不正常时，可拔出重插或切除电源使其失电，彻底释放复位后，再重新给电；对冻结的空气管路解冻疏通等。

使用简单处理法时，同样要注意人身和部件安全，如对带压力的部件不可猛烈敲击，车内管路冻结时，不能用明火解冻等。

5.3.2 SS_4型电力机车应急故障处理（装有 DK–1 制动机）

1. 控制电源故障

故障现象：

① 蓄电池无输出电压；

② 电源屏不充电；

③ 控制电压高于 130 V。

注意：观察控制电压表显示。

（1）蓄电池无输出电压。闭合蓄电池自动开关601QA，如果不行，反复断合几次，确保其接触良好。仍无输出，则闭合该节重联闸刀668QS。

（2）电源屏不充电。闭合交流电源自动开关600QA，仍不充电，断合几次，确保其接触良好；如果不行，将电源柜上A、B组转换开关置另一组；仍不充电则闭合该节重联输出闸刀668QA。

（3）控制电压高于130 V。将电源柜上A、B组转换开关置另一组，仍不行，则断开故障节机车666QS、667QS闸刀，600QA置于断开位，闭合该节重联闸刀668QS。

注意：观察控制电压表显示。

2. 受电弓升不起

故障现象：不升弓。

注意：处理过程中注意总风压力。

（1）确认。两节车高压室门、车顶门锁闭到位；受电弓自动开关602QA闭合良好，受电弓故障隔离开关587QS在正常位；143、147、140塞门开放，升弓风压500 kpa。

（2）反复断合几次570QS，检查287YV是否吸合，如果不吸合，则将其固定在吸合位。

（3）如果287YV吸合，确认两节车门联锁阀杆伸到位，改升另一弓，否则将其撬出。

注意：处理过程中注意总风压力。

3. 主断路器故障

故障现象：

① 主断路器不闭合；

② 主断路器断不开。

注意：进入高压室注意人身安全。

（1）主断路器不闭合。

① 确认调速手柄回“0”，“0”位灯亮；劈相机扳钮关闭，567KA释放，“劈相机”灯灭；145塞门开放，储风缸压力500 kpa以上。

② 重新合闸，仍不闭合则确认受电弓降下，钥匙断开后，人为闭合。

③ 过分相时，调速手轮回“0”，关闭各辅机扳钮，降弓过分相。确认调速手柄回“0”，“0”位灯亮；劈相机扳钮关闭，“劈相机”灯灭；145塞门开放，储风缸压力500 kpa以上，转换LCU“A、B组”；仍不能闭合时，人为闭合，如果为真空断路器无法人为闭合，则切除该节维持车运行。

（2）主断路器断不开。

① 如果两节车都断不开，再闭合一次，仍断不开，则检查操纵节机车主断路器自动开关603QA、“主断”扳钮，不良处理。

② 转换LCU“A、B组”。

③ 运行中无法处理时，降弓过分相，注意加强仪表观察及走廊巡视，发现异常立即降弓。

注意：进入高压室注意人身安全。

4.“原边过流”灯亮，“主断”跳闸

故障现象：“原边过流”灯亮，“主断”跳闸。

注意：打开高压室注意人身安全

（1）如101KC动作，确认无烧损现象、焦煳气味，重新合闸一次；仍跳，转换LCU“A、B组”，重合闸一次（无LCU的机车，不进行该转换操作）；仍跳，检查确认101KC无异状时切除该节车。

（2）如果一合闸即跳，显示“原边过流”，确认 101KC 未动作时，转换 LCU“A、B 组”，重新合闸一次（无 LCU 的机车，不进行该转换操作）；仍跳，则切除该节车。

（3）如果调速手轮离开“0”位即跳，显示“原边过流”，转换 LCU“A、B 组”，重新合闸一次（无 LCU 的机车，不进行该转换操作）；仍跳，则切除该节车。

（4）如果同时“牵引电动机”灯亮时，将故障电动机闸刀置中间位（无法确认故障电动机时应试切），停用电阻制动。

注意：打开高压室注意人身安全。

5.“牵引电动机”灯亮，“主断”跳闸

故障现象：“牵引电动机”灯亮，“主断”跳闸。

注意：打开高压室注意人身安全。

重新合闸一次，仍跳，转换电子柜“A、B 组”，重合闸一次；仍跳，则将故障电动机闸刀置中间位（无法确认故障电动机时应试切），停用电阻制动。

注意：打开高压室注意人身安全。

6.“主接地”灯亮，“主断”跳闸

故障现象：“主接地”灯亮，“主断”跳闸。

注意：打开高压室注意人身安全。

（1）重新合闸一次，仍动作，转换 LCU“A、B 组”，重合闸一次（无 LCU 的机车，不进行该转换操作）；仍跳，则将接地转向架的主接地闸刀置故障位，继续运行，加强巡视，发现异状立即断电，切除故障节机车，维持运行。

（2）只在高级位接地时，可根据运行情况适当降级运行。

注意：打开高压室注意人身安全。

7.“辅接地”灯亮，“主断”跳闸

故障现象：“辅接地”灯亮，“主断”跳闸。

注意：切除辅接地后，加强巡检。

切除热饭电炉、取暖电炉、空调、窗加热等生活用电设备，重新合闸一次；仍跳，转换 LCU“A、B 组”，重合闸一次（无 LCU 的机车，不进行该转换操作）；仍跳，则将辅接地故障隔离开关 237QS 置故障位，维持运行，加强巡视。

注意：切除辅接地后，加强巡检。

8.“辅过流”灯亮，“主断”跳闸

故障现象：“辅过流”灯亮，“主断”跳闸。

注意：确认各辅机电动机及接触器、接线等无焊接、烧损现象和焦煳气味。

（1）282KC 动作，引起“主断”跳闸、“辅过流”灯亮：确认各辅机电动机及接触器、接线等无焊接、烧损现象和焦糊气味，重新合闸一次；仍跳，转换 LCU“A、B 组”，重合闸一次（无 LCU 的机车，不进行该转换操作）；仍跳，确认 282KC 无异状时切除该节车。

（2）辅机或接触器烧损时，将该辅机接触器的自动开关置分断位，并将该辅机故障隔离开关置故障位。

注意：确认各辅机电动机及接触器、接线等无焊接、烧损现象和焦煳气味。

9. 劈相机故障

故障现象：

① 起劈相机，“零压”灯亮，“主断”跳闸；

② 劈相机不起动；

③ 闭合劈相机扳钮，“劈相机”灯亮不起动；

④ 劈相机起动后电磁噪声大，起动电阻甩不开；

⑤ 切出故障劈相机，用通风机1代替劈相机。

注意：除零压保护后，注意观察网压，发现失压及时断电。

（1）起劈相机，“零压”灯亮，“主断”跳闸。将零压故障开关236QS置故障位，维持运行，注意观察网压，发现失压及时断电。

（2）劈相机不起动。

① 如果两节车“劈相机”灯不亮，闭合劈相机自动开关605QA，重新起动；仍不起动，则将劈相机自起开关591QS打自起位起动；仍不起动，则换端起动劈相机，如果起动正常，处理操纵节劈相机按键。

② 如果一节车“劈相机”灯不亮：装有LCU的机车转换LCU“A、B组”；无LCU的机车，则检查处理该节车567KA不良处所，仍不起动，则人为闭合567KA，起动劈相机。

注意：人为闭合567KA后，主断路器断开后（无论是人工分闸还是保护跳闸），必须将其释放，合闸后闭合劈相机按键，再将567KA固定在吸合位，重新起动。

（3）闭合劈相机扳钮，“劈相机”灯亮不起动。

① 断电、降弓，进行低压试验，闭合劈相机按键，如果213KM不吸合：装有LCU的机车转换LCU“A、B组”；无LCU的机车，切除该节车。

② 如果213KM吸合，201KM不吸合，则用通风机1代替劈相机。

（4）劈相机起动后电磁噪声大，起动电阻甩不开。

① 重新起动劈相机，待起动后（约3 s），人为闭合283AK或566KA；装有LCU的机车转换LCU“A、B组”。

② 如果起动电阻仍甩不开，无LCU的机车，检查处理527KT常开接点（此时应断开）。

③ 如果213KM烧损，则断开主断路器，将其自动开关置于断开位，切除该车节。

（5）切除故障劈相机，用通风机1代替劈相机。

① 确认劈相机接触器无烧损、焊接。

② 将劈相机隔离开关242QS置“1FD”位，296QS置电容位，用牵引风机1代替劈相机。

注意：切除零压保护后，注意观察网压，发现失压及时断电。

10. 两位置转换开关不转换

故障现象：两位置转换开关不转换。

注意：打开高压室注意人身安全；人为换向，必须停车进行。

确认控制器自动开关604QA闭合良好，装有LCU的机车转换LCU“A、B组”（无LCU的机车，不进行该转换操作），仍不行则人为转换：确认调速手柄回“0”，将换向手柄置所需位置；断电、降弓，确认励磁接触器释放，人为转换。

注意：换向鼓转换，必须停车后进行；必须确认两节车的两位置开关与手柄位置相符且转换到位；尽可能不用电阻制动，不动手柄。

注意：打开高压室注意人身安全；人为换向，必须停车进行。

11. 向手柄置“前”或“后”位，“预备”灯不灭

故障现象：转向手柄置“前”或“后”位，“预备”灯不灭。

注意：人为闭合556KA，须确认各通风机工作正常。

断电降弓断钥匙打开高压室门操纵。

（1）确认两位置开关转换到位，且与手柄位置相符，主断路器闭合，劈相机工作正常，不良处所处理；

（2）装有 LCU 的机车转换 LCU“A、B 组”；

（3）高级位时“预备”灯不灭：装有 LCU 的机车转换 LCU“A、B 组”，仍不行，确认各通风机工作正常时，可将 573QS 或 574QS 置故障位。

注意：人为闭合 556KA，须确认各通风机工作正常。

12. 牵引无流

故障现象：牵引无流。

注意：人为闭合 532KT，不得错打反向器。

（1）确认非操纵节钥匙在断开位，非操纵节及本节辅台司机控制器在“0”位。

（2）“预备”灯不灭时，按第 11 条处理。

（3）用辅台操纵维持运行。

（4）如果线路接触器不吸合，装有 LCU 的机车转换 LCU“A、B 组”。

（5）检查电子柜工作电源正常，不良处理。

（6）以上处理无效时，转 B 组运行。

注意：人为闭合 532KT，不得错打反向器。

13. 励磁过流，电阻制动自动切除

故障现象：磁过流，电阻制动自动切除。

注意：处理过程中注意机车速度。

调速手柄回“0”，重新合闸一次，再试；仍不行，转换 LCU“A、B 组”（无 LCU 的机车，不进行该转换操作）；仍不行，则停止使用电阻制动。

注意：处理过程中注意机车速度。

14.“空转”灯亮，自动撒砂或减载

故障现象：“空转”灯亮，自动撒砂或减载。

注意：转换电子柜 B 组后，注意防止空转。

（1）如果电流大，黏着条件差，可适当减载并撒砂。

（2）如果防空转保护误动作：切除防空转保护装置，如果不行，转换电子柜 A/B 组。

（3）对于具有速度传感器自检功能的机车，运行中发现防空转保护装置误动作时，在运行条件允许的情况下，机车速度超过 40 km/h 时，将调速手柄、换向手柄回零，惰行 30 s，电子柜将自动切除故障的速度传感器，并在相应的插件板上显示和记忆，回段后检修人员据此显示处理。如果不行，则转 B 组运行或切除防空转装置维持运行。

注意：转换电子柜 B 组后，注意防止空转。

15. 窜车

故障现象：窜车。

注意：发现有窜车现象，注意操纵，防止断钩、超速。

（1）检查 N105、N106 插座有无松脱，非操纵节及本节辅台司机控制器在“0”位。

（2）用辅台操纵，仍不行，转换 LCU“A、B 组”（无 LCU 的机车，不进行该转换操作）；再不行，转换电子柜 A/B 组。

注意：发现有窜车现象，注意操纵，防止断钩、超速。

16.“电子柜预备”灯不灭

故障现象：“电子柜预备”灯不灭。

注意：加强巡检，防止蓄电池亏电。

（1）确认电子柜自动开关609QA接触良好；电子柜A、B组转换开关均在A组或B组；N105、N106插座无松动。

（2）如果控制电压低于77 V时，闭合该节668QS维持运行；如控制电压高于130 V时，将电源柜上A、B组转换开关置另一组，仍不行，则断开故障节机车666QS、667QS闸刀，600QA置于断开位，闭合该节668QS。

（3）非操纵节电子柜预备灯不灭，无法处理时，则切除非操纵节维持运行。

需要说明的是，按标准化司机室设计的SS_4型电力机车，没有“电子柜预备”灯，遇到牵引无流时，也应进行上述检查处理。

注意：加强巡检，防止蓄电池亏电。

17. 切除故障节机车，单节维持运行

故障现象：单节机车故障。

注意：注意加强瞭望，控制速度。

（1）切除非操纵节机车（后节）。

① 确认非操纵节机车主断路器在断开位后，将236QS、586QS均置故障位。

② 将非操纵节机车668QS置重联位，电子柜选择开关置“0”位。

③ 确认非操纵节机车两位置开关位置正确，将其575QS、576QS置故障位。

（2）切除操纵节机车（前节）。

① 确认操纵节机车主断路器在断开位后，将236QS、586QS均置故障位。

② 将操纵节机车668QS置重联位。

③ 确认操纵节机车两位置开关位置正确。

④ 将操纵节机车242QS置试验位。

⑤ 将操纵节机车556KA固定在吸合位（改造车打2号低压柜“备用”开关）。

（3）装有LCU的机车，需切除故障节机车时：确认故障节机车主断路器断开后，将其586QS置故障位，并将其蓄电池重联闸刀668QS置重联位，即可切除该节机车。

（4）装有快速切除装置的机车，需切除故障节机车时，确认故障节机车主断路器断开后，将切车开关打至切除位，并将其蓄电池重联闸刀668QS置重联位，即可切除该节机车。

注意：加强瞭望，控制速度。

课后讨论与复习题

1. 简述主断路器故障。
2. 简述劈相机故障。
3. 简述励磁过流，电阻制动自动切除。

项目6　HXD$_1$型电力机车主、辅电路

项目导读

HXD$_1$型电力机车用于铁路干线重载货运交流传动电力机车，能满足长距离区间、长大坡道上牵引重载长大编组货运列车运行的运输需要。“和谐”型电力机车包括HXD$_1$、HXD$_2$和HXD$_3$，它们分别来自3个不同的技术平台，其中，株洲电力机车有限公司与德国西门子公司联合研制的HXD$_1$型电力机车，代表了和谐型重载货运电力机车的技术水平。

本项目重点学习HXD$_1$型电力机车主电路、辅助电路的组成，并对上述电路进行工作过程分析。电力机车主、辅电路的识读是电力机车司机、学习司机应该掌握的一项重要内容，是机车运行过程中司机预防并排除机车线路故障的必备知识。

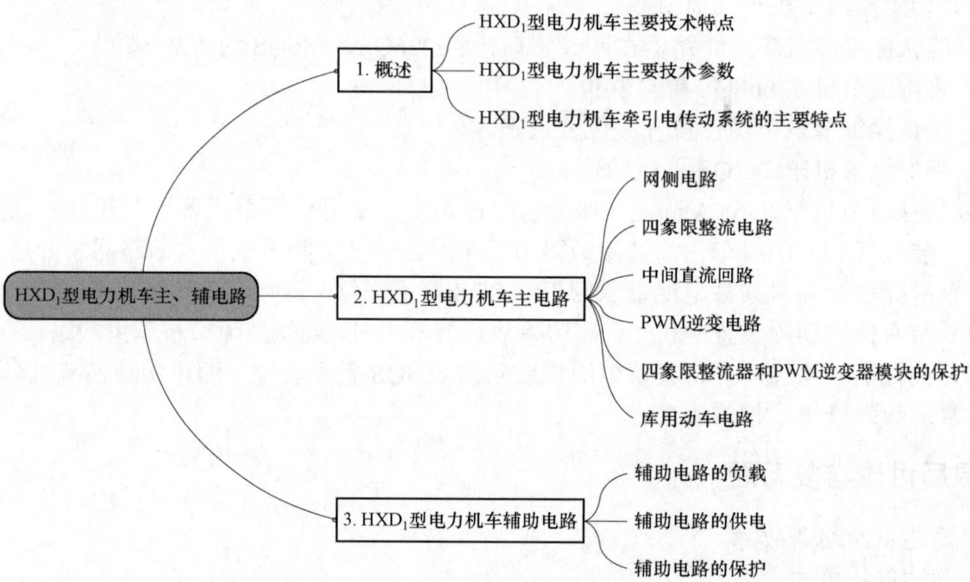

任务6.1　概　述

任务说明

HXD$_1$型电力机车为8轴、双节重联、功率为9 600 kW、轴列式为2（B_0—B_0）的新型重载电力机车。在其标准配置中，机车整备重量184 t，轴重23 t。加上压车铁后轴重可以增加到25 t。通过学习了解HXD$_1$型电力机车的整车特点及参数，并能知道HXD$_1$型电力机车牵引传动系统的特点。

任务目标

- 了解 HXD_1 型电力机车主要技术特点及参数。
- 掌握 HXD_1 型电力机车牵引电传动系统主要特点。

内容讲解

HXD_1 型电力机车是用于铁路干线重载货运交流传动电力机车，能满足长距离区间、长大坡道上牵引重载长大编组货运列车运行的运输需要。

HXD_1 型机车为 8 轴、双节重联、功率为 9 600 kW、轴列式为 2（B_0—B_0）的新型重载电力机车。在其标准配置中，机车整备重量为 184 t，轴重为 23 t。加上压车铁后轴重可以增加到 25 t。这能使机车发挥更高的牵引性能。每节车有 1 个司机室。机车设计在交流 25 kV/50 Hz 的电压制式下运行。

6.1.1　HXD_1 型电力机车主要技术特点

（1）轴牵引功率 1 200 kW，总功率 9 600 kW，为大功率电力机车。

（2）采用水冷 IGBT 元件的主变流器，其中含有 4 个四象限变流器供两个单独的中间直流电压环节，2 个牵引逆变器，每个牵引逆变器供电给同一转向架的两台并联的牵引电动机。辅助逆变器集成在主变流器柜中，主变流器柜的集成度高，冗余性好，电制动采用再生制动。

（3）采用 SIBAS 32 微机控制技术和 TCN 网络通信技术，具有当代机车微机网络控制的先进性。

（4）车体采用整体承载结构，并以中梁为主要传递牵引力构件，具有高强度低重量的优点，适合重载牵引。

（5）重载牵引的转向架，采用低位牵引杆，构架强度高，结构合理，基础制动采用轮盘制动。

（6）采用标准化、模块化设计，便于维护检修。

（7）采用 CCBⅡ空气制动系统，适合重载列车制动。

（8）装有 LOCOTROL 远程重联控制系统，适合多机分布式重载牵引。

（9）采用独立的机械室通风系统，使得机车的内部环境清洁，通风效果好。

6.1.2　HXD_1 型电力机车主要技术参数

电流制	单相交流 50 Hz（允许网压波动范围为 17.2～31.3 kV）
额定电压	25 kV
电传动方式	交—直—交传动
持续功率	9 600 kW
机车最高运行速度	120 km/h
电制动方式	再生制动
轴列式	2（B_0—B_0）
用途	干线重载货运

6.1.3 HXD_1型电力机车牵引电传动系统的主要特点

HXD_1 型电力机车的两节车各自配备了独立的、相同的电传动系统，它们的网侧电路可通过车顶高压连接器相连，既可固定重联运用，也可解编后各自独立运用，同时还具有外重联功能。

每节机车有一套完整的电传动系统，该系统由一台拥有 1 个原边绕组、4 个牵引绕组和 2 个二次谐振电抗器的主变压器，通过 4 个四象限斩波器（4QC）向两个独立的中间直流电压环节充电。每台转向架上的 2 台三相异步电动机作为一组负载，由连接在中间直流环节中的一个脉宽调制逆变器供电。因为两路中间直流环节相互独立，所以整台机车牵引力有 75%的冗余，从而提高了机车的可利用率。中间直流环节还连接有谐波吸收电路、过压保护电路和接地检测电路。机车采用再生制动。再生制动时机车能量反馈回电网，达到节能的效果。四象限斩波器和脉宽调制逆变器采用水冷 IGBT 模块。

课后讨论与复习题

1. 简述 HXD_1 型电力机车主要技术特点。
2. 简述 HXD_1 型电力机车牵引电传动系统的主要特点。

任务 6.2 HXD_1型电力机车主电路

任务说明

电力机车主电路的识读是电力机车司机、学习司机应该掌握的一项重要内容，是机车运行过程中司机预防并排除机车线路故障的必备知识。通过对 HXD_1 型电力机车主电路的认知学习，能识读电力机车主电路。

任务目标

- 会识读 HXD_1 型电力机车主电路。
- 能说出 HXD_1 型电力机车主电路中各组成部分的作用。
- 能认识主电路中主要设备，并说明其主要结构及特点。
- 会对电力机车主电路故障进行判断和处理。

内容讲解

HXD_1 型电力机车主变压器的原边通过受电弓、主断路器得电。主变压器 4 个独立的次边牵引绕组分别向 4 个四象限整流器供电。每 2 个四象限整流器并联输出，共用一个中间直流回路。这个中间直流回路同时向 2 个电压型 PWM 逆变器（每个逆变器里包含 1 个牵引逆变器、1 个辅助逆变器，辅助逆变器集成在主变流柜中）供电，每个牵引逆变器分别向一个转向架的 2 台异步牵引电动机供电，实现牵引电动机架控。再生制动过程相反。单节车的牵引电路结构如图 6-1 所示。牵引电路按其主要功能和电压等级可分为网侧电路、四象限整流电路、中间直流回路、PWM 逆变电路和保护电路等几部分。

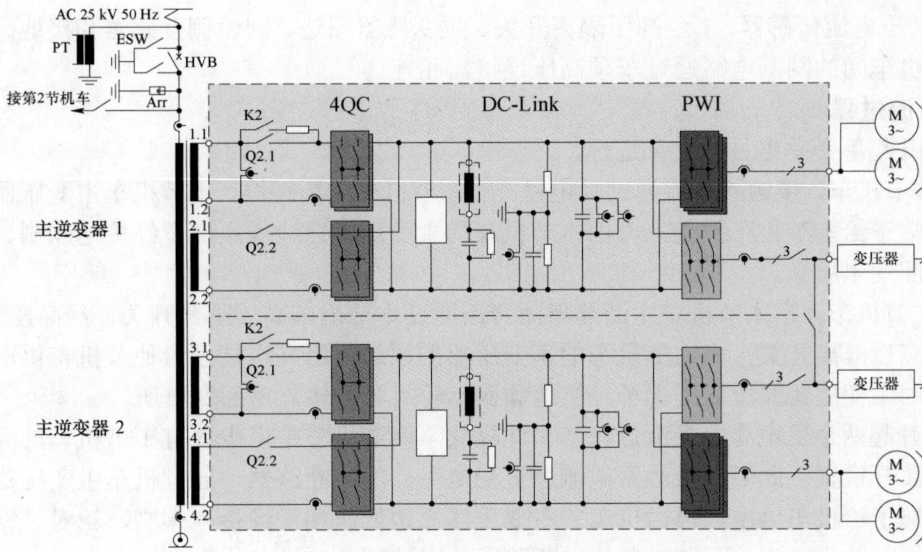

图 6–1　单节车的牵引电路结构图

6.2.1　网侧电路

网侧电路原理如图 6–2 所示，其主要功能是从网侧获取电能，属于 25 kV 电路。每节机车网侧电路由 1 台受电弓、1 台带高压接地装置的主断路器、1 台避雷器、1 台高压电压传感

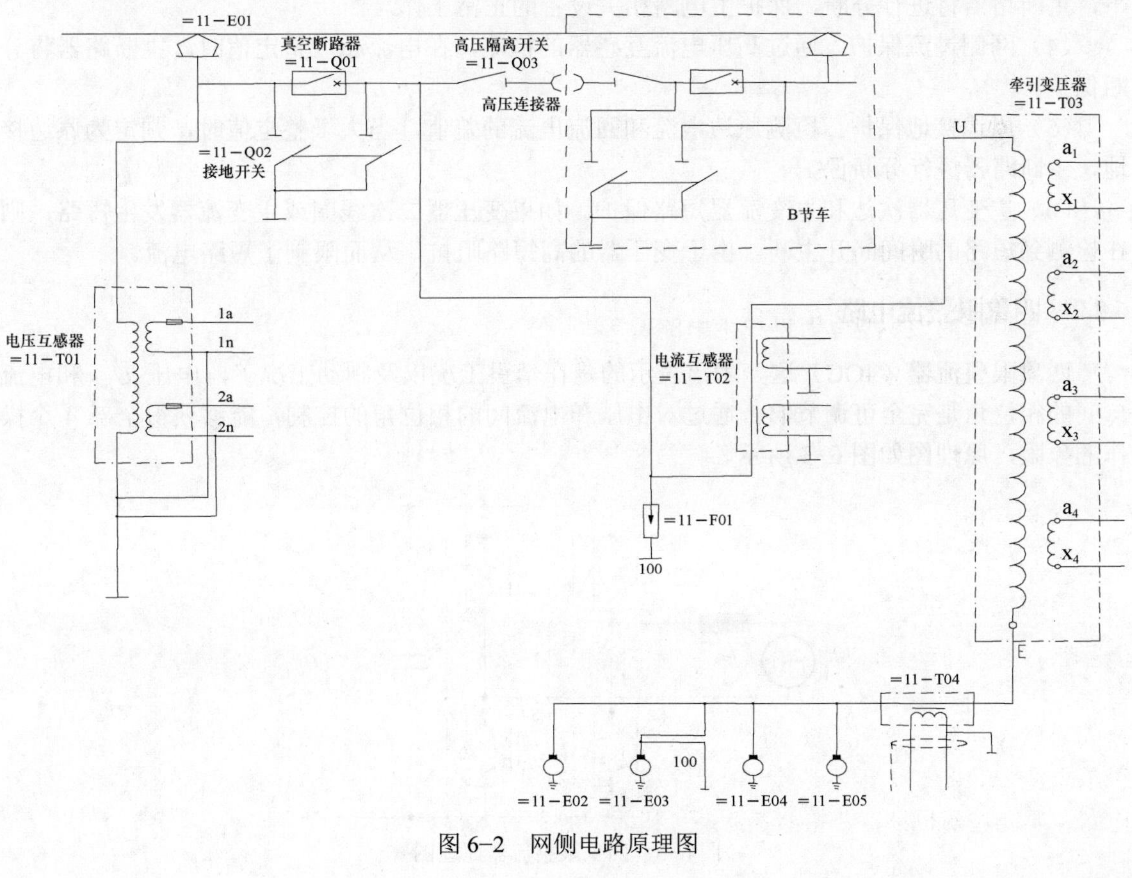

图 6–2　网侧电路原理图

器、1 台高压电流传感器、1 台高压隔离开关、主变压器原边、回流侧互感器和接地碳刷等组成。两节机车间的网侧电路通过车顶高压连接器相连。

1. 受流过程

（1）升起单个受电弓的受流过程。

① 本节机车。接触网电流通过受电弓，经本节机车主断路器、本节机车主变压器原边绕组的高压端子给本节机车供电，再由本节机车的主变压器原边低压端子经接地碳刷、轮对、钢轨，返回变电所。

② 它节机车。在本节机车主断路器闭合后通过本节机车高压隔离开关，经高压连接器、它节机车高压隔离开关，由它节机车的主变压器的原边绕组高压端子给他节机车供电，再由它节机车的主变压器原边低压端子经接地碳刷、轮对、钢轨，返回变电所。

（2）升起两个受电弓的受流过程。在此模式下两节机车中至少要有 1 节机车的高压隔离开关处于断开位置。此时，接触网电流通过受电弓，经主断路器，通过机车主变压器原边绕组的高压端子给机车供电，再由机车的主变压器原边低压端子经接地碳刷、轮对、钢轨，返回变电所。在此模式下，两节机车的主断路器分别控制各自机车的供电。

2. 网侧保护电路

（1）网侧短路保护。当流经高压电流互感器的电流超过整定值时，主断路器将进行分断保护。

（2）网侧过压保护。网侧装有避雷器，主要用于抑制操作过电压及运行时的雷击过电压。

（3）网压监测保护。通过高压电压互感器的检测，在网压＜15 kV 或网压＞32 kV 的情况下，主断路器将进行分断，保护主电路相关设备的正常工作。

（4）网侧过流保护。通过高压电流互感器的检测，在电流超过整定值时，主断路器将分断保护。

（5）原边接地保护。检测原边电流和回流电流的差值，当大于整定值时，判定为原边接地，主断路器进行分断保护。

（6）主变压器次边和主变流器短路保护。如果变压器二次线圈或主变流器发生短路，则在检测到短路的瞬间断开主断。由于变压器的高短路阻抗，从而限制了短路电流。

6.2.2 四象限整流电路

四象限整流器（4QC）这一术语表示的是在牵引工况以及制动工况下，电压 U_{ST} 和电流 I_N 间的相位角是完全可调节的。通过对电压和电流间的相位角的控制，能够获得全部 4 个操作的象限，原理图如图 6-3 所示。

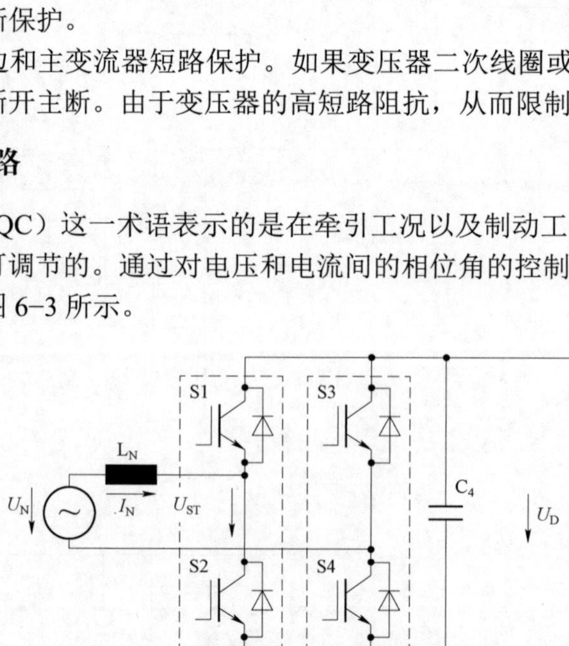

图 6-3 四象限整流器原理图

IGBT 是电子开关元件，其开通和关断的频率相对较高。下面举例说明整流器从无电流的状态开始的工作过程。如果在正半波，S2 或 S3 两个 IGBT 开关中的一个处于开通状态，变压器次边绕组处于短路状态，电流开始上升。此时，如果原来开通的晶体管关断，由于变压器的漏电感、电流不能被中断。电流通过 IGBT 开关 S1 或 S4 的续流二极管流入直流支撑回路并缓慢降低。利用这一原理，电流就可以围绕一个参考值上下波动且 cosϕ和直流支撑电压值能保持在要求的范围内，如图 6-4 所示。

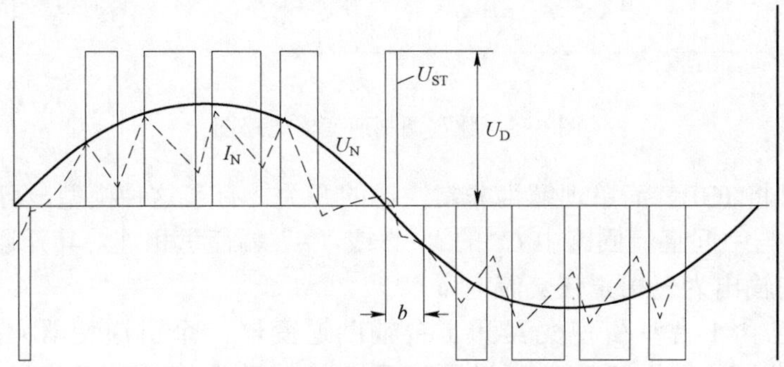

图 6-4 四象限整流器的电流/电压波形

经供电接触网频率分配的 IGBT 开关频率决定每个周期的脉冲数量，脉冲频率越高，电流值越能精确地追踪参考电流值。

四象限整流器在牵引工况下进行交—直变换，为中间直流回路提供电能；在再生制动工况时，通过中间直流回路进行直—交变换，将电能回馈给电网。

如图 6-3 所示，每节车的牵引电路中有两套独立的变流器。在每套变流器中，由 1 个预充电电阻和 3 个交流接触器把 2 个四象限整流器和主变压器的 2 个牵引绕组连接起来，2 个四象限整流器将交流电变换成直流电，并联向中间回路供电。四象限整流电路使得中间直流回路的电压保持稳定，并使变压器次边的功率因数接近于 1。

6.2.3 中间直流回路

中间直流回路由中间支撑电容、二次谐振电路、保护短路电路和接地检测电路组成。

中间支撑电容作为能量存储单元，其作用是对直流支撑回路的电压进行滤波和缓冲。因为在短时间内能量的输入和能量的输出不对等，因而必须在中间直流支撑回路设置支撑电容。

谐振电路包含电容器和外部电抗器（不安装在主变流器柜内部），其任务是过滤直流支撑回路中的双倍基频输入电压的波纹分量。它作为一个串联的谐振电路工作，其谐振频率调整到双倍基频。为了保证谐振频率的精确，谐振电容器分为固定的基础电容器和电容值可以调节的电容器。

6.2.4 PWM 逆变电路

PWM 逆变电路根据机车运行要求，将中间直流电压变换为所需要的频率和幅值的三相交流电压。

脉宽调制逆变器由 3 个相模块组成，逆变器在输出端 U，V，W 处提供一个变频变压的三相交流电源。脉宽调制逆变器电路图如图 6-5 所示。

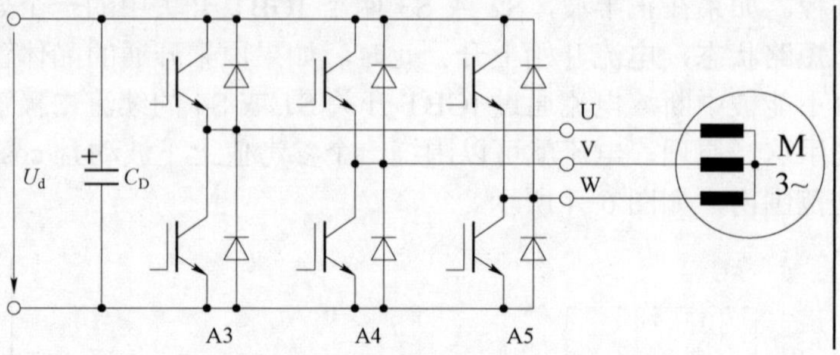

图 6-5　脉宽调制逆变器电路图

在原理上，可将 IGBT 简单理解为非常快速的开关。有了这种模型，可以想象 3 个输出端 U，V，W 可以与中间直流回路中 C_D 的“+”或“−”端任意相连，其开通或者关断的模式必须保证逆变器的输出为三相正弦交流电。

每套变流器包含 1 台牵引逆变器和 1 台辅助逆变器，牵引逆变器向 1 台转向架上的 2 台牵引电动机供电；辅助逆变器通过隔离开关给辅助系统的辅助变压器供电。每节车 2 套变流器中的 2 个辅助逆变器之间设置了 3 个隔离开关，用于当辅助逆变器故障时的冗余切换。

6.2.5　四象限整流器和 PWM 逆变器模块的保护

1. 过压保护

在直流回路电压大于整定值时，触发软短路放电装置，断开主断路器。

2. 过流保护

每个 4QC 和 PWM 的支路有两个并联的 IGBT 模块，在短路和其他故障情况下，在达到最大支路电流前自动封锁相关模块的触发脉冲。

3. 牵引电动机的短路保护

当牵引电动机端子或绕组内发生短路时，PWM 的触发脉冲将被封锁。

6.2.6　库用动车电路

三相 380 V 交流电由库内电源插座引入机车的辅助系统，经辅助变压器反向升压后由相应的辅助逆变器向中间直流回路充电。中间直流回路上的电压通过 PWM 逆变器在牵引电动机上所产生的力矩，驱动双节机车以约 5 km/h 的速度运行。此时机车由司机操纵台上的主控制器进行操纵。

课后讨论与复习题

1. 简述 HXD_1 型电力机车网侧电路的组成。
2. 叙述 HXD_1 型电力机车四象限整流电路的工作过程。
3. 简述 HXD_1 型电力机车中间直流电路的组成和作用。
4. HXD_1 型电力机车库内动车如何操作？
5. HXD_1 型电力机车牵引电路有哪些保护？

任务 6.3　HXD$_1$ 型电力机车辅助电路

任务说明

作为电力机车司机、学习司机，在接车后要做高、低压试验，在运行中出现电气故障时，要进行故障的判断、处理，这都要结合辅助电路才能进行，因此识读辅助电路是必须的基本内容。学完 HXD$_1$ 型电力机车辅助电路应能读懂电力机车辅助电路图。

任务目标

- 会识读 HXD$_1$ 型电力机车辅助电路。
- 能说出 HXD$_1$ 型电力机车辅助系统的供电特点。
- 能说出 HXD$_1$ 型电力机车辅助电路中各负载。
- 能认识辅助电路中主要设备。

内容讲解

为保证机车正常功能发挥和提供舒适的司乘环境，HXD$_1$ 型电力机车配备了相应的辅助机组和辅助设施，构成了辅助电气系统，如图 6-6 所示。

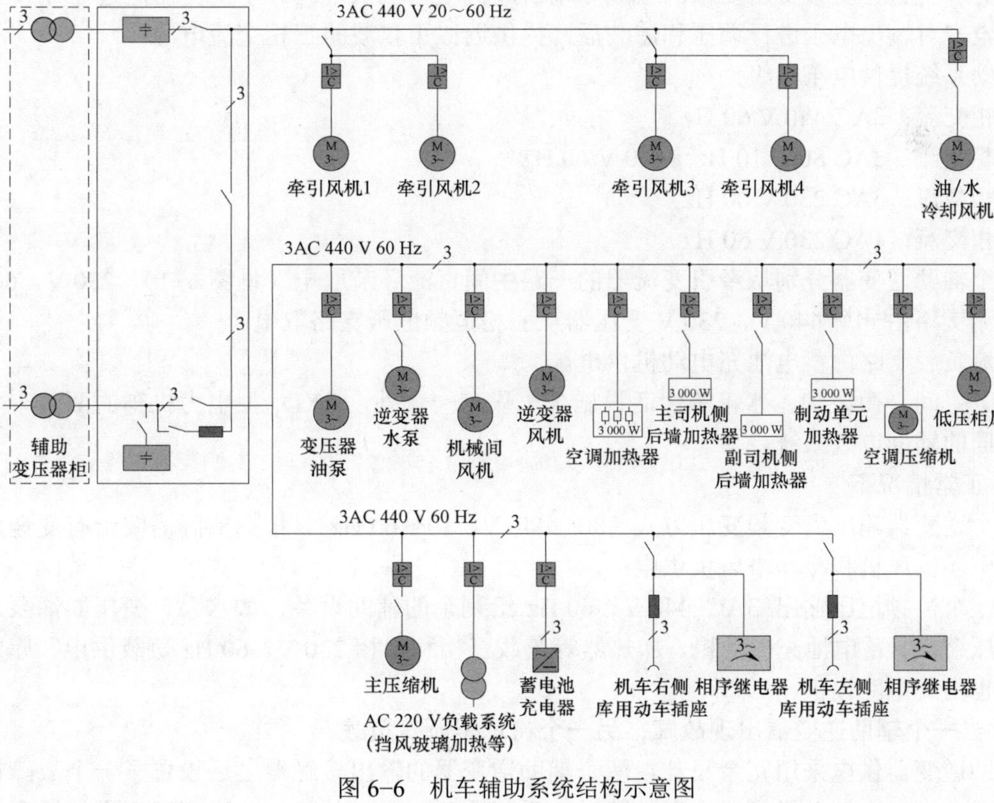

图 6-6　机车辅助系统结构示意图

6.3.1 辅助电路的负载

按每个辅助机组/辅助设施的使用要求，辅助电气系统分成下面 4 个负载组。

1. 三相变频变压支路

负载包括 4 个牵引通风机组和 1 个冷却塔通风机组。

2. 440 V，60 Hz 三相恒频恒压支路

负载有压缩机、水泵、油泵、空调、蓄电池充电动机、440 V/230 V 变压器等。

3. 230 V，60 Hz 单/三相交流支路

负载包括电炉（插座）、微波炉、前窗玻璃加热器、低压柜加热器和信号柜加热器、低压柜风机电动机、8 个撒砂加热器、空调润滑油加热器、两个后墙加热器风扇等。

4. 直流负载支路

负载包括 8 个机械间照明灯、2 套司机室顶棚灯、辅助压缩机、冰箱、230 V/50 Hz 电脑电源、头灯和辅照灯/标志灯用 24 V 电源等。

6.3.2 辅助电路的供电

HXD_1 型电力机车辅助电气系统由集成在牵引变流器内的辅助逆变器供电。同牵引回路共用牵引绕组、四象限斩波器、中间直流电压环节以及其他装置，使整车的部件数量得以减少，从而降低整个系统的故障率，采用 PWM 控制。

每节 HXD_1 机车的牵引逆变器中包含 2 个辅助逆变器，其中一个给恒频恒压工作的负载供电，另一个给有变频变压要求的负载如牵引风机电动机供电。每个逆变器通过 1 个变压器和滤波电容对输出电压进行调压和滤波后，提供近似正弦波的三相交流电源。

辅助系统提供电压等级为：

三相交流：3AC 440 V 60 Hz

三相交流：3AC 80 V/10 Hz～440 V/60 Hz

三相交流：3AC 230 V 60 Hz

单相交流：1AC 230 V 60 Hz

两个辅助逆变器分别从牵引变流器的一路中间直流环节取电（见图 6-1），230 V、60 Hz 单相交流支路由一个 440 V、230 V 变压器从三相恒频恒压支路取电。

直流负载支路由蓄电池充电动机供电。

除卫生间、微波炉、冰箱等生活设施全车只有一套外，HXD_1 型电力机车的两节车具有完全相同的辅助电气系统。

1. 正常情况下

一个逆变器输出为变频变压方式（80～440 V、10～60 Hz），根据实际需要给有变速要求的牵引电动机风机和冷却塔风机供电；

另一个恒频恒压输出 3AC 440 V、60 Hz 给剩余的辅助设备，如水泵、变压器油泵、空调及主压缩机、蓄电池充电动机、加热器等车载三相和单相 230 V、60 Hz 负载供电，库内动车电源也由此电路提供。

2. 当一个辅助逆变器出现故障，另一个将承担所有负载

辅助逆变器供电采用冗余设计，两个辅助逆变器的输出接触器之后设置了一个故障转换用接触器，当一个辅助逆变器出现故障时，系统重新配置，故障辅助逆变器后面的输出接触器断开，故障转换用接触器闭合，另一个辅助逆变器将承担所有负载。此时所有辅助设备都以恒频恒压方式工作，负载投入不受限制。

重新配置由 CCU 自动进行，并通过显示屏通知司机，此时应关闭不必要的辅助负载，以减轻辅助逆变器的负荷。

6.3.3　辅助电路的保护

1. 库内电源输入采用熔断器保护

所有三相负载都采用西门子 3VU 系列自动开关进行过流和缺相保护，单相负载采用西门子 5SX 系列自动开关进行过流保护。

2. 接地保护

在三相变频变压支路、440 V 60 Hz 三相恒频恒压支路和 230 V 60 Hz 单/三相交流支路各使用了一个接地检测装置完成辅助电气系统的接地保护，采用“直流叠加法”原理测量被测电路对地绝缘电阻，通过电阻值大小来判断电路是否接地。

课后讨论与复习题

1. HXD_1 型电力机车辅助电气系统有哪些部分组成？
2. 简述 HXD_1 型电力机车辅助供电系统提供的电压等级。
3. HXD_1 型电力机车辅助电动机如何起动？
4. 当 HXD_1 型电力机车的一个辅助逆变器出现故障时，系统该如何操作？

项目 7　HXD_1型电力机车微机网络控制系统

项目导读

随着科技的发展，电力机车广泛采用微机网络控制系统。“微机”即“微型计算机”，微机操作系统是电力机车的核心，它用来实现电力机车几乎所有的功能，其通用性、可靠性、灵活性和智能性可以简化司机的操作程序，减轻司机的劳动强度。

本项目主要介绍 HXD_1 型电力机车微机网络控制系统中的 SIBAS32（西门子铁路自动化系统）控制系统和 TCN 列车通信网络，可以了解 HXD_1 型电力机车的微机控制网络逻辑关系，进一步掌握电力机车电气系统的工作原理。

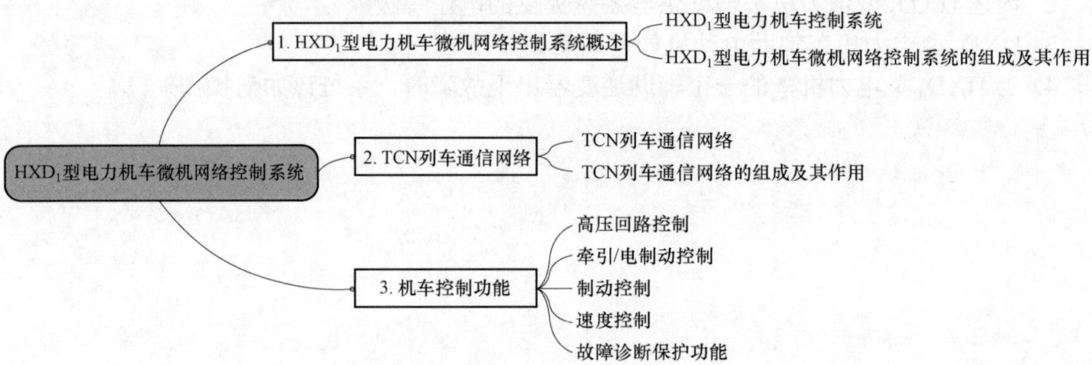

任务 7.1　HXD_1 型电力机车微机网络控制系统概述

任务说明

HXD_1 型电力机车微机网络控制系统承担了机车重要功能所有控制信息的协调处理工作。通过学习微机网络控制系统，可以了解电力机车各种控制的原理。

任务目标

- 掌握 HXD_1 型电力机车微机网络控制系统的组成。
- 掌握 HXD_1 型电力机车微机网络控制系统的作用。
- 了解国内电力机车微机网络控制系统的发展概况。

内容讲解

HXD$_1$ 型电力机车微机网络控制系统采用 SIBAS32 西门子铁路自动化控制系统和 TCN（train communication network）列车通信网络，实现了对机车的控制、故障诊断以及机车状态的评估等功能。

7.1.1　HXD$_1$型电力机车控制系统

我国 HXD$_1$ 型交流传动机车，采用了德国西门子公司专门为铁路机车动车控制而研制的专用微机控制系统即 SIBAS32 系统，这种系统的优点是适用于对各种车辆的控制，无论是相控整流机车、直流斩波机车还是交流传动机车都可以在其硬件结构基本不变的情况下，通过简单改变控制程序而实现对机车的控制。

在机车故障诊断过程中，通过 SIBASExpert2 诊断软件，可以分析导致机车出现故障的软硬件，提高检修效率和故障判断的准确度并可通过 monitor 软件进行相关信号的检测与模拟，实时查找故障发生的位置及发生原因，准确无误地判断机车发生故障的部件。

7.1.2　HXD$_1$型电力机车微机网络控制系统的组成及其作用

HXD$_1$ 型电力机车微机网络控制系统主要包含 CCU 中央控制系统、TCU 牵引控制系统两大系统以及 SIBASKLIP 智能输入输出终端、MVB 服务接口、BCU 制动控制单元、LCDM 制动显示器、HMI 微机显示器、网关 GW 等。

1. CCU 中央控制系统

HXD$_1$ 型电力机车每节车上有两个 CCU 机箱，每个 CCU 机箱包含 TCN 网关、中央处理器单元、电源适配器、机箱电源模块和风扇等，两个 CCU 分别方式为主控模式和从控模式，互为热备份。

CCU 中央控制系统负责列车级控制和机车级控制，具有以下功能：① 设备监视（自诊断功能）；② 机车重联控制；③ WTB（绞线式列车总线）、MVB（多功能车辆总线）管理；④ 机车控制逻辑的实现；⑤ 机车牵引/制动特性控制；⑥ 轴重转移补偿控制；⑦ 自动过分相控制；⑧ 空电联合制动控制；⑨ 通风机转速自动控制；⑩ 无人警惕控制；⑪ 自动轮径校正。

2. TCU 牵引控制系统

HXD$_1$ 型电力机车每节车上有两个 TCU，每个 TCU 控制一台转向架的牵引和制动，通常 TCU1 为主 TCU，当其出现故障后，TCU2 变为主 TCU。CCU 只发送指令给主 TCU，两个 TCU 再将反馈信号发送给 CCU。

TCU 主要负责传动级控制，具有以下功能：① 牵引和电制动力的闭环控制；② 辅助逆变器的闭环控制；③ 网侧参数（如等效干扰电流、功率因数）的闭环控制；④ 中间直流回路电压的闭环控制；⑤ 产生 IGBT 模块脉冲信号；⑥ 预充电接触器、线路接触器等部件的控制；⑦ 变流器、牵引电动机和其他部件的监控；⑧ 防滑/防空转控制；⑨ 牵引诊断数据的保存；⑩ 通过 MVB 与 CCU 和其他 TCU 进行数据交换。

3. SIBASKLIP 智能输入输出终端

SIBASKLIP 是智能外围设备连接终端，分为 Compact I/O 和 KLIP STATION 两类。

（1）SIBASKLIPCompact I/O。在 HXD$_1$ 型电力机车司机室副台下安装了两个 Compact I/O，用于读取司机指令（如升弓、合主断、无人警惕装置信号等），也读取主司控器的格雷码信号

（如牵引/制动给定，速度给定等）。

（2）SIBASKLIP STATION。SIBASKLIP STATION 在电路图上代号为 SKS3，它安装在机械室低压柜，通过它可以迅速地综合信息和控制指令，由 AS318 模块发送到 MVB 总线，大量简化了机车布线。

4. MVB 服务接口

在司机室副台侧窗下方有一个 MVB 服务接口，它附带 220 V 交流插座。通过这个接口，可以使用 SIBASEXPERT2 软件或者 MONITOR 软件读取机车的诊断数据及日志数据。

5. BCU 制动控制单元

BCU 制动控制单元主要负责机车的除电制动以外的制动设备和控制管理功能，在机车安装 LOCOTROL 时，集成 LOCOTROL 控制功能。

6. LCDM 制动显示器

LCDM 制动显示器主要显示机车制动系统的相关信息，可对制动系统的部分参数进行设定。

7. HMI 微机显示器

HMI 微机显示器主要显示机车的列车级、机车级运行状态数据和故障信息，实现机车部分参数的设定和集成部分机车控制按钮；在维护界面可以对部分机车设备进行检查。

8. 网关 GW

网关 GW 提供 WTB 和 MVB 之间的数据交换，网关中的过程数据处理 PDM 决定 MVB 哪组数据被传送至 WTB。

课后讨论与复习题

1. HXD_1 型电力机车微机网络控制系统由哪些组成部分？
2. 简述 HXD_1 型电力机车微机网络控制系统各部分的作用。

任务 7.2　TCN 列车通信网络

任务说明

TCN 是列车通信网络，作为现代列车的关键技术，已在世界范围内广泛应用。通过对 TCN 网络的学习有助于理解全列车各种功能信息的发送、传递和监视的过程。

任务目标

- 掌握 TCN 网络的含义和作用。
- 掌握 TCN 网络的组成和各部分的作用。

内容讲解

7.2.1　TCN 列车通信网络

安装在列车上的 TCN 列车通信网络，负责对整列车各个部分的信息的采集与传递，将整列车连成一个整体，司机对整列车的控制命令通过 TCN 网络传送到每节车上，每节车的工作状态也通过 TCN 传送到司机显示屏，使整列车能够有效安全地运行。

7.2.2　TCN 列车通信网络的组成及其作用

TCN 列车通信网络由列车总线 WTB 和多功能车辆总线 MVB 组成。HXD_1 型电力机车的控制系统网络拓扑图如图 7–1 所示。

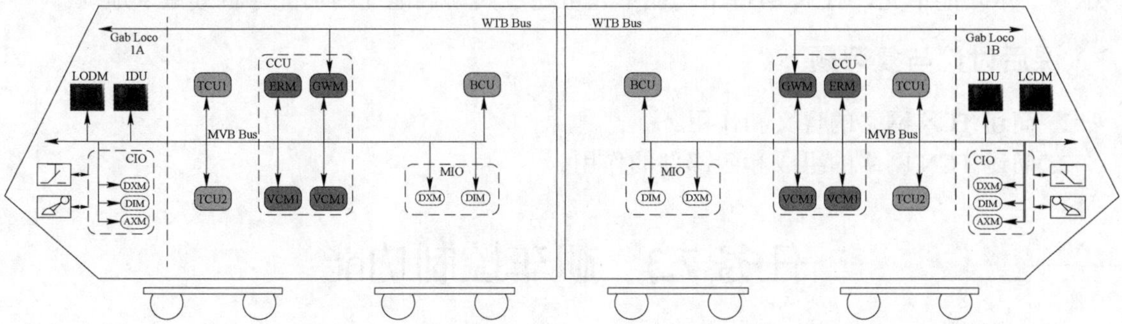

图 7–1　HXD_1 型电力机车的控制系统网络拓扑图

1. 列车总线 WTB

列车总线 WTB 用于连接列车中不同车辆上的电子设备，不同车辆的总线通过网关相互连接。列车总线 WTB 的传输介质是双绞线，具有较高的机械稳定性和屏蔽性，最多可以连接 32 个节点，数据传输速率 1 Mbit/s，总线长度可达 860 m。

列车总线在个别设备（列车总线节点）与总线停止通信或开始通信后，可以恢复同其他设备的通信。例如车辆连挂之后或解编滞后，总线以变化后的参与者数目运行。

HXD_1 型电力机车的 WTB 通过车辆间的连接器与从控机车相连。通过使用两套独立的电缆来实现冗余。每节机车有 2 路总线和 2 个网关。

HXD_1 型电力机车单元至少由 2 节机车组成而且始终处于多机牵引模式运行。操作钥匙开关处于 1 位的机车总是被认为是主控机车，所有其他机车被认为是从控机车，如果处于 1 位的操作钥匙开关多于 1 个，则机车组不能运行。

2. 多功能车辆总线 MVB

MVB 负责车辆内部数据交换。它连接车载计算机、可编程存储控制器、单个传感器、单个执行机构等设备。每个独立的设备都被赋予固定的地址。

MVB 总线传输实时性好、可靠性高且易于网络互联。其数据传输速率为 1.5 Mbit/s，为冗余总线结构。如果一路总线故障，数据交换在第二路总线上继续工作，司机显示屏会告知司机总线故障。

MVB 的作用是传送两类数据：

（1）过程数据。TCN 用过程变量来表示列车运行的控制命令和运行状态，例如速度、电动机电流、操作员的命令等。过程变量的值叫作过程数据。过程数据用连续循环的数据响应以确保安全，不需要确认相应。

每个 MVB 组成设备在转换过程中占据一个传输存储单元，传输存储单元被分为若干端口，一个端口就是一个过程数据的存储器。在 MVB 内部通过端口号被标上地址，每个 MVB 组成设备都可以收到此数据。该设备将端口号加入传输存储单元如接收器。如果网关的过程数据排序连接设计用于车辆之间交换，那么过程数据只能在车辆之间交换，也就是说可以越过 MVB 限制到另外的 MVB。在数据管理过程中，MVB 侧信号可以通过网关传输到 WTB 侧或者通过（与、或逻辑等）功能与 WTB 侧信号相连。

（2）消息数据。消息数据是冗长但不频繁传输的数据，仅在有请求时传输，如诊断数据。因为消息数据仅在有请求时传输，所以传输安全需要回复确认来保证。

消息数据在 MVB 传送器与 MVB 接收器之间交换。因为这种交换，每个传送器与接收器被赋予一个功能单元。TCN 中每个功能单元可通过其车辆地址和功能号直接赋予地址。

课后讨论与复习题

1. 简述 TCN 网络的含义和作用。
2. 简述 TCN 网络的组成和各部件的作用。

任务 7.3　机车控制功能

任务说明

HXD_1 型电力机车的微机网络控制系统，可以实现对所有控制信息的协调处理工作。本任务将展开介绍基于微机网络控制系统的机车主要控制功能以及其控制逻辑。

任务目标

- 掌握高压回路控制、牵引/电制动控制、机车速度控制、故障诊断保护的控制逻辑。

内容讲解

HXD_1 型电力机车的控制功能主要由 CCU、TCU、SIBASKLIP 等智能控制系统完成，可以实现高压回路控制、牵引/电制动控制、机车速度控制、故障诊断保护功能。

7.3.1　高压回路控制

高压回路控制的主要作用是优化 25 kV 电路内高压设备的运行工况，当部分高压设备发生故障时能将故障部分隔离，维持机车运行以提高机车运行的可靠性，包含受电弓、主断路器和高压隔离开关的控制。

1. 受电弓控制

（1）升弓选择控制。HXD_1 型电力机车每节机车都安装 1 台受电弓。一般情况下，1 台机车只升 1 台受电弓。特殊情况下一台机车可以升 2 台受电弓。机车升双弓的情况下，高压隔离开关断开以避免整台机车使用由一个主断路器提供的电源。当司机室操纵台占用（电钥匙开关闭合），机车主控 CCU 完成整台机车受电弓的选择。受电弓的选择取决于两个条件：① 受电弓选择开关的位置；② 高压回路出现的故障。

机车控制系统默认重联机车的有效受电弓选择开关为离本务机车最近的受电弓选择开关。受电弓选择开关的位置选择将要升起的受电弓，开关的操作只允许在速度为 0 时进行。控制系统只有在机车处于静止状态时才判断受电弓选择开关的位置。在牵引时（$V>10$ km/h）扳动受电弓选择开关将导致主断断开并降下受电弓。选择开关有自动、重联机车、本务机车、双节机车 4 个位置，SKS1A、SKS1B 通过两个数字输入端口读入开关位置。CCU 根据 MVB

传送的 2 个互补的紧凑 I/O 输入 SKS1A_E110_26、SKS1A_E110_27 及 SKS1B_E120_26、SKS1B_E120_27 判断受电弓选择开关的状态。

改变操作司机室，控制系统将强制选择新的受电弓。如果一个新的司机室占用（操纵台上的钥匙开关激活），CCU 自动断开主断路器并降下受电弓。在选择受电弓的过程中控制系统封锁所有控制受电弓和主断路器的扳钮开关。

一般情况下机车非操作端的受电弓升起。在主断路器或受电弓故障时，CCU 可能自动选择另外一架受电弓。在高压隔离开关的开关故障时，机车自动转到“升双弓”模式。由于高压隔离开关和受电弓工作需要压缩空气，因此辅助压缩机故障且升弓气压不足时也选择“升双弓”模式。在位置“自动”且受电弓没有故障，非操作端的受电弓升起（一台机车的后端受电弓）。

（2）升弓。

① 辅助压缩机控制。辅助压缩机主要功能是在辅助空气回路气压过低时为辅助空气回路提供压缩空气。在正常运用模式，辅助压缩机在机车起动过程中辅助空气回路气压＜480 kPa 时起动。

如果司机发出指令命令降下受电弓，控制系统通过列车或车辆总线命令关断 SKS3_A13B07 输出。继电器 21-KO3 断开，辅助压缩机关闭。

如果受电弓已经升起且辅助气压变低，控制系统自动起动辅助压缩机以阻止受电弓降下。司机由显示屏上的状态显示通知此情况。如果不能够提供足够辅助空气，在辅助压缩机的电动机过热后降下受电弓。

② 升弓。向前推动操作司机室操作台上的“升/降弓”扳钮开关（+1l1.01=21-s01），机车司机通过紧凑型 I/O 的 SKSIA_E110_12、SKSIA_El10_13 以及 SKS1B_E120_12、SKSIBE120_13 端口向 CCU 发出升起受电弓的命令请求。如果 CCU 检测到受电弓已经升起，CCU 则认为该升弓请求命令无效。在升起受电弓之前，CCU 将确认所有升弓的条件是否都满足。

（3）降弓。向后推动操作司机室操作台上的“升/降弓”扳钮开关（+111.01=21-s01），机车通过紧凑型 I/O 的 SKS1A_E110_12、SKS1A_E110_13 以及 SKS1B_E120_12、SKS1B_E120_13 端口向 CCU 发出降下受电弓的命令请求→CCU 通过 WTB 总线、MVB 总线向 SKS3 发送降弓指令→SKS3_A13D_03 输出截止→升弓电磁阀失电→受电弓降下。当受电弓升弓条件不满足时（受电弓不可用），控制系统也降下受电弓。

2. 高压主断路器控制

（1）高压主断路器控制回路。紧急制动按钮、受电弓控制板钥匙开关、布赫继电器、CCU1 允许主断路器回路闭合（SKS_A13C_01）、CCU2 允许主断路器回路闭合（SKS_A13D_01）、TCU 前的主断路器回路反馈（SKS_E133_14）、TCU1 回路（SKS_A13C_06）、TCU2 回路（SKS_A13D_06）、主断路器回路反馈（SKS_E133_13）组成允许合主断路器回路。当允许合主断路器回路正常时，允许主断路器回路反馈信号 SKS_E133_13 通过 MVB 总线和 WTB 总线传送到 CCU。CCU 通过 MVB 总线和 WTB 总线向司机室显示器传送允许合主断信号。显示器接收到允许合主断信号后将主断显示界面中的主断路器状态区域设置为白底黑字，同时显示主断路器所在机车车号。这样机车控制系统就通知司机该车已经做好合主断准备，只要司机发出合主断信号，机车就可以合主断路器。

主断路器回路可以由以下硬件部件断开：

① 紧急制动按钮（司机室）；② 变压器的布赫继电器；③ 受电弓截止的钥匙开关（封

锁受电弓气路）；④ CCU 通过控制 KLIP - 输出 A13C_01 或 A13D_01；⑤ 两个 TCU。（备注：当一个 TCU 断开，它可以有 CCU 接通）；⑥ CCU 由 KLIP 输出（SKS3_A13C_01 和 A13D_01）断开主断路器保持线并且由 KLIP 输出 A13C_00 和 A13D_00 阻止主断路器的控制。

通过激活紧急制动按钮，主断路器控制回路断开。紧急制动按钮由 SKS3 输入信号（E110_17/E120_17）监控。主断路器回路的动作由 SKS3 节点（E133_13 和 E133_14）检测监控。按下紧急制动按钮，控制系统发出断开主断路器的命令。该命令对整列车有效，每节机车收到命令后都断开主断路器。该命令通过 WTB 或 LOCOTROL 进行广播。紧急制动按钮按下，由显示屏上的状态信息通知司机。在一般情况下（整台机车只有一台受电弓升起），两个主断路器回路串联连接，任意一个紧急制动按钮都可通过硬件断开主断路器硬线控制回路。

为保护机车主变压器，每节机车配备一个布赫继电器。布赫继电器的警告由 SKS3E132、SKS313_E132_13 检测，通过 MVB 发送到 CCU，由 CCU 进行判断处理。CCU 判断布赫继电器已经存在警告，即通过 MVB 总线、WTB 总线显示器发送故障信息以警告司机机车的变压器可能存在故障。在布赫继电器报警时，主断路器由硬件立即断开来保护机车变压器免受进一步损失。在这种情况下，主断路器只能在故障消除后再次闭合。如果两节机车牵引，仍然可以使用无故障的单节机车牵引。

在检测到“布赫继电器警告”（E132_13=“1”）时，控制系统认为变压器产生了一个长期故障。由于故障在 CCU 内延迟 5 min 检测，因此可以过滤短期干扰故障。短期干扰故障不会导致布赫继电器封锁。布赫继电器故障只能由维护人员重新设置。故障信号显示在司机室显示屏上。

受电弓板钥匙开关在 HVB 控制回路内串联。CCU 通过 SKS3 输入 E133_05 监控钥匙开关。司机室显示屏显示信息“主断路器断开，受电弓控制板钥匙开关得电”。主断路器控制回路的断开由 CCU 检测。钥匙开关引起的“主断路器断开”状态由重联机车通过 WTB 广播。

如果检测到故障，TCU 可以断开主断路器回路。另外，通过 MVB 通知 CCU 回路由 TCU 断开。当控制系统检测到故障并必须断开主断路器时，主控 CCU 断开主断路器控制回路。在这种情况下，主断路器不再受控制且 SKS3（A13C00、A13D00）输出低电平，这样“主断路器保持电路”断开。CCU 通过 WTB、MVB 总线向显示器给出信息，通知机车司机“机车主断路器故障的信息”（例如主断路器卡位，单节车无电压）。

主断路器控制回路在机车运用的所有模式（自动、机车 A、机车 B、双节）下必须闭合。继电器 21-K06 和 21-K07 只在“单节”模式下闭合。

（2）主回路继电器的控制。主回路继电器（21-K01、21-K02、21-K04、21-K05、21-K06、21-K07、21-K08 的控制取决于机车的工作模式）的控制最终通过 SIBASKLIP 实现。HXD_1 重联机车主断路器有 4 种工作配置模式。

① 单节机车模式。本工作在单节机车模式时，每节机车的高压隔离开关断开，主断路器和高压隔离开关之间无连接，机车由本节机车的主断路器和受电弓提供电源。在单节机车时，继电器 21-K06，21-K07，21-K08 受控闭合，每节机车的主断路器回路为独立的控制回路，相邻的单节车不能通过硬件断开其他节的主断路器回路。

② 重联机车模式。机车工作在重联机车模式时，两节车的高压隔离开关都闭合，两节机车都由非占用司机室端的受电弓/主断路器（重联机车）提供电源。两节机车的主断路器回路串联，重联机车继电器 21-K08 受控闭合，本务机车继电器 21-K08 以及整台机车 21-K06，21-K07 不受控。因此要闭合主断路器就要求任何一节机车的主断路器回路都无故障。如果在

高压电路出现故障，受电弓选择开关无效，CCU 选择“自动”模式。

③ 自动选择模式。在机车高压回路无故障时，自动选择模式等同于“重联机车”重联机车模式，如果按下重联机车模式，重联机车模式开弓扳键开关（受电弓仍然没有升起）出现故障，CCU 自动判断新的配置。如果辅助压缩机故障或没有足够的升弓风压，CCU 自动选择“双节”模式。当高压回路故障，CCU 判断受电弓选择开关的位置无效而选择“自动”模式。

④ 本务机车模式。机车工作在本务机车模式时，两节车的高压隔离开关都闭合，两节机车都由本务机车的受电弓/主断路器（重联机车）提供电源。两节机车的主断路器回路串联，本务机车继电器 21-K08 受控闭合，重联机车继电器 21-K08 以及整台机车 21K06，21-K07 不受控。因此要闭合主断路器就要求任何一节机车的主断路器回路都无故障。如果高压电路出现故障，受电弓选择开关无效，CCU 选择“自动”模式。

主断路器的安全功能由硬件和软件设计保证。软件对继电器的控制由 CCU 程序内的功能模块完成，取决于相关输入信号，由软件功能模块产生继电器控制输出信号。

（3）主断路器的解锁。每节机车都验证主断路器的解锁，CCU 采集通过网络控制系统采集 32 位的主断路器状态变量。

状态变量由每节重联机车发送到本务机车 CCU，CCU 发送到显示器进行解码显示以通知司机主断路器的状态。

（4）闭合主断路器。司机可以从本务节机车的占用操纵台闭合主断路器。当受电弓升起，该节车的主断路器闭合。控制系统通常自动启用非占用司机室节机车（重联节机车）的断路器/受电弓工作。受电弓选择开关位置通常选择“自动”位。如果受电弓选择开关位置在“本务”，整台车的前节车的主断路器/受电弓工作。如果受电弓选择开关位置在“重联”，重联节车的主断路器/受电弓工作。如果受电弓选择开关位置在“双节”，本务节车和重联节车的主断路器/受电弓都工作。

合主断的命令会由 WTB（LOCOTROL）发送到重联车。因为变压器对电网的冲击，重联车的合主断命令会延时 5 s。延时会由在 WTB 起动时给出的 UIC 地址触发。

第一节车：

在司机请求后立即闭合本务车的主断路器。

第二节车：

合主断命令将在延时 5 s 后闭合主断路器。

① 主断路器的闭合过程。当保持线圈（DC110 V）得电时，主断路器由继电器（21-K01 和 21-K02）闭合。

② 断开主断路器。任何解锁条件的失效都会导致主断路器断开。同时，来自操纵台的命令和过分相都会断开主断路器。

3. 高压隔离开关控制

高压隔离开关的控制取决于机车运用模式的选择。机车运用模式由机车司机通过受电弓选择开关设定为“自动—双节—本务—从控”4 种模式的一种。如果主回路的部件故障，控制系统自动选择运行模式或司机通过显示屏获得相关信息进行设定。继电器和高压隔离开关的控制由 CCU 软件内的配置功能块来实现。

高压隔离开关直接布置在主断路器后，设计用于给重联机车提供电源，在主断路器闭合之前闭合。高压隔离开关为无电操作器件。

高压隔离开关工作风缸必须一直有用于转换其工作模式的压缩空气。因此，高压隔离开关的控制电空阀长期受控。禁止同时控制 2 个电空阀。

网络控制系统采集（SKS3_E133_10、SKS3_E133_11）高压隔离开关辅助触点的状态，然后通过 MVB、WTB 总线送到 CCU，最后由 CCU 判断高压隔离开关的状态。

闭合高压隔离开关的前提条件：① 没有单节机车模式请求存在；② 受电弓和高压隔离开关的控制用压缩空气压力条件满足；③ 每节机车的主断路器都断开。从控机车必须通过 WTB 总线发送闭合高压隔离开关请求信号到本务机车。当本务机车收到此请求信号后发送指令来闭合 P2 机车上的高压隔离开关和本节机车的高压隔离开关。P2 机车只能由来自 P1 机车的信号控制高压隔离开关。在辅助压缩机无任何故障并且没有足够压缩空气来闭合高压隔离开关时，CCU 等待足够的气压。如果控制系统检测到一个故障，CCU 自动转到“双节”模式（故障代码 013，警告激活）。因为压缩空气由工作的单节机车提供，当空气压力在单节机车足够时，司机可以升起辅助空气系统故障机车的受电弓。

高压隔离开关断开的基本条件：① 两个主断路器都断开；② 没有闭合隔离开关的条件激活。

7.3.2 牵引/电制动控制

1. 牵引控制

机车牵引力通过司机控制器给出。如果速度调节激活，需要使用速度设定手柄设定一个速度来产生牵引命令。如果因为任何原因引起牵引的封锁，只能通过将司机控制器移回“0”位（强制“0”位）来取消牵引请求。

（1）钥匙开关。司机室通过集成在操纵台的“=22-S01-s01”来电解锁，钥匙开关电气触点读入紧凑型 I/O（SKS1A_E110_02、SKS1B_E120_02），高电平表示司机室启用并且 CCU 允许接收来自该司机室的信号。

（2）操纵台的方向选择开关。机车通过司机室方向选择开关“=22-S01-S03”确定机车运行方向。方向选择开关有向前、向后、中立 3 个位置。当方向选择开关处于“中立”位时，手柄可以取出。每台机车只配备一个方向手柄以确保同一时间只有一个方向控制器可以使用。开关的信号通过 SKSIA、SKS1B 读入控制系统。

（3）司机控制器。HXD_1 型电力机车司机控制器内置双通道格雷编码器，通过司机控制器可以设定牵引功率及电制动（再生制动）的制动功率。司机控制器在牵引区域、零位及制动区域发出数字信号，根据手柄的位置由控制软件确定。

司机室占用时，由牵引/制动手柄发出的信号经过紧凑型 I/O 读入控制系统，并经过 MVB 传送到 CCU 进行判断处理。机车控制系统长期监控牵引/制动手柄的功能，如果系统检测到牵引/制动手柄发生故障，故障先存储到诊断存储器，同时通过 WTB、MVB 总线将故障代码传送到显示器以通知司机或检修人员司机控制器发生故障。

控制系统将司机控制器牵引/制动区可以移动的范围标准化为范围-100%～0～100%。比例化的司机控制器移动的范围连续的描述为在目前速度下可能的牵引/制动功率。TCU 不断地发送当前的数字值到 CCU。CCU 计算的牵引力设定值通过 MVB 总线发送到司机室显示器并显示在牵引界面上。模拟电信号通过 KLIP（A139_03、A139_13）模拟输出模块传送到机械间以驱动机械仪表。

2. 电子牵引/制动控制回路

牵引力的设定值总是由本务机车产生。牵引力的设定值通过 MVB 总线、WTB 总线、LOCOTROL 控制系统（DP 机车）传送到机车。设定值的选择取决于位置和它满足的条件（例如在本务机车必须是司机室占用，DP 机车必须有正确的状态）。

7.3.3　制动控制

HXD_1型电力机车装备有空气制动系统及电制动（ED-brake）系统。空气制动系统包括：① 自动制动；② 独立制动；③ 停车制动。

机车实施电制动时，机车牵引电动机将作为发电动机使用。电制动使机车的动能转换为电能并通过牵引逆变器反馈回电网。再生制动系统的优点是能量回馈以及最大限度地减少轮轨系统的磨损。基于再生制动的诸多优点，HXD_1 型电力机车设计再生制动在机车制动中起支配作用并且调节重联机车的制动。

自动制动（间接制动）是机车网络控制系统通过电子制动（EBV）进行列车制动操作，通过暂时或长时间制动管（BP）排风来实现对整列车施加制动。制动力的设置取决于制动控制器（EBV）在制动位置上的停留时间。在自动制动期间，机车自身也将使用电制动系统进行再生制动。机车自动制动直到来自 BCU 的电制动设定值有效才停止。

空气后备制动的制动管控制由司机手动激活。司机打开空气后备制动截止塞门，空气后备制动截止塞门状态继电器"=43-K41"闭合，控制系统通过 SKS1A_110_20、SKS1B_120_20 采集状态继电器"=43-K41"辅助触点的状态。这样 CCU 通过 MVB 总线便可判断空气后备制动截止的状态。如果空气后备制动功能激活，电子模式制动管控制功能停止，司机通过移动空气后备制动手柄控制制动管从而实现空气制动功能。机车空气后备制动投入超过一套，CCU 执行牵引封锁。

独立制动通过位置控制空气制动，独立制动仅由机车司机操作控制。当独立制动手柄放置到制动区（本务/切除模式 BCU），CCBⅡ系统直接对手柄位置做出反应来提升用于在本务和重联机车施加制动的制动缸均衡管压力（BCEP）。CCBⅡ系统将对制动缸均衡管压力做出反应来提高本地制动缸控制压力。

当自动制动手柄放置在运转区，单独制动手柄应放置在缓解位置使制动缸均衡管压力完全排除。因此机车状态为本务机车或重联机车都完全缓解，车辆状态仍然保持在制动状态。

1. 制动动作

控制系统通过监控转向架隔离塞门、记录制动缸压力来监测各转向架空气制动状态（施加/缓解）。

控制系统通过列车总线（WTB）监控转向架 1 制动隔离塞门、转向架 2 制动隔离塞门的实际状态。如果 WTB 组成系统内超过 50%的转向架隔离塞门关闭，将由 CCU 执行内部联锁。转向架隔离的实际状态将显示在司机室显示屏上。

2. 来自牵引/制动手柄的电制动设定值

占用端司机室的司机控制器的格雷编码器信号将制动区域 0～100%比例化。通过 SKS1A、SKS1B 紧凑型 I/O 读入控制系统，SKS1A、SKS1B 经过判断确认信号有效后通过 MVB 总线发送给 CCU。CCU 通过电空制动手柄的连续运动可以控制当前速度下可能的制动功率。

CCU 根据牵引/制动曲线图计算当前速度下的可用电制动力。牵引控制单元发送当前最大值到 CCU，CCU 使调整后的制动功率值显示在仪表和显示器上。

在操纵台上的指示仪表显示整台车的牵引/制动功率。两台机车重联（四节车）牵引时，所有的牵引/制动功率只能够从显示器上读出。

电空制动手柄从"0"位移动 0%对应于电制动力的设定值 0 kN；电空制动手柄从"0"位移动 100%对应于电制动设定值为满制动（461 kN，对于整台车到 75 km/h）。机车控制系统需要 6 s 时间来建立最大制动力 230.5 kN（单节机车）或 461 kN（整台机车）。

3. 制动管压力决定的电制动设定值

自动制动和机车再生制动可以联合作用，运用于整列车的制动力。如果再生制动激活，机车制动缸排风（电制动联锁）。由制动管压力降低决定的电制动力设定值将从制动控制单元通过 MVB 传送到 CCU。BCU 计算电制动力设定值，制动管压力降低由计算决定并转换为来自 CCBⅡ的电制动值（由 MVB 传送）。如果控制系统可以建立再生制动，CCU 封锁空气制动。紧接着机车开始再生制动。

7.3.4 速度控制

HXD_1 型电力机车速度控制功能由 CCU 完成，速度控制的任务是维持司机用速度手柄或显示器软键给出的设定速度值。HXD_1 型电力机车的最小可调节速度为 5 km/h。HXD_1 型电力机车速度控制功能主要用于协助司机驾驶，降低司机劳动强度。该功能设计为在任何时间都可以闭合和断开速度控制。机车司机手动制动级别优先于速度调节的设定。

1. 设定速度

设定速度是机车控制系统设定的机车运行速度。

（1）本务机车设定速度的设置。本务机车的设定速度由司机操纵司控制器速度手柄给定。HXD_1 型电力机车的设定速度范围为 5～120 km/h。

（2）重联机车非本务机车的设定速度的设置。本务机车主控 CCU 设定完成列车设定速度后，就可以进行非本务机车的设定速度的设置。具体步骤为：列车主控 CCU（本务车主控 CCU）通过 WTB 总线将已设定的列车设定速度传输到各个非本务机车的主控 CCU。主控 CCU 接收该设定速度并将此设定速度设定为本节机车的设定速度。

（3）DP 机车设定速度的设置。本务机车主控 CCU 设定完成列车设定速度后，就可以进行非本务机车的设定速度的设置。具体步骤为：列车主控 CCU（本务车主控 CCU）通过 LOCOTROL 机车控制系统将已设定的列车设定速度通过 G 网或空气制动系统传输到各个 DP 机车的 LOCOTROL 机车控制系统。DP 机车的 LOCOTROL 机车控制系统得到该设定速度后通过 MVB 总线传输到本车主控 CCU，本车主控 CCU 接收该设定速度并将该速度设定为本节机车的设定速度。

2. 列车实际运行速度

列车实际运行速度值通过两个通道读入。速度设定认为第一个通道（来自本务机车 TCU 的实际速度）作为列车的实际运行速度并用它作为调节的基础，第二个通道（来自从控机车的实际速度）只是用于监控。

3. 实际值和设定值的比较

速度控制器监控机车速度的设定值和机车速度实际值之间的关系（实际/设定值比较）。机车在实际运行过程中如果出现以下两种情况：

① 固定设定速度牵引期间，机车实际速度比设定速度大 7 km/h 以上；

② 速度调节功能未能根据速度手柄给定的设定速度进行正确的速度调节。

在这两种情况下，速度调节在输出接口输出信息“速度调节响应”。如果“速度调节响应”给出，司机必须通过手动制动降低速度。速度调节设计在“速度调节响应”给出后不起动制动。

4. 速度调节功能的开始和终止

通过显示器主界面速度控制软键，机车司机可以在任何时间起动和停止速度控制功能。

当司机按下速度控制软键，司机即向 CCU 提出速度控制起动请求。如果主断路器闭合且车辆重量输入正确，CCU 起动速度控制功能同时向显示器发送速度控制功能已运用的指令，显示器接到 CCU 已起动速度控制功能的指令后将“速度控制”软键设置为黄色通知司机速度控制功能已起动。如果这些条件不满足，CCU 不起动速度控制功能，显示器“速度控制”软键设置为灰色。

当机车处于已启用速度控制功能的状态时，当司机按下速度控制软键时，司机即向 CCU 提出停止速度控制请求。CCU 停止速度控制功能后向显示器发送速度控制已停止的信号，显示器接到该信号后将显示器“速度控制”软键设置为灰色以通知司机速度控制已停止。

7.3.5 故障诊断保护功能

HXD_1 型电力机车通信网络与控制系统对机车重要功能部件进行故障诊断及保护。机车控制系统采集并判断评估机车子系统或 MVB 组成部件的信息，接收状态信息存储故障以及通过 MVB 管理传输。单节机车的 KLIP（SKS1A、SKSIB、SKS3）输入输出系统采集含主断路器、接触器、主压缩机在内的所有未连接在 MVB 上的被控单元的所有数字信号和模拟信号。部件或 MVB 子系统的故障信息记录通过 MVB 接口在 CCU 之间传输。司机室显示器显示部件或子系统状态和故障信息。

课后讨论与复习题

1. 简述受电弓控制过程。
2. 如何进行速度控制？

项目 8　HXD_1型电力机车电气试验及应急故障处理

项目导读

机车电气试验是机车全面检查的一个重要部分，它不仅是对机车检修后及运用前的技术安全检查，而且也是保证机车运用质量的必要手段。

本项目是按 HXD_1 型电力机车电气试验程序进行试验；通过做电气试验，发现机车电气故障，并对电气故障进行判断及处理。在列车运行中出现电气故障时，需要进行故障的判断、处理。通过应急处理解决故障，或者维持列车运行直到进站或入段后再处理。

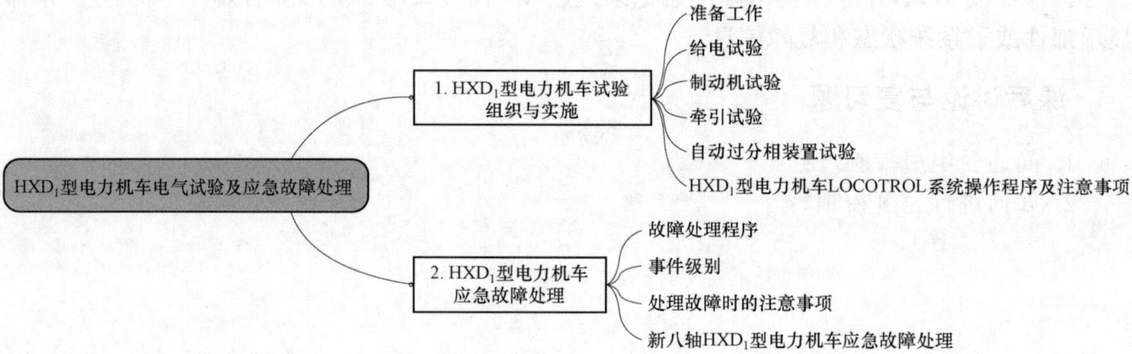

任务 8.1　HXD_1 型电力机车试验组织与实施

任务说明

本任务是按 HXD_1 型电力机车的电气试验程序进行试验组织与实施，通过试验，发现机车电气故障，并对电气故障进行判断及处理，从而训练 HXD_1 型电力机车电气故障应急处理能力。

任务目标

- 熟悉机车试验程序，能按程序进行机车试验，并能判断每步试验结果的正确与错误。
- 能检查出电气线路或电器故障并进行处理。

内容讲解

8.1.1　准备工作

（1）检查确认走行部各部件正常，AB 节连接处重联线、车钩防跳销、防跳卡环安装良好，风管连接良好，打好止轮器。

（2）检查制动显示器状态（红色为制动，绿色为缓解）。

（3）检查两节车车顶门锁闭到位。

（4）检查两节车主变流器柜锁闭良好，低压柜各开关处于正常位，司机室后墙上各开关均在工作位。

（5）检查两节车冷却塔水位、油位是否正常。

（6）检查两节车钥匙箱的操作手柄是否在 ON 位，制动柜各塞门正常位。

（7）闭合两节车的蓄电池开关。

闭合蓄电池开关步骤：

① 断开右侧低压柜下部蓄电池闸刀；

② 断开低压柜面板上的 24 V 电源 32-S04 开关；

③ 断开司机侧背后的 110 V 电源 32-S01 开关；

④ 需缓解停车制动时，按压司机侧背后的停放制动缓解绿色按钮 28-S11 开关。

蓄电池电压大于 77 V（如果低于 77 V，2 min 后机车锁定），机车开始内部自检，可听到电器的动作声，大约 60 s 完成。在此过程中，计算机系统对全车控制网络进行检测，应禁止其他操作，防止人为误动作而使检测系统进入保护程序。

（8）闭合充电柜各开关。

（9）打开两节车总风塞门 A10。

（10）利用司机室后墙控制回路接地检测开关，检测控制回路绝缘状态。

8.1.2　给电试验

（1）机车自检完毕后，给电钥匙。

（2）在显示器“主屏幕”上可观察网压显示 1 kV 左右的感应电压，说明接触网有电。按 ST 键，查看机车状态，恢复处理不正常处所。

（3）切除非操纵节 U60 开关，先进行切单节试验，确认压缩机、各风机转向。

注意：确认压缩机转向时司机室防护人员必须手放在主断按钮上，确保压缩机转向错误时及时断开主断，压缩机反转不得超过 2 s；确认风机转向可从牵引电动机传动端出风口用薄纸片试验，牵引风机 1、3 出风口在司机室左侧，2、4 出风口在司机室右侧；油泵、水泵转向确认是否正常，油水冷却塔风机转向从车下散热器下方用薄纸片试验风吹向地面。

（4）换端操作，此步骤和步骤 3 内容相同。

（5）恢复 U60 开关，受电弓选择自动位，鸣呼唤，合升弓键后，总风缸压力≥650 kPa，两节车高压隔离开关闭合，CCU 首先选择升后弓。非操纵端受电弓解锁升弓，6～10 s 显示屏显示网压 19～29 kV。

（6）如果总风缸压力＜650 kPa，闭合受电弓开关后 CCU 给辅助压缩机一个指令，辅助压缩机开始工作，当压力升为 650 kPa 时，辅助压缩机停止工作，两节车高压隔离开关闭合，非操纵端受电弓解锁升弓，6～10 s 显示屏显示网压 19～29 kV。（注意：辅助压缩机的工作时间整定值为 10 min，否则 CCU 发出指令辅助压缩机将封锁停止工作 90 min 后方能再次工作。）

（7）按主要数据键，进入界面，非操纵端主断变白，合主断扳钮，非操纵端主断显示黑色。各主要部件投入工作变黑，牵引逆变器由黄色变黑色。

（8）按辅助逆变器键，观察两个逆变器闭合，输出电压、输出频率、输出电流均正常。

（9）辅助变压器风机、逆变器水泵、变压器油泵开始定频起动，牵引通风机，油水冷却塔风机变频起动，确认各风机起动正常，无异音。

（10）在显示器“主屏幕”上，按维护键，再按密码键，输入密码“00000”进入界面确认各软件版本、温度（辅变 1 温度略低于辅变 2 温度）、水压（大于 1.95 bar）及各项数据正常。

（11）主压缩机如风压低于 800 kPa 时，自动开始启泵，当风压达到 900 kPa 时，主压缩机停泵。如压缩机低于 750 kPa 开始启泵，必须调整压缩机整定值。压缩机整定值调整方法如下。

① 闭合蓄电池机车进行自检，将计算机用数据线分别接在 HXD_1 型电力机车 A、B 节的 CCU1、CCU2 的 X3 插头上，进行以下操作。双击 Monitor→Applic→Bufer→/EditCNN：→在下面编辑框中输入 IN11_61.SV→回车→在光标显示处输入 800→回车单击 Applic→Bufer→/Release Buffer→回车→（V）“ZR”→回车。

② 调整时，必须对机车 A、B 节的 CCU1、CCU2 的整定值全部进行调整，A、B 节的 CCU1、CCU2 可以在主、从状态下进行修改。

③ 修改完成后必须断蓄电池，整定值才能生效。

（12）按压缩机扳钮，主压缩机起动，当风压达到（950±20）kPa 时高压安全阀动作，关闭压缩机扳钮。

（13）确认显示器“主屏幕”时间和 LOCOTROL 显示屏 LCDM 时间与监控显示屏时间相差不大于±30 s。

时间调整方法：双击 Monitor 连网一单击 Hardw→Clock→Set→单击 Enter 回车→改：日、月、年→回车→改：星期→回车→改：时：分：秒→按 Enter 键回车。

（14）受电弓选择前弓位，鸣笛呼唤，合升弓键后，两节车高压隔离开关闭合，操纵端受电弓解锁升弓，6～10 s 显示屏显示网压 19～29 kV。按主要数据键，进入界面，操纵端主断变白，合主断扳钮，操纵端主断显示黑色。各主要部件投入工作变黑，牵引逆变器由黄色变黑色。

（15）受电弓选择双弓位，鸣笛呼唤，合升弓键后，两节车高压隔离开关不闭合，两节车受电弓解锁升弓，6～10 s 显示屏显示网压 19～29 kV。按主要数据键，进入界面，两节车主断变白，合主断扳钮，两节车主断显示黑色。各主要部件投入工作变黑，牵引逆变器由黄色变黑色。

8.1.3 制动机试验

（1）确认总风压力 800 kPa 以上，非操作端的 LCDM 设置为补机位，操作端的 LCDM 设置为本机位，且 EBV 的各手柄位置正确。

（2）紧急制动作用试验。

（3）运转位缓解充分作用试验。

（4）初制动减压和均衡风缸、列车管泄漏试验。

（5）阶段制动作用及最大有效减压量试验。

（6）自动制动手柄抑制位、重联位作用试验。

（7）单独制动及缓解作用试验。

8.1.4 牵引试验

（1）确认总风压力 800 kPa 以上，单独制动手柄放制动位，压力为 300 kPa。

（2）方向手柄置后位“B”，调速手柄缓慢推向前“T”区，观察 4 个转向架牵引力产生（不得超过 70 kN）。

（3）调速手柄回“0”位。

（4）显示屏翻至牵引试验，将方向手柄置前位“F”，调速手柄缓慢推向前“T”区，观察 4 个转向架牵引力产生（不得超过 70 kN）。

（5）调速手柄缓慢拉向后位“B”区，试验手柄灵活无卡滞。

（6）调速手柄回“0”位，方向手柄回“0”位，取出手柄。

（7）握住司机台速度控制手柄向左旋转 45°后提起向前推进，速度设定方格内出现 5 km/h、10 km/h、15 km/h、45 km/h、46 km/h、47 km/h、48 km/h、60 km/h、65 km/h，推至最前方 120 km/h，速度控制手柄有卡位，每提一格为 5 km/h，其中 45～60 km/h 间每提一格为 1 km/h。

8.1.5 自动过分相装置试验

1. HXD_1 型电力机车自动过分相模拟速度设定方法

（1）双击 Monitor 连网→commis→单击下拉菜单 com−connekt→回车→输入密码 7777→回车→在 Please，select by number（0..8）：后输入 7→回车。确认 Neutral section test active 1 正确，此时完成速度信号输入，即可进行自动过分相试验。

（2）试验完毕后在 Please，select by number（0..8）：后输入 7→回车。确认 Neutral section test active 0 正确，在 Please，select by number（0..8）：后输入 0 即可取消速度设定退出界面。

（3）试验完毕后必须取消速度设定。

2. 信号处理器试验按钮试验

（1）强迫状态试验。

（2）预告状态试验。

3. 模拟速度信号划动磁铁试验

（1）强迫状态试验。

（2）预告状态试验。

8.1.6 HXD_1 型电力机车 LOCOTROL 系统操作程序及注意事项

1. LOCOTROL 系统机车检查内容

（1）检查确认 LOCOTROL 系统 5 个开关闭合。确认 A、B 节两端低压柜上空气制动/DP 自动开关 28−F04、LCDM 电源自动开关 28−F05、无线电模块 RDTE 自动开关 44−F01、CPM 自动开关 44−F04（A 端）、0CU 自动开关 44−F05 均闭合（A 端）。

（2）确认各模块工作正常。确认集成 MVB 接口处理器模块（MIPM）上电源开关闭合，最上方两个绿色指示灯亮，下方指示灯均不亮；确认继电器接口模块（RIM）上的电源开关闭合；确认通信处理模块（CPM）上的电源开关闭合，最上方两个绿色指示灯常亮；无线数据传输设备（RDTE）上的电源开关闭合，红绿指示灯交替闪烁，确认司机室显示屏 LCDM 显示正常。

（3）确认 A、B 节制动柜 S30 模块 01 塞门开放。

（4）总风缸压力 780 kPa 以上，机车制动缸压力 173 kPa 以上。

（5）进行 LOCOTROL 各项设置时机车必须处于停车状态。

（6）如果 LCDM 信息框显示错误信息，必须将相应的错误源消除后，方能进行设置。

2. 准备工作

（1）主、从控机车都要确认操纵节为本机位，非操纵节为补机位，机车号显示正确。

（2）建立或者解除主从控 DP 链接时，必须在停车状态、闸缸压力必须达到 173 kPa 以上、全列车列车管必须处于开通状态。

（3）主、从控机车必须升弓合闸。

（4）DP 通信模式选择：按 FI（DP）；按 F6“维护菜单”；选择 F1“电台通信”、F2“GSMR 通信”或者 F3“AUTO 通信”。

3. 主、从控的 DP 链接

建立 DP 连接时，要先设置从控机车，再设置主控机车。

（1）从控建立 DP 链接。大闸重联位、小闸全制动位。

① 按 F1（DP）→按 F2 选“从控设置”；

② 输入主控机车号码，通过 F3“左移”、F4“右移”键选择数位，通过 F1“递增”、F2“递减”键选择数值；

③ 按 F5“同向/反向”，选择相对运行方向；

④ 按 F6“重车/空车”；

⑤ 按 F7“确定”键，产生惩罚制动；根据提示，小闸置运转位。

（2）主控建立 DP 链接。大闸抑制位、小闸全制动位。

① 按 F1（DP）→按 F1 选“主控设置”；

② 输入从控机车号码，通过 F3“左移”、F4“右移”键选择数位，通过 F“递增”、F2“递减”键选择数值；

③ 按 F6“重车/空车”；

④ 按 F5“链接”，确认链接成功，链接所有的从控机车；

⑤ 按 F7“确定”；主控 DP 链接后，产生的惩罚制动，主控机车大闸手柄放抑制位不得低于 65 s；

⑥ 根据提示大闸置运转位，对列车管进行充风，确认流量显示为“0.00”；

⑦ 按 F3“BP 测试”→按 F1“执行”；

⑧ 根据提示将大闸手柄推至初制动位置，系统进行列车管的贯通试验。确认 BP 测试成功；

⑨ 按 F7“DP 主菜单”→按 F4“模式”→按 F4“运行”→按 F1“执行”，确认 DP 状态框“运行”；

⑩ 按 F8“退出”，确认主、从控机车状态正常。

（3）漏泄测试。大闸运转位、小闸全制动位。

按 F1（DP）→按 F7“DP 主菜单”→按 F3“系统”→按 F4“漏泄测试”→按 F“执行”。[漏泄测试（180S）：等待列车管压力稳定（60S）、自动制动阀自动切除（60S）、自动制动阀已切除计时中（60S）]→自动手柄全制动位，确认列车管漏泄量 XXkPa→计时结束，自动制动手柄置运转位→按 F8“退出”。

（4）DP 列车检查。大闸运转位、小闸全制动位。

按 F1（DP）→按 F7“DP 主菜单”→按 F3“系统”→大闸减压 70 kPa 以上→按 F3“DP

列车检查”→按 F1“执行”(DP 列车检查：正在切除从控制动阀、可以缓解自动制动）→大闸运转位（确认 A-DP 列车检查：成功）→按 F8“退出”。

4. 主、从控的 DP 解除

解除 DP 连接时，要先解除主控机车，再解除从控机车。

（1）解除主控 DP 链接。大闸抑制位，小闸全制位，按 F1（DP）→按 F7“DP 主菜单”→按 F7“结束 DP”→按 F1“执行”。

（2）解除从控 DP 链接。大闸重联位，小闸全制位，按 F1（DP）→按 F7“结束 DP”→按 F1“执行”。

5. 注意事项

（1）进行 LOCOTROL 各项设置时机车必须处于停车状态。

（2）如果空气制动信息框显示错误信息，必须将相应的错误源消除后，方能进行设置。

（3）HXD_1 型 LOCOTROL 系统允许司机选择机车的 A 端或 B 端进行 DP 从控设置或主控设置。

（4）HXD_1 型机车在 DP 连接后，手动改变通信路径，影响列车正常运行。

（5）建立从控 DP 链接时，CCBⅡ制动机操纵端必须为本机位，非操纵端为补机位。

（6）列车非常制动后，必须将大闸手柄放紧急位停留 60 s 后，方能充风缓解。

（7）每步按键操作间隔不得低于 1 s。

（8）运行中长时间不对 LOCOTROL 进行操纵，LOCOTROL 系统显示屏将出现黑屏（屏幕保护）时，只要按任意键就可解除。

（9）从控建立 DP 链接后，从控机车电空制动模式为“动力切除”，从控机车无法消除，只有和主控机车建立 DP 链接后，由主控机车消除。

（10）建立 DP 后，从控机车受电弓降下的指令有效，其余有关主断、受电弓的命令无效，只能由主控机车负责。

6. 辅助设备检查试验

（1）空调性能试验。

（2）微波炉、冰箱性能试验。

（3）取暖、窗加热性能试验。

（4）刷雨器，风笛，撒砂，轮喷性能试验。

（5）前大灯、副灯、标志灯、司机室、各室照明扳钮试验。

（6）卫生间各设备性能试验。

（7）确认安全设备（电台、信号、列尾、自停等）状态良好。

7. 结束工作

（1）按强泵打风，降受电弓，断开主断，小闸制动，断钥匙。

（2）关闭 A10 塞门，关闭蓄电池。

断开蓄电池开关步骤：

① 按压司机侧背后的停放制动红色上闸按钮 28-S09 开关；

② 断开司机侧背后的 110 V 电源 32-S01 开关；

③ 断开低压柜面板上的 24 V 电源 32-S04 开关；

④ 断开右侧低压柜下部蓄电池闸刀。

（3）确认走廊地沟无人及各门窗锁闭良好。

课后讨论与复习题

1. HXD_1 型电力机车电气试验前的准备工作有哪些？
2. HXD_1 型电力机车制动机试验如何进行？
3. 简述 HXD_1 型电力机车牵引试验。
4. 简述 HXD_1 型电力机车辅助设备检查试验。

任务 8.2　HXD_1 型电力机车应急故障处理

任务说明

本任务是熟悉 HXD_1 型电力机车设备布置，会使用与维护各高、低压电器，分析、判断和处理 HXD_1 型电力机车运行中电路的常见故障。

任务目标

能根据故障现象和显示信息，对 HXD_1 型电力机车电气线路常见故障快速、准确地分析、判断和处理，确保机车正常运行。

内容讲解

8.2.1　故障处理程序

（1）当机车发生故障后，当前故障显示在状态栏右边红色显示区，并出现一个简略的故障内容。该区域闪烁（只有用“$V>0$”或“$V=0$”键查询处理建议后，闪烁才会停止）。

（2）按下显示器上的△键，从“主屏幕”切换到“历史事件”屏幕。所有事件列表打开，该列表包含所有已报告的事件。这些事件将根据接收的时间来区别。通过该屏幕下B键，可切换到“当前事件”“已消除事件”“所有事件”屏幕。

在第一列显示事件的级别（用 A、B、C、D 表示）；第二列为机车号及 A/B 节；第三列为故障代码；第四列为故障现象；第五列为故障出现时间；第六列为故障消失时间。

查看过处理建议的事件均用“*”标识。

（3）如果想要查看一个事件的处理建议，使用显示器上的▲ ▼键选择事件，并按下i键。“处理建议信息”屏幕出现为司机提供的必要的详细信息。还可以按下显示器上的V>0（速度大于 0 时的处理建议）或V=0（速度等于 0 时的处理建议）键，来查看处理建议。

（4）根据处理建议中故障发生的可能原因及解决办法查找故障。

8.2.2　事件级别

A——重要故障，机车不能再在线路上运行；

B——故障，机车能在线路上运行，但有限制条件；

C——轻微故障，没有限制条件；

D——状态信息，没有限制条件。

8.2.3　处理故障时的注意事项

1. 断合蓄电池要求

在停车状态下，降弓、断开主断路器，然后断开蓄电池闸刀后，必须等 10 s 以后方可重新闭合蓄电池闸刀。等待自检完毕后方可升弓、合闸，注意重新闭合蓄电池后必须缓解停车制动。

2. 断合 CCU 的要求

必须在停车状态下，降弓、断开主断路器及电源钥匙，然后断开低压柜上的 CCU1 和 CCU2 自动开关，等待 10 s 后重新闭合。等待自检完毕后方可升弓、合闸。注意断开 CCU 会引起紧急制动，此时应在保持全列制动的情况下将车辆的折角塞门关闭。

3. 断合 TCU 的要求

必须在停车状态下，降弓、断开主断路器及电源钥匙，然后断开低压柜上的 TCU1 和 TCU2 自动开关，等待 10 s 后重新闭合，自检完毕后，方可升弓、合闸。

8.2.4　新八轴 HXD_1型电力机车应急故障处理

1. 升不起弓

故障现象：受电弓均升不起或自动降弓装置动作。

注意：

（1）停车处理；

（2）电钥匙保持打开位。

处置位置：司机室操纵台、制动柜、低压电器柜。

处理步骤：

（1）微机复位。按压司机室“微机复位”按钮复位，按压时间>1 s，如图 8-1 所示。

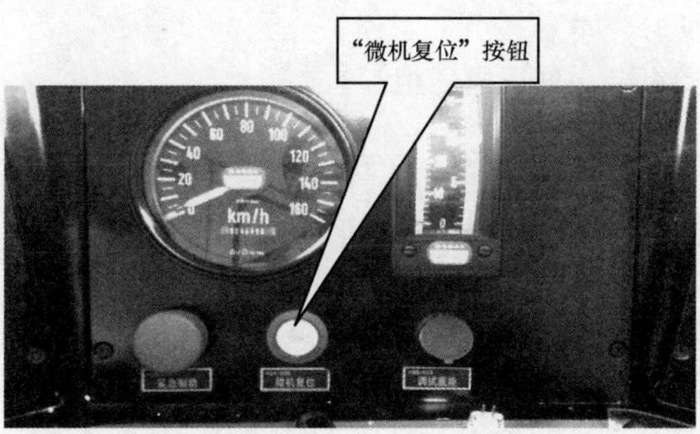

图 8-1　司机室“微机复位”按钮

（2）依次按压显示屏“主要数据”|“封锁条件”|“受电弓”按键进入“受电弓状态”界面，根据信息提示进行处理。

（3）大复位。断开司机室“控制电源开关”进行大复位，断开时间>10 s，如图 8-2 所示。

（4）排查受电弓风路，电路保险。

① 确认是否发生弓网事故。

检查风路。检查升弓气路风压是否高于 480 kPa，在初次升弓时，当风压低于 480 kPa 时，辅助风泵会自动打风，当达到 600 kPa 时，辅助风泵打风停止。

图 8-2　控制电源开关

② 确认管路柜上总风截断塞门 A24 在开启位。

③ 管路柜升弓模块 U43-13 在开启位。

④ 管路柜上 U99 塞门在开启位。

⑤ 检查升弓塞门 K74，应置于打开位置，在压缩机上方车顶处。

⑥ 检查低压电器柜中受电弓、主断开关（代号：21-F01）应在闭合位，如跳开进行闭合。

2. 主断合不上

故障现象：闭合主断无效。

注意：主断路器无法闭合（允许合、已合上、条件不满足）。

注意：连续按压三次“微机复位”，系统自动隔离故障，观察电动机投入与否，发现牵引力不足，根据实际情况及时停车。

处置位置：司机室操纵台、低压电器柜。

处理步骤：

（1）主断路器图标呈黄色。

① 按压“微机复位”按钮复位，按压时间＞1 s。

② 若微机复位无效，单击微机主要数据按钮。

③ 单击封锁条件按钮。

④ 单击主断状态按钮，根据信息提示进行处理。

（2）途中机车故障合不上主断。

① 按压“微机复位”按钮复位，按压时间＞1 s。

② 连续按压三次“微机复位”，系统自动隔离。

③ 在自动隔离无效时，使用手动隔离。

TCU1/2：对应转向架 1/2。

四象限 1/2：对应电动机 1（3）/2（4）。

对应电动机 4 主电路有问题，可以手动 TCU2 或隔离电动机 4，维持运用。

④ 确认故障消除后，在显示屏“主界面”按压“隔离解锁”按键解除锁定故障锁复位。

⑤ 若仍不能解决故障，进行停车大复位，断开司机室“控制电源开关”进行大复位，断

开时间＞10 s。

3. 牵引力发挥异常

故障现象：牵引力存在全车无流，某节、某架、某电动机无流。

注意：

（1）全车无流，及时停车处理。

（2）某一架无流，尽可能维持进站处理。

处置位置：司机室操纵台。

处理步骤：

（1）全车无牵引力。

① 微机复位：按“微机复位”按钮复位，按压时间＞1 s。

② 确认牵引条件是否满足。

依次按压显示屏“主要数据”|“封锁条件”按键，进入“牵引封锁”界面，根据信息提示进行处理。

③ 大复位：停车，断开司机室“控制电源开关”进行大复位，断开时间＞10 s。

注意：

① 总风缸压力不得低于 650 KPa；

② 牵引变流器冷却水压不得超出 1.8～3.3 bar 范围；

③ 机车运行中，应经常通过显示屏温度界面，观察牵引变流器水压、水温、柜体温及电动机温度等参数。

（2）某节、架或电动机隔离无牵引力（牵引足时，维持运行或进站内处理）。

故障查询：在显示屏“主界面”按压上方按键，确认是否存在“三相开关断开”或“MCB 打开”等故障，如果有，在低压柜上恢复相应开关。

（3）隔离解锁。确认故障消除后，在显示屏“主界面”按压“隔离解锁”按键解除锁定故障锁复位。

4. 辅逆变故障

故障现象：辅助逆变器负载故障。

注意：辅逆变负载故障一般伴随着辅机故障，将辅机隔离时，一定要注意机车状态，出现异常，及时停车。

处置位置：司机室操纵台，低压电器柜。

处理步骤：

（1）微机复位。按压司机室“微机复位”按钮复位，按压时间＞1 s。

（2）在显示屏“主界面”按压上方按键，确认是否存在其他辅逆变负载故障。

① 傍有“主压缩机故障”时，在机械间低压柜中将“主压缩机”三相电源开关打置“断开”位。

注意：此时机车只有一个压缩机能正常工作，司机应时时观察总风管风压的情况，必要时人工操作压缩机起“强泵”。

② 傍有“空调故障”时，关闭空调，或在机械间低压柜中将“空调”三相电源开关打置“断开”位。

③ 傍有“充电动机故障”时，在机械间低压柜中将“充电动机”三相电源开关打置“断开”位。

注意：此时蓄电池不能充电，应将机车维持运行站内停车请求救援。

（3）辅逆变冗余切换。

① 在机械间低压柜中依次断开“辅变到主变电压传感器=34−Q20”“辅变到主变电压传感器=34−Q21”三相电源开关，隔离故障架辅逆变。

② 机车辅助电源系统采用冗余设计，在正常情况下，能够分别向辅助系统提供 VVVF 和 CVCF 电源。当一组故障时，另一组向辅助系统供电，此时工作在 CVCF 方式。

注意：

① 冗余模式下机车只有一个缩压机能正常工作，司机应时时观察总风管风压的情况，必要时人工操作压缩机起“强泵”。

② 请勿断开“辅助系统控制 1”“辅助系统控制 2”开关，这样会引起整节机车隔离。

5. 空转和卸载

故障现象：机车车轮打滑，牵引功率降低。

注意：前方是否为坡道，如果坡道比较大，及时停车处理。

处置位置：司机室操纵台。

处理步骤：

（1）人工撒砂，增加机车轮对与轨面的摩擦力。

（2）可适当降低调速手柄级位使得给定力矩略大于实际力矩（手柄不宜回零），当实际力矩稳定不再卸载时，及时逐渐提升调速手柄以最大限度地发挥机车牵引力；当轨面黏着不好时，机车起车或坡道提速过程中调速手柄不能推得太快，应逐渐施加牵引力。

（3）如果是非空转原因的牵引力卸载，请关注网压、水温等引起的降功保护。

6. 蓄电池充电动机组故障

故障现象：充电装置充电异常。

注意：

（1）停车处理。

（2）尽可能在站内停车处理。

（3）在站内大复位仍不能消除故障，请求救援。

处置位置：电源柜、操纵台。

处理步骤：

观察机械间充电动机监视器，若报“充电过流”或“**模块故障”时，观察蓄电池充电电压和电流显示，确认蓄电池充电是否正常。若充电不正常（输出电压＜110 V，电池电流为负值），可对充电动机复位。同时按压充电动机监控模块小屏幕上的“+”和“−”按键，保持 10 s 后充电动机重置。若无效则维持到前方站停车后大复位处理。

7. 复位方法及注意事项

（1）微机复位。

使用时机：优先使用。

① 消除故障：调速手柄回“0”位，按压“微机复位”按钮 1 次，时间大于 1 s。

② 隔离故障设备：若故障一直存在，需要隔离故障设备，则连续按压“微机复位”3 次。每次按压间隔时间为 2 s。（可以在运行中进行。）

（2）隔离解锁。

使用时机：当故障消除、确认无异常，需要使微机隔离的设备重新投入工作时使用。

在主断路器断开、调速手柄回“0”位的情况下，按压显示屏上的“隔离解锁”按键 1

次，时间大于 2 s。

（3）大复位。

使用时机：在微机复位、隔离解锁无效时使用。

在机车停车的条件下，降受电弓、分主断、调速手柄回“0”位后，断开司机室“控制电源开关”20 s（监控系统 30 s、制动系统 60 s）以上再闭合。进行大复位时机车将自动实施停放制动。

课后讨论与复习题

1. HXD_1 型电力机车主断合不上如何处理？
2. HXD_1 型电力机车牵引力发挥异常如何处理？
3. 简述 HXD_1 型电力机车复位方法及注意事项。

项目 9　HXD_3 型电力机车主、辅电路

项目导读

“和谐”型电力机车是我国与国外合作研发生产的新一代大功率交流传动电力机车，该型机车是我国第 6 次铁路大提速以来的主打货运机车。“和谐”型电力机车包括 HXD_1、HXD_2 和 HXD_3，它们分别来自 4 个不同的技术平台。HXD_3 型电力机车代表了和谐型电力机车的技术水平，本项目重点学习 HXD_3 型电力机车主电路、辅助电路的组成，并对上述电路进行工作过程分析。

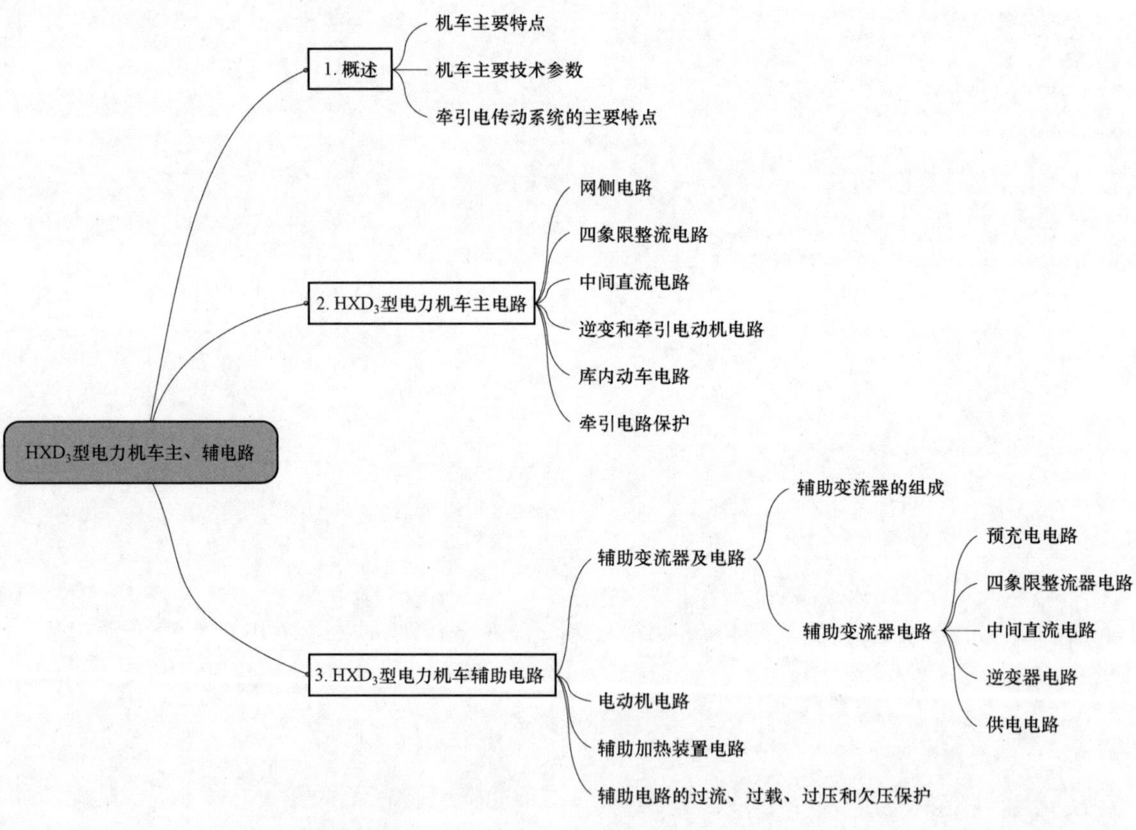

任务9.1 概 述

任务说明

本任务主要学习 HXD$_3$ 型电力机车是大功率交流传动货运电力机车，6 轴，单节。最大运行速度为 120 kW/h，机车功率为 7 200 kW；学习 3 种 HXD$_3$ 型电力机车主要技术特点、技术参数，并能知道 HXD$_3$ 型电力机车牵引电传动系统的主要特点。

任务目标

- 掌握 HXD$_3$ 型电力机车主要技术特点。
- 掌握 HXD$_3$ 型电力机车牵引电传动系统主要特点。

内容讲解

大功率电力机车交流传动电气系统是电力机车的关键核心技术，由大功率 IGBT 牵引变流器系统、车载网络控制与故障诊断系统、牵引电动机、牵引变压器等组成，是机车的动力来源和运营安全的根本保障。通过铁路相关部门组织的大功率交流传动电力机车的技术引进消化及再创新，国内在大功率电力机车交流传动电气系统领域已经取得了长足的进展。

和谐号货运电力机车最大运行速度为 120 km/h，按照轴功率分为 1 200 kW 和 1 600 kW 两个类别，按照轴列式分为 2（B_0—B_0）和 C_0—C_0 两种，机车功率为 7 200 kW、9 600（10 000）kW。采用交流传动牵引系统、分布网络式控制，主变流器采用集成水冷 IGBT 机组。

9.1.1 机车主要特点

HXD$_3$ 型电力机车是由中车大连机车车辆有限公司与日本东芝公司合作研制的大功率交流传动货运电力机车，采用 PWM 矢量控制技术、密封式牵引变压器及整体驱动装置等新技术，尽量考虑对环境保护，减少维修工作量。另外，以能够在我国全境范围内运行为前提，满足环境温度在−40～+40 ℃，海拔在 2 500 m 以下的条件时，考虑最大 4 组机车重联控制运行。

HXD$_3$ 型机车的主要技术特点如下。

（1）轴列式为 C_0—C_0，电传动系统为交—直—交传动，采用 IGBT 水冷变流机组，1 250 kW 大转矩异步牵引电动机，具有起动（持续）牵引力大、恒功率速度范围宽、黏着性能好、功率因数高等特点。

（2）辅助电气系统采用 2 组辅助变流器，能分别提供 VVVF 和 CVCF 三相辅助电源，对辅助机组进行分类供电。该系统冗余性强，一组辅助变流器故障后可以由另一组辅助变流器对全部辅助机组供电。

（3）采用微机网络控制系统，实现了逻辑控制、自诊断功能，而且实现了机车的网络重联功能。

（4）总体设计采用高度集成化、模块化的设计思路，电气屏柜和各种辅助机组分功能斜对称布置在中间走廊的两侧；采用规范化司机室，有利于机车的安全运行。

（5）采用带有中梁的、整体承载的框架式车体结构，有利于提高车体的强度和刚度。

（6）转向架采用滚动抱轴承半悬挂结构，二系采用高圆螺旋弹簧；采用整体轴箱、推挽式低位牵引杆等技术。

（7）采用下悬式安装方式的一体化多绕组（全去耦）变压器，具有高阻抗、重量轻等特点，并采用强迫导向油循环风冷技术。

（8）采用独立通风冷却技术。牵引电动机采用由顶盖百叶窗进风的独立通风冷却方式；主变流器水冷和主变压器油冷采用水、油复合式铝板冷却器，由车顶直接进风冷却；辅助变流器也采用车外进风冷却的方式；另外还考虑了司机室的换气和机械间的微正压通风。

（9）采用集成化气路的空气制动系统，具有空电制动功能。机械制动采用轮盘制动。

（10）采用新型的模式空气干燥器，有利于压缩空气的干燥，减少制动系统阀件的故障率。

9.1.2 机车主要技术参数

电流制	单相交流 50 Hz（允许网压波动范围为 17.2～31.3 kV）
额定电压	25 kV
电传动方式	交—直—交传动
持续功率	7 200 kW
机车最高运行速度	120 km/h
电制动方式	再生制动
轴列式	C_0—C_0
用途	干线货运

9.1.3 牵引电传动系统的主要特点

HXD_3 型交流传动货运电力机车牵引电传动系统采用交—直—交传动形式，牵引设备主要包括各高压电器、主变压器、牵引变流器、牵引电动机及相应控制系统。牵引电路主要由网侧电路、四象限整流电路、中间直流环节电路、逆变电路等相关电路组成。

牵引电传动系统的主要特点如下。

（1）采用传统的网侧电路结构。为了保证机车安全运行，每台受电弓后都设有隔离开关；主断路器与接地开关成整体设置，有利于车顶高压设备的检修和人身安全。设有干式高压电压互感器和全分裂高压电流互感器。

（2）主传动系统采用交—直—交结构，整流环节采用四象限整流器，有利于提高机车的功率因数，减少谐波电流分量。

（3）采用轴控技术。采用 6 组相同的传动系统，当一组故障时，可以将其隔离，牵引力只损失 1/6，有利于机车运行。

（4）采用逆变器软件控制技术进行二次滤波，取消了二次滤波电感和电容，减少了变压器和变流器的体积和重量。

（5）采用矢量控制技术。

（6）采用再生制动技术。

课后讨论与复习题

1. 简述 HXD_3 型电力机车的主要技术特点。
2. HXD_3 型电力机车牵引电传动系统的主要特点有哪些？

任务 9.2　HXD_3 型电力机车主电路

任务说明

本任务主要学习 HXD_3 型电力机车牵引电路基本组成、电路电流路径和工作原理；进行主电路分析技能训练。

任务目标

- 掌握 HXD_3 型电力机车牵引电路中各主要设备的名称及作用。
- 掌握 HXD_3 型电力机车网侧电路、四象限整流电路、中间直流电路、逆变和牵引电动机电路、库内动车电路的电流路径及工作原理。
- 能描述 HXD_3 型电力机车主电路中各主要设备的名称及作用。

内容讲解

HXD_3 型交流传动货运电力机车牵引电路由网侧电路、四象限整流电路、中间直流电路、逆变和牵引电动机电路、库内动车电路等组成，如图 9-1 所示。

HXD_3 型电力机车的主变压器原边通过受电弓、主断路器得电。主变压器的 6 个二次绕组分别向牵引变流器 6 条相同的交—直—交回路供电。

每台机车装有 2 台变流装置，每台变流装置内含有 3 组牵引变流器和 1 组辅助变流器。每组牵引变流器由 1 个四象限脉冲整流器和 1 个逆变器组成。

9.2.1　网侧电路

HXD_3 型电力机车的网侧电路如图 9-2 所示。网侧电路由 2 台受电弓 AP1、AP2，2 台高压隔离开关 QS1、QS2，1 个高压电流互感器 TA1，1 个高压电压互感器 TV1，1 台主断路器 QF1，1 台高压接地开关 QS10，1 台避雷器 F1，主变压器网侧绕组 1U1V，1 个低压电流互感器 TA2 和 6 个回流装置 EB1～EB6 等组成。

接触网电流通过受电弓 AP1 或 AP2 进入机车，经过高压隔离开关 QS1 或 QS2、主断路器 QF1、穿过高压电流互感器 TA1、经 25 kV 高压电缆与主变压器网侧 1U 端子流入主变压器原边，电流从 1 V 端子流出，通过 6 个并联的回流接地装置 EB1～EB6，从轮对回流至钢轨。

高压电压互感器 TV1 接在主断路器 QF1 之前，为干式高压电压互感器。高压电压互感器一次侧通过受电弓与接触网连接，检测机车所在位置的接触网电压，只要升起受电弓，即可判断接触网是否有电。互感器的电压变比为 25 000 V/100 V，其二次侧通过保护用自动开关 QA1，将互感器输出的电压信号分别送到牵引变流器 UM1 和牵引变流器 UM2 的控制单元，作为牵引变流器控制的同步信号使用，另外还为网压表 PV1、PV2 和电度表 PWH 的电压线圈提供一次侧网压信号。通过装在操纵台上的网压表，司机就能知道接触网的网压值，电度表则记录机车的使用电能和发电（再生制动）电能。

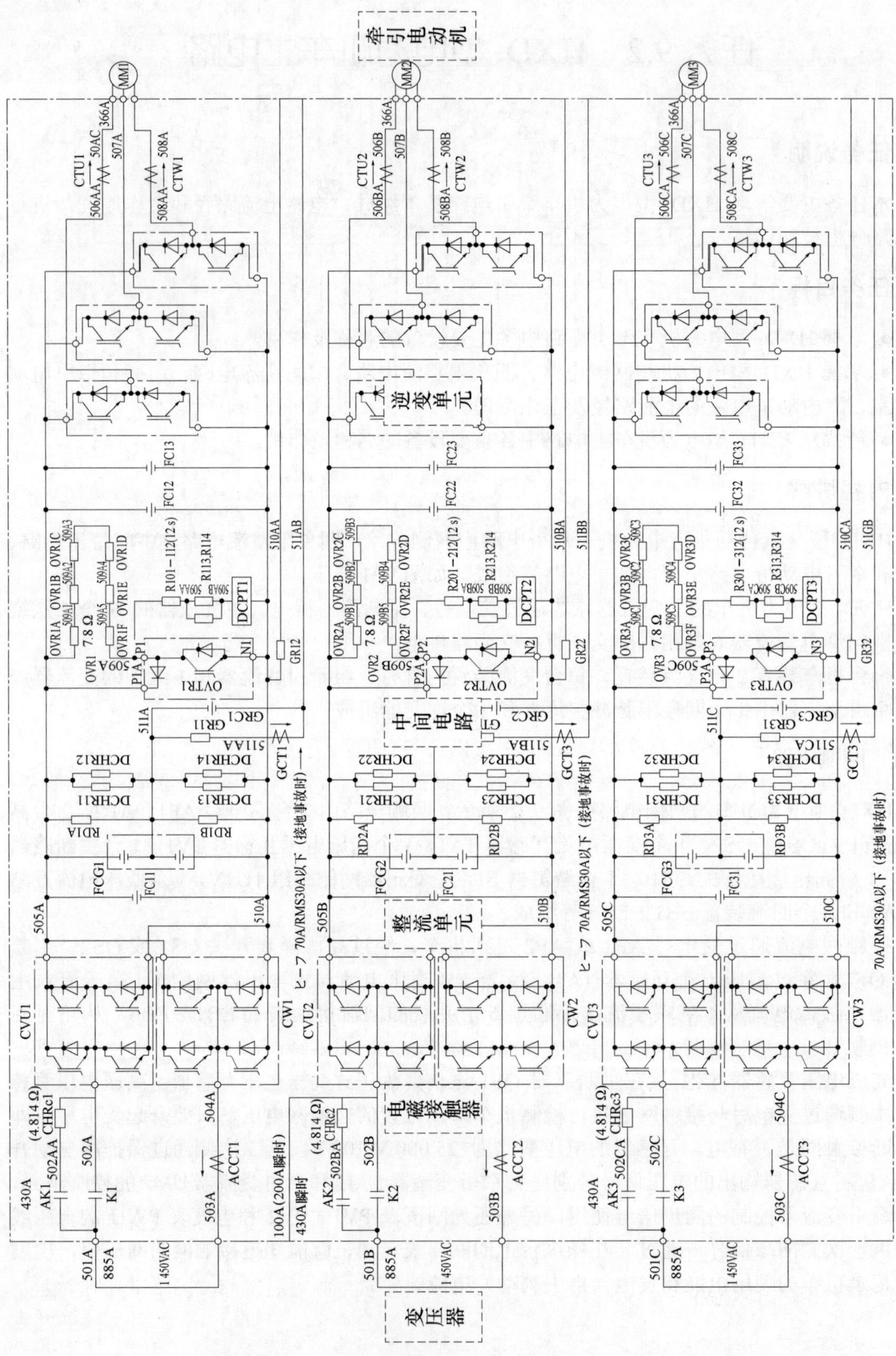

图 9-1 HXD_3 型交流传动货运电力机车牵引电路示意图

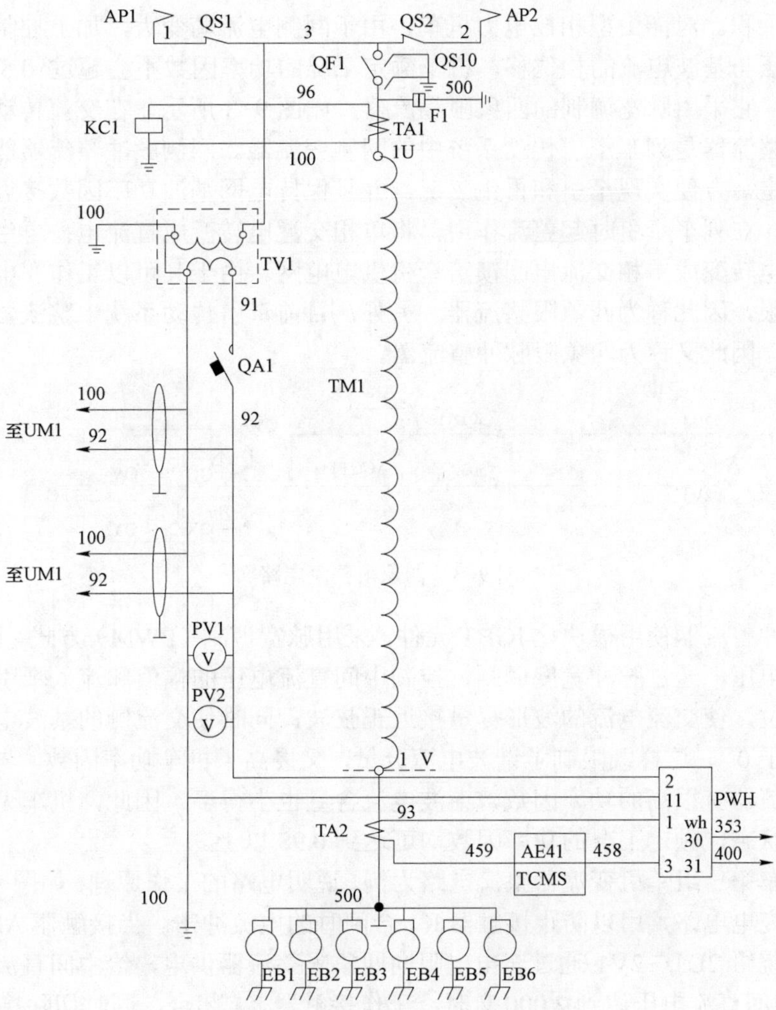

图 9-2 HXD_3 型电力机车的网侧电路

受电弓 AP1、AP2 采用 DSA200 型受电弓。弓上装有自动降弓装置，当弓网故障时，可自动降弓保护。采用了 2 台 BT25.04 型高压隔离开关，该开关是采用电空控制方式进行转换的，当一台受电弓发生故障时，可通过控制电器柜上的隔离开关 SA96，将其打至对应隔离位，通过列车控制和监视系统 TCMS 发出指令来控制相应的电空阀，实现隔离开关的开闭操作，以切除故障的受电弓，同时使用另一台受电弓维持机车正常运行，提高机车运用可靠性。

主断路器 QF1 采用真空断路器，它除可以接通和开断机车的总电源外，当机车电路发生短路、过流、接地等故障时，也起最后一级保护作用。在主断路器的主触头后端，还接有避雷器 F1，用以抑制操作过电压及雷击过电压。

高压电流互感器 TA1 是原边电流的测量装置，为原边的过流保护提供电流信号。低压电流互感器 TA2 为电度表提供原边电流信号，同时也为机车微机控制系统提供原边电流信号。接地电刷 EB1～EB6 保证网侧电流向钢轨回流的同时，也保护了机车轮对轴承不受电蚀，以及机车的可靠接地。

9.2.2 四象限整流电路

机车整流器的网侧电流一般是非正弦周期电流，因此机车的功率因数为相位移系数和电流畸变系数的乘积。对韶山型相控电力机车，由于网侧电流畸变大，加上控制角和换相重叠角造成基波电压与基波电流的相位移，机车额定工况的功率因数不会超过 0.85。HXD_3 型电力机车则不同，它采用脉宽调制的四象限整流器，如图 9-3 所示。在交流传动电力机车和动车组上，脉冲整流器是列车牵引传动系统中的网侧变流器。网侧脉冲整流器能够保持中间直流电路电压恒定，方便实现牵引和再生工况，并且保持电网基波功率因数接近 1，减轻对电网的谐波干扰。在列车牵引时起整流作用，将单相交流电转变成直流电；再生制动时起逆变作用，将直流电转变成单相交流电回馈给牵引供电电网。由于其可以工作在电压和电流坐标平面的四个象限，因此称为四象限整流器。另外，目前牵引传动系统中整流器普遍采用脉冲宽度调制技术，因此又称为四象限脉冲整流器。

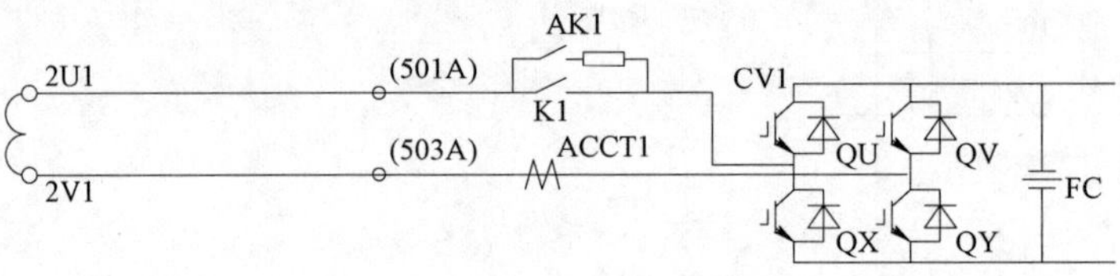

图 9-3　四象限整流电路

四象限脉冲整流器使用模块化 IGBT 元件，采用脉宽调制（PWM）方式、两点式电压型，将电源的交流电压，通过脉冲宽度调制，控制中间直流电压的幅值和流入牵引整流器的交流电流波形和相位，使交流电流的波形尽量接近正弦波，同时使交流侧的基波电压和基波电流的相位差接近于 0°，这样既限制了谐波电流分量，又提高了机车功率因数。与相控整流器比较，四象限整流器有很高的功率因数，谐波电流含量也小得多。因此，机车无论是牵引状态还是再生制动状态，额定工况的功率因数均可达到 0.98 以上。

下面以机车第一组牵引变流器整流电路为例，说明电路的工作原理。如图 9-3 所示，AK1 开关支路为预充电电路，用以防止接触器 K1 合闸时的电流冲击。当接触器 AK1 闭合时，主变压器的牵引绕组 2U1～2V1 通过充电电阻向四象限整流器供电，给中间直流回路支撑电容 FC 充电，当中间直流电压达到 2 000 V 时，工作接触器 K1 闭合，同时切除接触器 AK1，完成中间电路预充电，随后牵引绕组继续向中间直流回路支撑电容充电，直至 2 800 V 时，牵引变流器起动充电过程完成，逆变器可以投入工作。

当机车再生制动时，逆变器工作在整流状态，四象限整流器工作在逆变状态，并通过中间直流回路向主变压器牵引绕组馈电，将再生能量回馈至接触网。

为了减少谐波含量，6 组四象限整流器的调制波相位保持一致，但载波的相位不一致，依次相差 30°、60°、180°，从而达到消除特定次谐波的目的，保证等效干扰电流 $I_p \leqslant 2.5$ A。

9.2.3　中间直流电路

HXD_3 型电力机车采用的是电压型逆变器。为了保持中间回路电压稳定性，并联了大容量的支撑电容，同时它还对四象限脉冲整流器和逆变器产生的高次谐波进行滤波。中间直流电路主要由中间电压支撑电容 FC、瞬时过电压限制电路和主接地保护电路组成。HXD_3 型电力机车的中间直流电路取消了二次滤波电路，通过逆变器的软件控制，使逆变器输出电压正负周期的电压时间乘积趋于相等，以抑制因二次谐波电流而产生的牵引电动机转矩脉动。HXD_3 型机车中间直流电路原理图如图 9-4 所示。

瞬时过电压限制电路由 IGBT 和限流电阻组成，电压的检测由电压传感器 DCPT 承担。当中间电压高于规定值时，IGBT 导通，直流回路的能量经由限流电阻释放，从而消除过电压，这是一种多次重复方式的保护。

主接地保护电路除对电路进行接地保护外，还保证了主电路各点有固定的电位。主接地保护电路由跨接在中间回路的两个串联电容和一个接地信号传感器组成。当主回路有接地故障时，传感器 GCT1 输出信号送给列车控制和监视系统 TCMS，对该组单元进行保护。每台牵引变流器含有三套独立的接地保护电路，可以分别对三组牵引变流器进行接地监测和保护。接地监测信息送至 TCMS 显示屏，实现故障显示。当只有一点接地时，可以将接地故障开关 GS1 打到故障位，实施对接地保护的隔离。这时，由于电阻 GR12 的接入，大大减小了接地故障电流，同时保证了主电路中各点电位的稳定，维持机车继续运行。

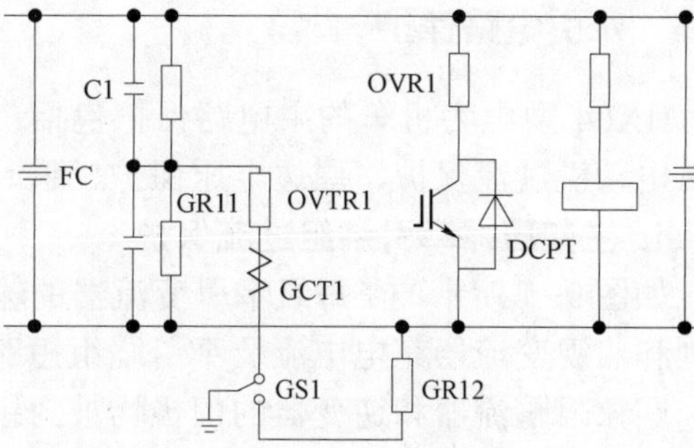

图 9-4　HXD_3 型机车中间直流电路原理图

9.2.4　逆变和牵引电动机电路

逆变和牵引电动机电路如图 9-5 所示，逆变器单元同整流器单元一样使用模块化 IGBT 元件，实现单元的标准化。HXD_3 型电力机车牵引逆变器采用矢量控制技术，能够迅速将异步电动机的输出转矩控制在目标值，提高了机车的防空转能力。此技术通过对定子电流的励磁分量和转矩分量的控制，分别控制电动机磁链和转矩，实现牵引电动机的快速响应。

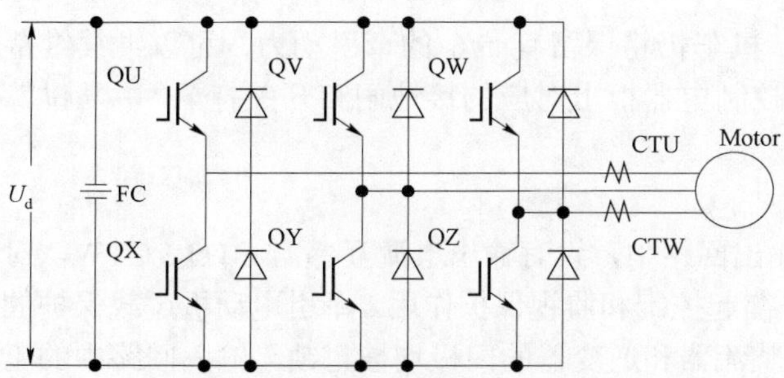

图 9-5　逆变和牵引电动机电路

机车采用轴控方式，实现了每个牵引电动机的独立控制。当机车的 6 个轴的轮径差、轴重转移及空转等可能引起的负载分配不均匀时，可以通过牵引变流器的控制进行适当的补偿，以实现最大限度地发挥机车牵引力。

9.2.5　库内动车电路

机车具有库内动车功能。将电源通过单相插座送到二、五位牵引电动机的牵引变流器环节，即可进行库内动车作业。机车共设置 2 个牵引电路入库插座和 2 个牵引电路入库转换开关，方便库内动车需要。如图 9-6 所示，当需要动车时，将牵引电路入库插座 XSM1 处接入库内动车电源引线，转换牵引电路入库转换开关 QS3，再闭合地面电源，通过操纵司机控制器便可以使机车向前、向后移动。

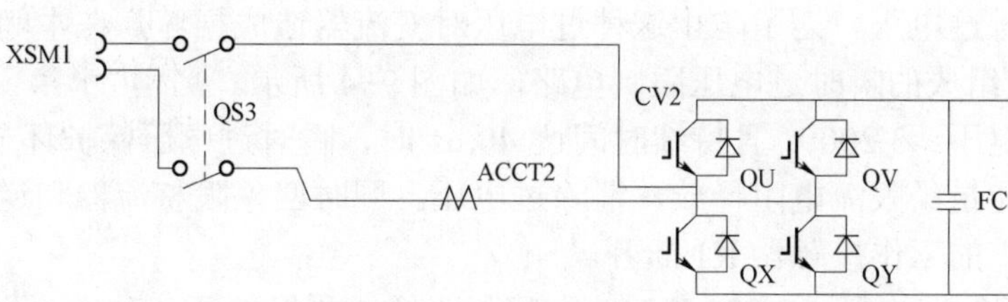

图 9-6　库内动车电路

9.2.6 牵引电路保护

HXD_3 型电力机车的主电路保护包括：主变压器牵引绕组过流保护、主回路接地保护、牵引电动机过流保护、原边电压保护、瞬时过电压保护和欠电压保护等。

1. 主变压器牵引绕组过流保护

如图 9–3 所示，在每组牵引变流器的输入回路中，设有 1 个输入电流互感器 ACCT1，起控制和监视变流器充电电流及牵引绕组短路电流的作用，其动作保护值为 1 960 A。故障发生时，四象限整流器和逆变器的门极均被封锁，输入回路中的工作接触器 K1 断开，同时向微机控制系统发出跳主断路器信号，通过复位开关可进行恢复。若这种故障在 3 min 内发生两次，故障将被锁定，必须切断变流器的控制电源才能恢复正常工作。

2. 主回路接地保护

如图 9–4 所示，接地保护系统由跨接在中间回路的两个串联电容和一个接地信号、检测传感器组成。主回路工作正常时，由于只有一点接地，接地保护电路中流过的电流为零，接地信号检测传感器 GCT1 无信号输出。

当电路中出现接地故障时，四象限整流器和逆变器的门极均被封锁，输入回路中的工作接触器断开，若故障持续时间达到 150 ms，微机控制系统将发出跳主断路器的信号，主断路器断开。

此时司机可将故障支路的变流器切除，机车仍将保留有 5/6 的牵引动力，可以继续维持机车运行。若确认只有一点接地，也可以将控制电器柜上对应的接地闸刀开关打至“中立位”，维持机车继续运行，回段后再作处理。

3. 牵引电动机过流保护

如图 9–5 所示，在每组牵引变流器的输出回路中，设有输出电流互感器 CTU、CTW，对牵引电动机过载及牵引电动机三相电流不平衡起控制和监视保护作用。牵引电动机过载保护的动作值为 1 400 A。当保护发生时，四象限整流器和逆变器的门极均被封锁，输入回路中的工作接触器断开，同时牵引变流器控制单元向微机柜 TCMS 发出变流器过流信息，开断主断路器。

4. 一次侧电压保护

网侧电压由高压电压互感器 TV1（见图 9–2）检测。

当一次侧网压高于 32 kV 且持续 10 ms 或者是高于 35 kV 且持续 1 ms 时，变流器实施保护，四象限整流器和逆变器的门极均被封锁，输入回路中的工作接触器 K 断开，同时向微机控制系统发出一次侧过电压信息。

当一次侧网压低于 16 kV 且持续 10 ms 时，变流器实施保护，四象限整流器和逆变器的门极均被封锁，输入回路中的工作接触器断开，同时向微机控制系统发出一次侧欠压信息。

5. 瞬时过电压和欠电压保护

在机车出现空转、滑行或者受电弓离线造成的网压中断等情况下，牵引变流器的中间回路上可能出现瞬时过电压。为了防止这种过电压对变流器造成损坏，在中间直流回路设有由 IGBT 和限流电阻组成的瞬时过电压限制电路，如图 9–4 所示。

当中间回路电压≥3 200 V 且持续时间达 40 μs 时，瞬时过电压保护环节动作，IGBT 将导通，直流回路能量经限流电阻释放，消除过电压。同时四象限整流器和逆变器的门极均被封锁，输入回路中的工作接触器 K1 断开。

此外，当中间回路电压≤2 000 V 时，中间回路低电压保护环节动作，四象限整流器和逆变器的门极均被封锁，输入回路中的工作接触器 K 断开（库内动车除外）。

课后讨论与复习题

1. 叙述 HXD_3 型电力机车牵引电传动系统的主要特点。
2. 简述 HXD_3 型电力机车网侧电路的组成。
3. 叙述 HXD_3 型电力机车整流电路的工作原理。
4. 简述 HXD_3 型电力机车中间直流电路的组成和作用。
5. HXD_3 型电力机车为什么采用轴控技术？
6. HXD_3 型电力机车库内动车如何操作？
7. HXD_3 型电力机车牵引电路有哪些保护？

任务 9.3　HXD_3 型电力机车辅助电路

任务说明

本任务主要学习 HXD_3 型电力机车辅助电路的组成和工作原理；进行辅助电路分析技能训练。

任务目标

- 掌握 HXD_3 型电力机车辅助电气系统的组成。
- 掌握 HXD_3 型电力机车辅助电路的原理。
- 会分析 HXD_3 型电力机车辅助电路。
- 会判断处理辅助电路电气故障。

内容讲解

HXD_3 型交流传动货运电力机车的辅助电气系统由辅助变流器、各辅助机组及辅助加热设备等组成。

系统采用冗余设计，具有电压稳定、平衡、节能、低噪声、维护工作量少等优点。辅助变流器是为通风机和压缩机等辅助机组提供三相交流电源的电源装置，根据负载特性不同，系统具有可变电压、可变频率的 VVVF 控制和固定电压、固定频率的 CVCF 控制两种功能。为了确保根据机车运行状况而提供实际所需的冷却风量和降低运转噪声，系统中两台冷却塔通风机和 6 台牵引通风机设定为 VVVF 控制模式，其他负载采用 CVCF 控制模式。

机车装载有两组辅助变流器。正常工作时，一组（UA11）采用 VVVF 控制，另一组（UA12）采用 CVCF 控制。当某一组辅助变流器出现故障时，另一组辅助变流器将采用 CVCF 控制模式为所有辅助负载提供能量。

9.3.1　辅助变流器及电路

1. 辅助变流器的组成

在机车变流器装置的中央下段，设置有辅助变流器 APU 接线端子台、APU 交流接触器及熔断器、充电电阻器，如图 9-7 所示。

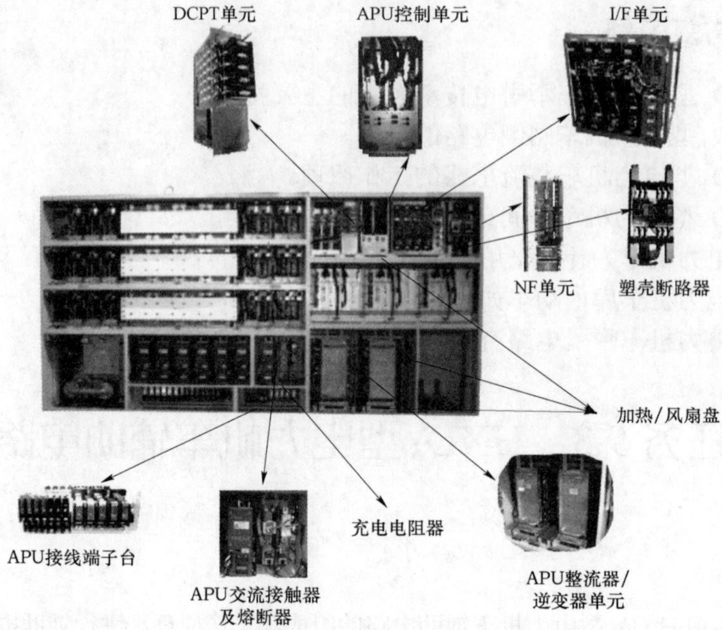

图 9-7　辅助变流器构成图（正面）

在变流器装置的右上段，设置有辅助变流器与牵引变流器共用的 DCPT（电压传感器）单元、I/F（接口）单元、辅助变流器控制单元、塑壳断路器。在里面设置有辅助变流器与牵引变流器共用的 GR（接地电阻）单元、同步变压器与噪声过滤器元件。另外在辅助变流器控制单元、I/F（接口）单元、DCPT（电压传感器）单元、OVTR（过压保护）单元的下侧设置有加热器元件，当周围温度比较低时，为各零件加温。

在变流器装置的右下段，设置有辅助变流器逆变器单元、整流器单元及滤波电容。在该单元的下侧，设置有加热器元件，侧面设置有风扇。另外，变流器装置后部是风道，通过在右侧内部设置的通风机对辅助变流器逆变器单元和整流器单元进行强制风冷，如图 9-8 所示。

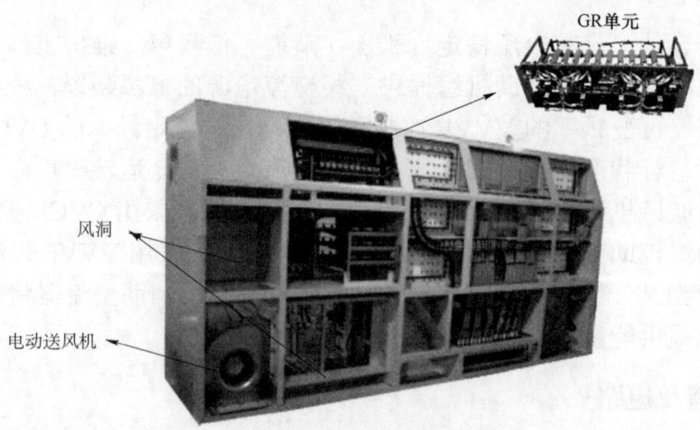

图 9-8　辅助变流器构成图（背面）

2. 辅助变流器电路

HXD_3 型电力机车辅助变流系统的供电电路由主变压器辅助绕组、辅助变流器、滤波电感、滤波电容、接触器、自动开关、辅助电动机等组成，具体电路如图 9-9 所示。

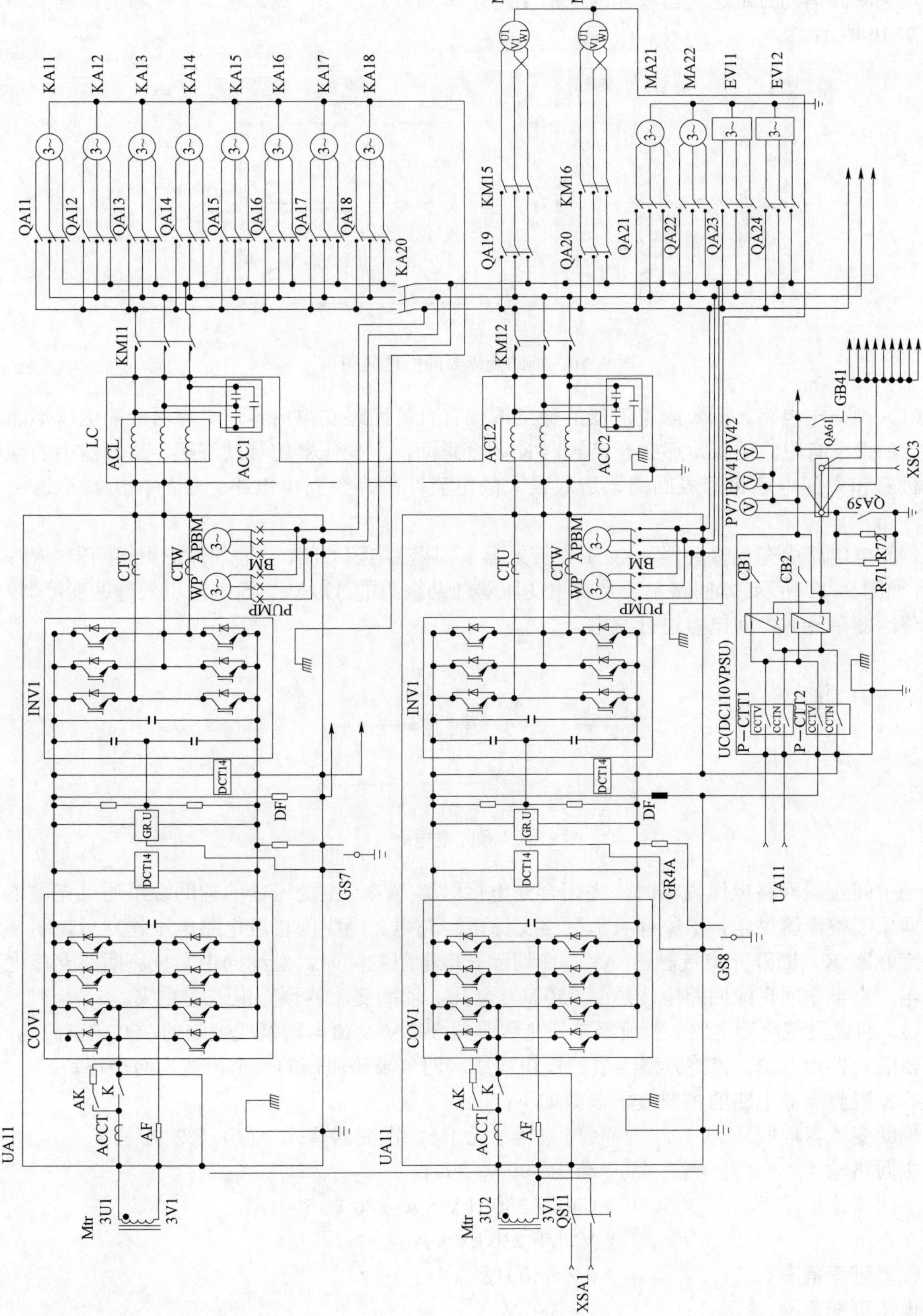

图 9-9　辅助变流系统及其供电电路

辅助变流器通过由 IGBT 构成的整流器单元把从主变压器辅助绕组提供的单相交流电转换为恒定电压的直流电，然后通过由 IGBT 构成的逆变器单元把直流电转换为三相交流电。无论是整流器单元还是逆变器单元均采用 PWM 调制方式进行控制。辅助变流器的原理简图如图 9-10 所示。

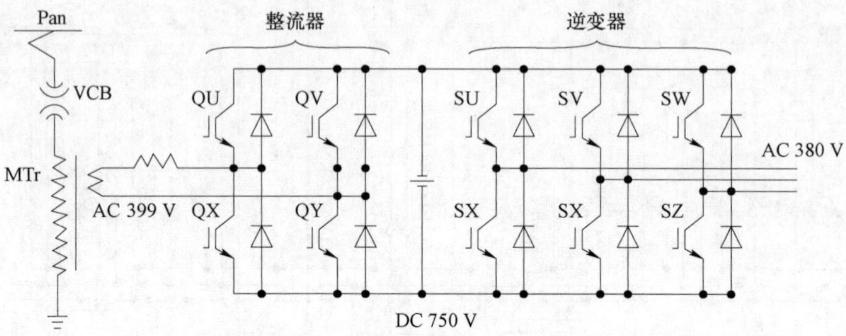

图 9-10　辅助变流器的原理简图

（1）预充电电路。四象限整流器的输出端接有直流回路支撑电容，电容器上的电压不能突变。如果没有限流电阻，那么在接触器 K 闭合瞬间，主变压器的辅助绕组、整流器中的续流二极管和中间电容将形成回路，造成很大的电流冲击，预充电电路的目的在于减小这种电流冲击。

预充电电路由充电接触器 AK、工作接触器 K、限流电阻 CHR 及输入保护用熔断器（AF）组成，如图 9-11 所示。本回路主要是将主变压器辅助绕组的 399 V 交流电源引入辅助变流器，通过整流器单元对中间电容进行充电。

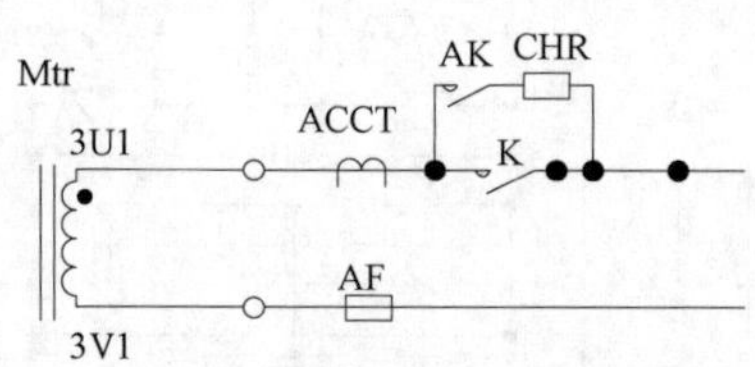

图 9-11　预充电电路

当中间直流回路电压为零时，先闭合充电接触器 AK，主变压器的辅助绕组通过充电电阻向四象限整流器供电，给中间直流回路支撑电容充电。当中间直流电路电压建立后，闭合工作接触器 K，断开充电接触器 AK，在切除充电电阻的同时，继续向中间直流回路支撑电容充电，直至中间直流回路电压达到 750 V。至此，辅助变流器预充电过程完成。

（2）四象限整流器电路。整流器单元主要是将 399 V 交流电转换成恒定的 750 V 直流电。变流器的元件由 IGBT 和整流器组成的模块构成，四象限整流器的每个桥臂为两个模块。

四象限整流器电路的主要技术参数如下：

辅助变流器构成	（整流器单元 1 台+逆变器单元 1 台）×2 组/机车
主回路输入	单相 399 V−50 Hz
主回路输出	CVCF 230 kV・A−380 V−50 Hz
	VVVF 230 kV・A
频率可变范围	0.2～50 Hz
电压可变范围	2～380 V

效率	＞90%
中间直流电压	DC750 V
冷却方式	强制风冷方式
控制电压	DC110 V
周围温度	−40～+40 ℃

四象限整流电路是一个脉宽调制变流器，它将升压斩波与整流电路结合起来，使输入电流近似正弦波并与网压同相。其结构属于升压整流方式，输入电压低于输出电压，其输入侧功率因数较高，接近于 1，同时限制了谐波电流分量。因此与相控整流器比较，四象限整流器的功率因数高，谐波电流含量也小得多。采用 IGBT 作为其功率器件后，调制频率提高，当其输入端或输出端发生变化时，控制系统能很快做出响应，快速调节使输出保持稳定。

（3）中间直流电路。中间直流电路由中间电压支撑电容、中间电压测量电路和辅助接地保护电路组成。

① 中间电压支撑电容。辅助变流器采用的是电压型逆变器，为了稳定中间回路电压，并联了大量的支撑电容，对整流器单元输出的直流电进行整形，同时还对辅助逆变器产生的高次谐波进行滤波，以消除中间直流回路的波动电压，达到平滑的目的。

中间电压支撑电容由整流器单元中的滤波电容（FC11～FC16）和逆变器单元中的滤波电容（FC21～FC24）构成。

② 中间电压测量电路。此电路对中间直流回路的 750 V 直流电压进行检测，并将检测结果输入中央控制单元。该回路由直流电压检测器（DCPT4、DCPT5）构成，DCPT4 对整流器单元的输出电压进行检测，DCPT5 对逆变器单元的输入电压进行检测。

③ 辅助接地保护电路。辅助接地保护电路对直流中间回路、交流输入侧及交流输出侧的接地进行检测，并将检测信号发送给中央控制单元。本回路由接地检测单元（GR−U）及逆变器单元中的电容（GRC5、GRC6）构成。

辅助回路正常工作时，由于只有一点接地，接地保护电路中流过的电流为零，接地信号检测传感器无信号输出。当辅助电路某一点接地时则形成回路，接地检测回路有故障电流流过，传感器输出电流信号，使保护装置动作。保护发生时，相控整流器和逆变器的门极均被封锁，同时向微机控制系统发出跳主断路器的信号。可以通过接地故障转换开关，实施对接地保护的隔离。

（4）逆变器电路。此电路将中间直流回路的 750 V 直流电转换成 380 V 的交流电，为各负载提供电源。其中，为主牵引电动机 6 台冷却风机（MA11～MA16）和 2 台复合冷却风机（MA17、MA18）提供电源的辅助变流器（UA11）采用 VVVF 控制方式，而为其他负载提供电源的辅助变流器（UA12）采用 CVCF 控制方式。

辅助变流器正常工作时，对所有泵类负载如压缩机、油泵、空调机组，由一组辅助变流器供电，采用 CVCF 方式。而对所有风机类负载如牵引通风机、冷却塔通风机等，由另一组辅助变流器供电，采用 VVVF 方式。当任何一组辅助变流器出现故障时，通过微机控制监视系统的信息传递和故障切换，可以实现由另一组辅助变流器以 CVCF 方式对全部辅助机组供电，完成了机车辅助变流系统的冗余控制，提高了机车辅助变流系统的可靠性。

逆变器主要技术参数如下：

CVCF 变流器输出容量	230 kV · A
输出电压	AC 380 V（三相）
输出频率	50 Hz

元件类型　　IGBT（1 700 V、1 200 A）
VVVF 变流器输出容量　　230 kV·A
输出电压　　AC 2～380 V
输出频率　　2～50 Hz
元件类型　　IGBT（1 700 V、1 200 A）

（5）供电电路。HXD_3 型电力机车辅助变流系统的供电电路是由主变压器辅助绕组、辅助变流器、滤波电感、滤波电容、接触器、自动开关、辅助电动机等组成。

辅助变流器 UA11、UA12 分别由主变压器的两个辅助绕组供电，两个辅助绕组的电压均为 399 V。每个辅助变流器的输出侧都加有滤波电感 ACL 和滤波电容 ACC 组成的正弦波滤波器，这样将传统逆变器输出的正弦脉宽调制（SPWM）波变换为正弦波给各辅助电动机供电，从而大大降低了对电动机绕组匝间绝缘的要求，提高了电动机的使用寿命。机车上的各辅助电动机均通过各自的自动开关与正弦波滤波器连接，除两台空气压缩机外，均不设电磁接触器，使辅助电动机电路简单、可靠。

辅助变流器 UA11 的输出首先经过正弦波滤波器 ACL1，再经过接触器 KM11 给牵引通风机 MA11、MA12、MA13、MA14、MA15、MA16 和复合冷却风机 MA17、MA18 供电。由于以上负载属于风机类负载，辅助变流器可工作在变频变压状态。

辅助变流器 UA12 的输出首先经过正弦波滤波器 ACL2，再经过接触器 KM12 给空气压缩机电动机 MA19 和 MA20、主变压器油泵 MA21 和 MA22、司机室空调 EV11 和 EV12、两台牵引变流器水泵 WP、两台辅助变流器通风机 APBM 以及其他辅助设备（加热器、厕所等）供电。由于以上负载属于泵类负载，辅助变流器工作在恒频恒压状态。

同时辅助变流器 UA11、UA12 的中间直流还向 UC（DC110 V 电源装置）供电。

9.3.2 电动机电路

机车上的各辅助电动机均通过各自的自动开关与辅助变流器连接，除两台空气压缩机外，均不设电磁接触器，使得辅助电动机电路更简化、更可靠。当辅助变流器采用软起动方式进行起动时，除空气压缩机电动机外，其他辅助电动机也随之起动。空气压缩机的起动受电磁接触器控制，电磁接触器受机车司机控制扳键开关和总风缸空气压力继电器的控制。

9.3.3 辅助加热装置电路

机车辅助加热装置主要有电热玻璃 EH11～EH12、膝炉 EH15～EH18、侧墙暖风机 EH19～EH22、脚炉 EH23～EH26、后墙暖风机 EH27～EH30、司机室多功能饮水机 EH31～EH32 及低温预热回路等，它们均由 UA12 通过隔离变压器 AT1 进行供电。

在膝炉、侧墙暖风机、脚炉、后墙暖风机支路上设置了功能转换开关 SA11、SA12 进行投入和切除转换，并设置了空气自动开关 QA31A 和 QA31B 进行过流保护。

在电热玻璃支路上设置了功能转换开关 SA13、SA14 进行投入和切除转换，并设置了空气自动开关 QA32 进行过流保护。

在司机室多功能饮水机支路上设置了空气自动开关 QA33 进行过流保护。另外，还设置了两个司机室电源插座 XSA3、XSA4，给司机室提供 220 V 交流电源，方便司机的需要。

机车辅助加热回路中，还设有低温预热回路，由 DC110 V 供电，预热完毕后，机车转由 AC 110 V 供电。当机车需要低温预热时，首先闭合自动开关 QA56、QA72 接触器 KM22，采用 DC110 V 低温预热方式，对辅助变流器、110 V 电源充电模块、TCMS 微机系统等进行加热。预热一定时间后，微机开始工作，然后升弓合主断，待辅助变流器正常工作后，继电器 KE11 和接触器 KM21 闭合，接触器 KM22 断开，转由 AC 110 V 进行低温预热，对主变流器、辅助变流器、110 V 电源充电模块、总风压力开关、重联插座等进行加热。通过闭合自动开关 QA73，可以对撒砂装置进行加热。

9.3.4 辅助电路的过流、过载、过压和欠压保护

辅助变流器主要由两部分组成，即将单相交流变换成直流的整流器和将直流变换成三相交流的逆变器。整流器和逆变器拥有各自的控制单元，并进行独立的故障检测。

保护大致分为以下几类。

（1）将装置的故障影响降到最低限度的保护。该保护通过熔断 Fuse 或切断主断路器 VCB，将辅助变流器从主电路中切断。

（2）防止异常电压和过电流的保护。

（3）内部故障的保护。即防止 IGBT 元件烧损和装置内短路，或检测器异常和控制关联机器异常等故障扩大的保护。

（4）其他保护。

① 辅助系统主电路接地保护。在辅助变流器 UA11、UA12 内部各设有一套接地保护装置，进行辅助系统主电路的接地保护。当对应辅助回路发生接地故障且确认只有一点接地时，可以将控制电器柜内对应的接地故障转换开关置“中立位”，继续维持机车运行，也可将故障的辅助变流器切除，机车维持一组辅助变流器供电。

② 辅助变流器的过流和过载保护。在每组辅助变流器的输入回路中，设有输入电流互感器 ACCT，起控制、监视辅助变流器充电电流及辅助绕组短路电流的作用，其动作保护值为 1 600 A。保护发生时，四象限整流器的门极均被封锁，工作接触器 K、AK 均断开，同时向微机控制系统发出跳主断路器的信号。该故障消除后 10 s 内自动复位，如果此故障在 2 min 内连续发生两次，该辅助变流器将被封锁，必须切断辅助变流器的控制电源，才可解锁。

在每组辅助变流器的输出回路中，设有输出电流互感器 CTU 和 CTW，对辅助电动机回路过载及三相不平衡起控制和监视保护作用，辅助电动机回路过载保护的动作值为 850A。保护发生时，逆变器的门极均被封锁，同时向微机控制系统发出跳主断路器的信号。该故障消除后 10 s 内自动复位，如果此故障在 2 min 内连续发生 6 次，该辅助变流器将被锁死，必须切断辅助变流器的控制电源，才可解锁。

③ 辅助变流器中间直流回路电压保护。辅助变流器中间直流回路设有两组电压监测环节，其中 DCPT4 用于四象限整流器的控制，DCPT5 用于逆变器的控制。当 DCPT5 监测到中间回路电压≥825 V 或≤580 V 时，中间直流回路电压保护环节动作，逆变器门极被封锁，逆变器停止输出。当 DCPT4 监测到中间直流回路电压≥825 V 或≤270 V 时，四象限整流器门极被封锁，四象限整流器停止输出。

④ 辅助变流器输入电压的保护。当辅助变流器的输入电压（即辅助绕组的输出电压）低于 279 V 时（即网压低于 17.5 kV 时），低压保护环节动作，四象限整流器的门极被封锁，工作接触器 K、AK 断开，四象限整流器停止输出。当辅助变流器的输入电压高于 502 V 时（即网压高于 31.5 kV 时），过压保护环节动作，四象限整流器的门极被封锁，工作接触器 K、AK 断开，四象限整流器停止输出。

⑤ 110 V 充电模块输入电源的短路过载保护。每组辅助变流器均可向 110 V 充电模块提

供 DC750 电源，输出电源回路通过熔断器 DF 进行短路过载保护，熔丝额定值为 215A。当 DF 出现熔断后，辅助变流器将通知微机控制系统 TCMS，进行 110 V 充电模块输入电源的转换。由另一组的辅助变流器向 110 V 充电模块提供直流电源，同时微机显示屏也进行相应故障显示和记录。

课后讨论与复习题

1. HXD_3 型电力机车辅助电气系统由哪些部分组成？
2. HXD_3 型电力机车辅助电气系统有哪些特点？
3. 简述 HXD_3 型电力机车辅助变流器的结构。
4. HXD_3 型电力机车辅助变流器预充电电路的作用是什么？
5. 试述辅助变流器中间直流电路的组成及作用。
6. 试述辅助变流器逆变电路的组成及作用。
7. HXD_3 型电力机车辅助电动机如何起动？
8. HXD_3 型电力机车辅助电路有哪些保护电路？如何进行保护？

项目 10　HXD_3型电力机车微机网络控制系统

项目导读

机车控制监视系统（简称 TCMS）的核心任务是：根据司机指令完成对主变流器及异步电动机的实时控制、辅助变流器的实时控制、牵引/制动特性控制、传动系统的时序逻辑控制，显示机车运行状态，具备完整的故障保护、故障记忆及显示功能，并具有一定程度的故障自排除、自动切换和故障处理指导功能。

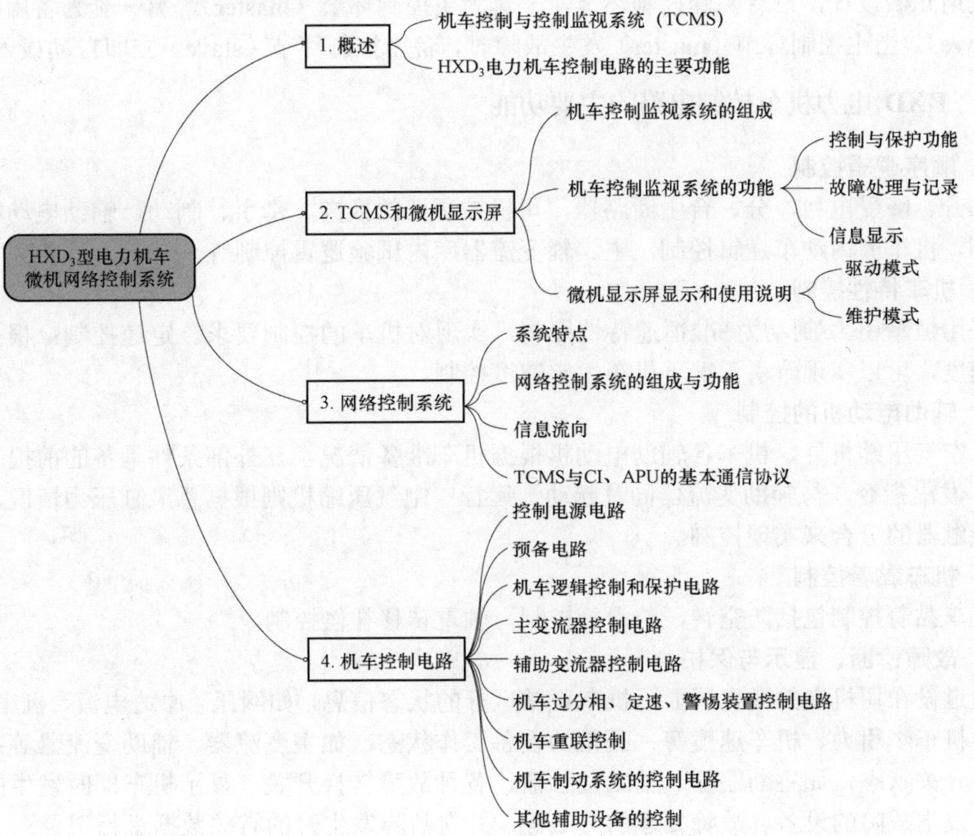

任务 10.1　概　　述

任务说明

本任务主要学习 HXD_3 型电力机车控制与控制监视系统（TCMS），能熟悉机车的控制电路的功能。

任务目标

- 熟练掌握机车控制与控制监视系统的组成、功能。
- 熟悉机车控制电路的主要功能。

内容讲解

10.1.1 机车控制与控制监视系统（TCMS）

机车的控制系统是以机车控制与控制监视系统（TCMS）为核心，结合目前国内现有的机车行车安全综合信息监控系统和克诺尔的 CCB-II 电空制动系统，配以机车外围电路来进行设计的。TCMS 主要功能是实现机车特性控制、逻辑控制、故障监视和诊断，并将有关信息送到司机操纵台上的微机显示屏。TCMS 包括一个主控制装置和两个显示单元，其中主控单元采用冗余设计，设有两套控制环节，一套为主控制环节（master），另一套为备用控制环节（slave）。当主控制环节（master）发生故障时，备用控制环节（slave）立即自动投入工作。

10.1.2 HXD_3电力机车控制电路的主要功能

1. 顺序逻辑控制

如升、降受电弓，分、合主断路器，司机控制器的换向、牵引、制动，辅助电动机的逻辑控制，机车库内动车逻辑控制，主、辅变流器库内试验逻辑控制等。

2. 机车特性控制

采用恒牵引力/制动力+准恒速特性控制，实现对机车的控制要求。定速控制：根据机车运行速度，可以实现牵引工况下机车恒定速度控制。

3. 辅助电动机的控制

除空气压缩机外，机车各辅助电动机根据机车准备情况，在外部条件具备的前提下，由 TCMS 发出指令，与辅助变流器同时起动、运行。空气压缩机则根据总风缸压力情况，通过控制接触器的分合来实现控制。

4. 机车黏着控制

机车黏着控制包括防空转、防滑行控制，轴重转移补偿控制。

5. 故障诊断、显示与保护

通过设在司机室的微机屏显示机车正常运行的状态信息，如网压、原边电流、机车工况、级位、机车牵引力、机车速度等；正常的设备工作状态，如主变流器、辅助变流器等；正常的设备开关状态，如主断路器、辅助接触器、各种故障转换开关；显示机车即时发生的故障信息、发生故障的设备、故障处理的方法等，并对故障发生时的有关数据进行记录。

6. 机车重联控制

最多可以实施同型号的 3 台机车重联。

课后讨论与复习题

1. 机车控制监视系统（TCMS）的核心任务是什么？
2. 简述机车控制监视系统（TCMS）的组成。
3. 机车的控制电路主要完成哪些功能？

任务 10.2　TCMS 和微机显示屏

任务说明

本任务主要学习机车控制监视系统（简称 TCMS）的基本组成，使学生熟练掌握微机控制系统的基本功能。

任务目标

- 熟练掌握机车控制监视系统的基本组成。
- 熟练掌握机车控制监视系统的基本功能。

内容讲解

机车控制监视系统（简称 TCMS）的核心任务是：根据司机指令完成对主变流器及异步电动机的实时控制、辅助变流器的实时控制、牵引/制动特性控制、传动系统的时序逻辑控制，显示机车运行状态，具备完整的故障保护、故障记忆及显示功能，并具有一定程度的故障自排除、自动切换和故障处理指导功能。

10.2.1　机车控制监视系统的组成

机车控制监视系统在硬件上主要由电源模块、逻辑运算控制部分、数字量输入/输出部分、模拟量信号采集部分、通信部分等组成。主控制单元采用 32 位 CPU，并在配置上采取冗余、双机热备措施，以提高系统的可靠性。机车控制监视系统构成示意图如图 10−1 所示。

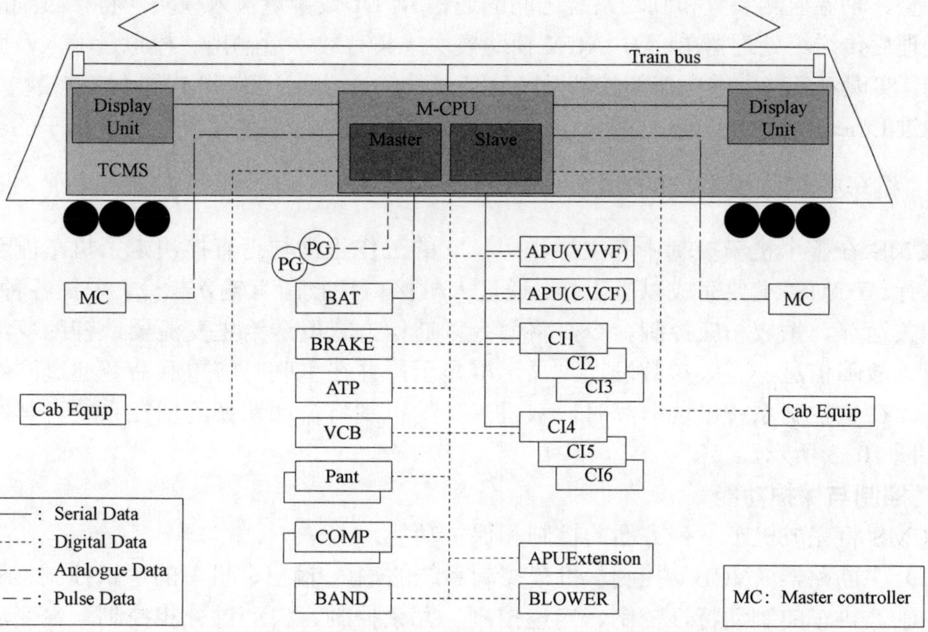

图 10−1　机车控制监视系统构成示意图

机车控制监视系统机箱外形结构如图 10-2 所示。

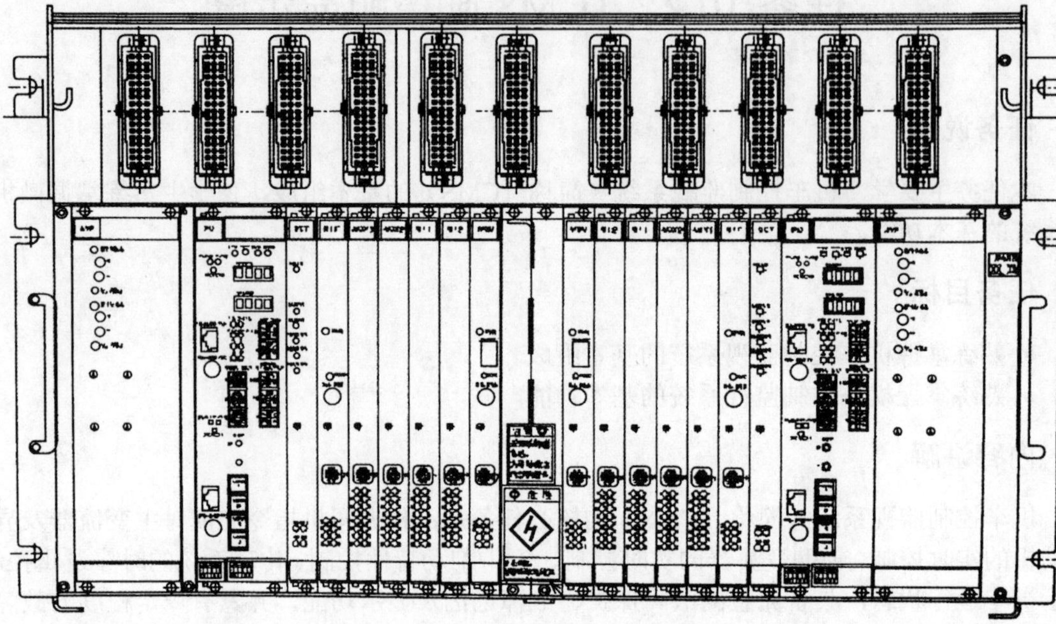

图 10-2　机车控制监视系统机箱外形结构

机箱内包括 AVR 电源模块（为 TCMS 提供工作所需的各种直流电，如 24 V、±15 V、5 V 等），PUZ 处理器单元（包括 CPU、软件以及与显示屏通信的接口），DET 检测模块（检测主控制系统是否存在故障，以便在主系统发生故障时立即进行主辅系统的切换），SIF 串行通信接口（完成 TCMS 与两个主变流器和辅助变流器之间的通信，以及 TCMS 与列车供电柜、DC110 V 电源装置、轴温监测装置和制动系统之间的通信），DI 数字量输入模块（将接收到的各种开关信号处理后传送给处理器单元），AUX 辅助模块（具有数字量输出、模拟量输入及脉冲量输入的功能，实现对各辅助继电器的控制及特殊信号的输入功能），MDM 重联控制模块（将本车的信息通过 Ethernet 传往它车，并将收到的它车信息传送给处理器单元，实现机车的重联功能）。

10.2.2　机车控制监视系统的功能

TCMS 在整个机车控制中起主导作用，它的工作正常与否直接决定了机车能否安全、正常地运行。TCMS 主要完成以下工作：通过人机接口接收所有输入指令，采集各种反馈信号，进行相关运算，生成相应控制命令，将命令以通信方式发送给主变流器、辅助变流器，将计算结果、故障信息、有关参数发送到显示屏显示，并在重联时将重联命令通过网络传送给重联机车。在主控制系统出现故障时，双机热备的机制将自动切换到辅控系统。其结构形式示意图如图 10-3 所示。

1. 控制与保护功能

TCMS 将完成机车下列方面的控制和保护功能。

（1）主断路器（VCB）控制、机车控制系统的输入/输出、机车的逻辑控制、机车的牵引特性控制、机车的制动特性控制、定速控制、冗余控制、自动过分相控制、主变流器控制、重联控制。

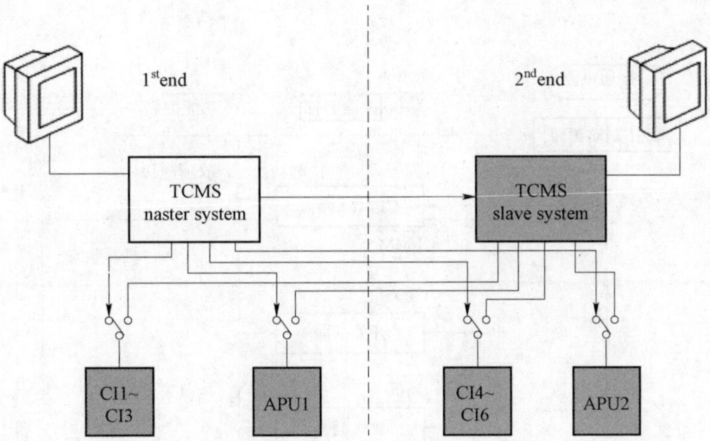

(a) 微机系统双机热备形式示意图（正常时）

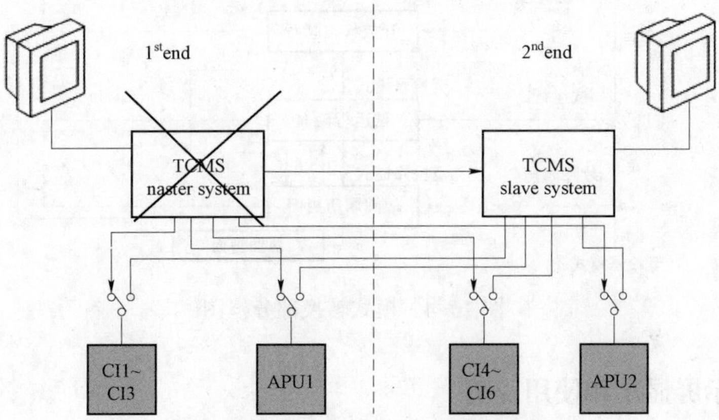

(b) 微机系统双机热备形式示意图（I端故障时）

图 10-3　机车控制监视系统结构形式

（2）智能故障诊断及显示、机车保护控制。

2. 故障处理与记录

TCMS 在机车出现故障时，以显示屏显示和报警灯指示两种方式通知操作人员，并自动完成相应的保护动作，记录发生故障时的相关信息，为后期诊断提供有用且必要的信息，而且还可以通过便携式计算机将故障履历下载进行分析和保存。TCMS 对故障信息进行分级管理，并按级别进行显示。

3. 信息显示

显示部分设计的原则是显示简洁、明了醒目，但又兼顾现有的习惯。

画面的上部为常显的信息，如显示时间、速度、工况、重联状态等；中间区域为主信息显示区，根据不同的工况、按键的选择，将显示牵引/制动的有关参数、机器的状态、开关信息；底部为功能键区，由于采用触摸显示屏，因此它将根据不同的工况和选择，显示不同的功能键。通过显示屏亦可显示出机车重联与否以及重联机车的故障信息。

显示模式在开机后根据不同工况来转换。模式转换部分框图如图 10-4 所示。

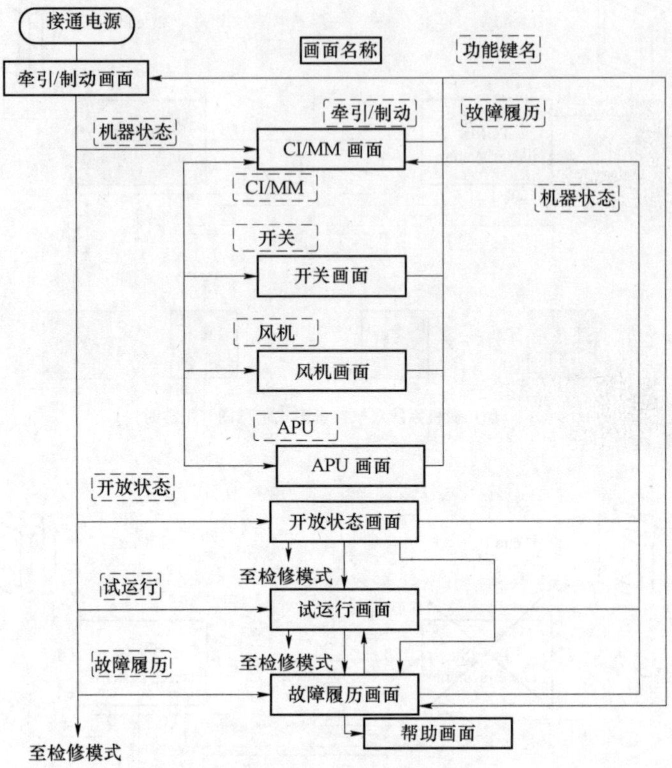

图 10-4　模式转换部分框图

10.2.3　微机显示屏显示和使用说明

HXD_3 型电力机车采用集中式微机控制系统 TCMS，微机控制柜将机车主变流器、辅助变流器、控制电器柜、列车供电柜、司机室控制开关等电器的信息汇总，通过分设在Ⅰ、Ⅱ端司机室的微机显示屏进行各种信息显示。司机应学会使用微机显示屏，了解机车各种设备的工作状态及各种指令的开断信息，迅速完成机车故障的查找，确保机车的可靠运行。

显示模式主要可以分为驱动模式和维护模式两大类。

1. 驱动模式（主显示画面）

驱动模式主要显示机车运行工况：机车速度、牵引/制动工况、司机控制器级位、是否定速、无人警惕状态、机车运行方向、受电弓状态、主断路器状态、撒砂状态、过分相状态、电动机隔离状态、停放制动状态、空转状态、是否重联、接触网电压、主变压器原边电流、蓄电池电压、6 台牵引电动机牵引/制动力。

机车故障信息：主变压器 MT，6 组主变流器单元 CI1、CI2、CI3、CI4、CI5、CI6，2 组辅助变流器单元 UA11、UA12，2 台牵引通风机 MA11、MA12，2 台复合冷却器通风机 MA13、MA14，2 台空气压缩机 MA19、MA20，2 台变压器油泵 MA21、MA22，2 台车体通风机 MA23、MA24。机车自身出现故障时，在故障信息区显示，机车自身无故障时，故障信息区无任何显示。出现故障时故障信息灯由黑变红，并由蜂鸣器发出警报。

（1）牵引/制动主画面。牵引/制动主画面如图 10-5 所示。

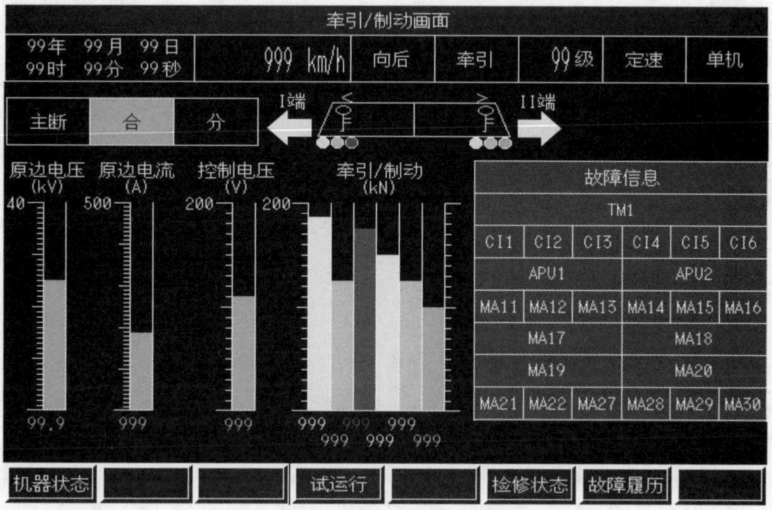

图 10-5　牵引/制动主画面

其中故障信息在有故障时才出现。

（2）主变流器状态画面。主变流器状态画面主要显示 6 组主变流器单元 CI1、CI2、CI3、CI4、CI5、CI6 的充电接触器 AK 和工作接触器 K 的闭合状态、中间电压、对应的牵引电动机电流、转子频率、电动机牵引/制动力等。主变流器状态画面如图 10-6 所示。

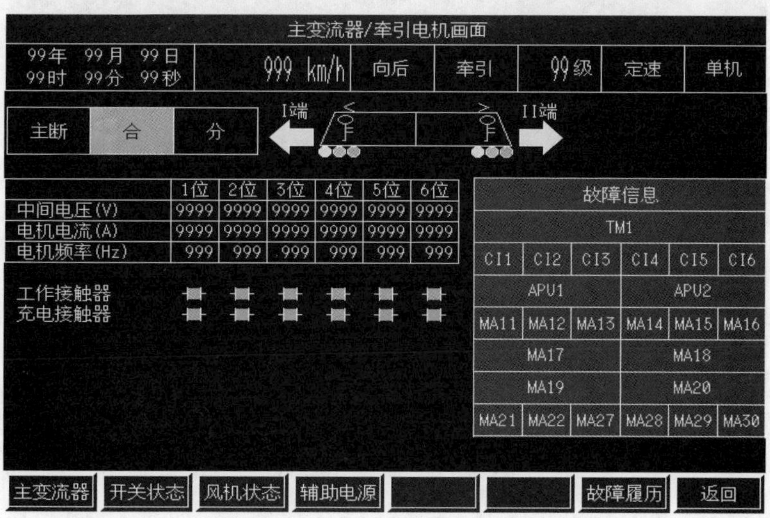

图 10-6　主变流器状态画面

（3）开关状态画面。第 1 页可以显示的开关有：主变流器各单元的充电接触器 CI1AK、CI2AK、CI3AK、CI4AK、CI5AK、CI6AK，工作接触器 CI1K、CI2K、CI3K、CI4K、CI5K、CI6K，受电弓高压隔离开关 QS1、QS2，主电路入库转换开关 QS3、QS4。

第 2 页可以显示的开关有：辅助电路各辅助电动机自动开关 QA11～QA24，各输出接触器 KM11～KM14、KM20，辅助电路转换开关 QS11。

第 3 页可以显示的开关有：试验转换开关 SA75，各保护开关 KP52，原边过流继电器 KCl。

开关状态画面如图 10-7 所示。

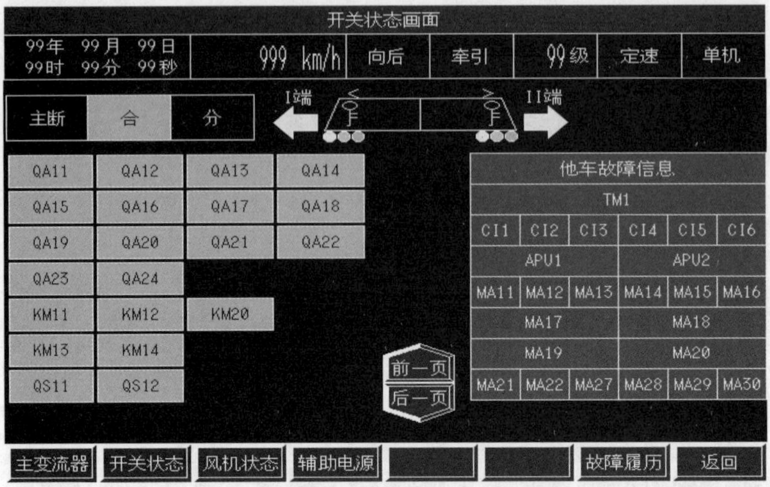

图 10-7 开关状态画面

（4）风机状态画面。风机状态画面可以显示的风机有：牵引通风机 MA11、MA12，车体通风机 MA23、MA24，复合冷却器通风机 MA13、MA14，油泵 MA21、MA22。

（5）辅助电源画面。辅助电源画面可以显示辅助变流器的工作情况，两套辅助变流器的输出电压、输出电流、输出频率如图 10-8 所示。

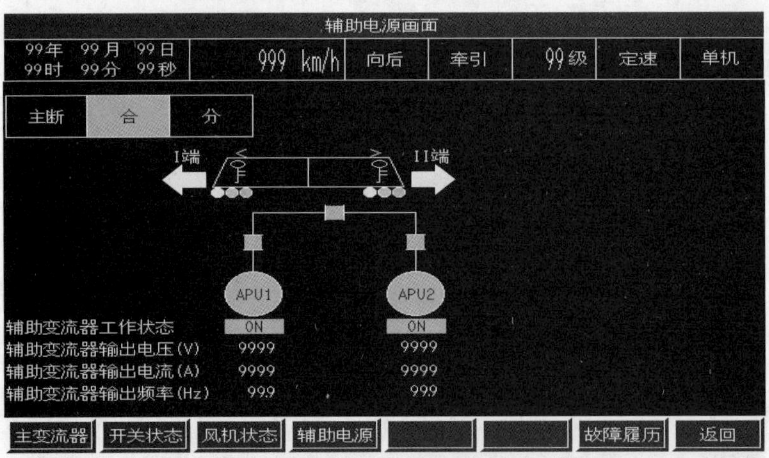

图 10-8 辅助电源画面

（6）控制状态画面。控制状态画面可以显示空气压缩机的工作情况，以及弹停隔离阀、撒砂隔离阀、升弓钥匙阀、辅助风缸隔离阀、紧急制动隔离阀、转向架 I 隔离阀和转向架 II 隔离阀的工作状态。

（7）故障履历画面。进入故障履历画面，可以查看机车近期发生的 300 个故障的情况。有故障编号、故障名称、故障发生时间、故障恢复时间、发生故障时的机车状态（有接触网电压、主变压器原边电流、机车牵引/制动、级位、机车速度）以及故障处理说明。

在故障履历画面上有一个“说明处置”触摸键，可以通过触摸进入故障处理画面，机车微机控制系统给出了针对该故障的几种故障处理建议。故障履历画面如图 10-9 所示。

图 10-9 故障履历画面

2. 维护模式（辅助显示画面）

维护模式（辅助显示画面）必须由专门人员操作，因此设有密码。

（1）密码输入画面。通过触摸屏，输入三位数的密码，按“确定”按钮后，可以进入维护模式。

（2）设定菜单画面。可以进行时钟设定、距离设定、车轮直径设定和动作次数设定、功能选择、轮缘润滑设定。

① 时钟设定画面：可以设定年、月、日、时、分。

② 距离设定画面。

③ 车轮直径设定画面：可以设定车轮直径，设定值必须在 1 150～1 250 mm 之间，否则，车轮直径默认为 1 250 mm。

④ 动作次数设定画面：可以设定主断路器 QF1，受电弓 PG1、PG2，辅助变流器输出接触器 KM11、KM12、KM20，空气压缩机接触器 KM13、KM14，主变流器各单元的充电接触器 CI1AK、CI2AK、CI3AK、CI4AK、CI5AK、CI6AK，工作接触器 CI1K、CI2K、CI3K、CI4K、CI5K、CI6K 的动作次数。

⑤ 功能选择画面：可以设定空气压缩机的控制方式。

⑥ 轮缘润滑设定画面：可以设定轮缘润滑间隔距离及喷脂时间。

（3）状态菜单画面。状态菜单画面可以用来查看机车累计行车距离、电器动作次数、传送信息和信号信息。

① 累计行车距离画面。累计行车距离画面可以用来查看机车累计行车距离。

② 电器动作次数画面。电器动作次数画面可以用来查看机车主断路器 QF1，受电弓 PG1、PG2，辅助变流器输出接触器 KM11、KM12、KM20，空气压缩机接触器 KM13、KM14，主变流器各单元的充电接触器 CI1AK、CI2AK、CI3AK、CI4AK、CI5AK、CI6AK，工作接触器 CI1K、CI2K、CI3K、CI4K、CISK、CI6K 的动作次数。

③ 传送信息画面。传送信息画面可以用来查看机车主变流器各单元 CI1、CI2、CI3、CI4、CI5、CI6，辅助变流器 APU1、APU2，DC110 V 电源装置 PSU1、PSU2，制动系统控制单元 BCU，轮缘润滑装置 ATM，列车供电装置 LG1、LG2 与微机控制系统 TCMS 之间通过网络发送和接收的信息。

查看信息，可以通过触摸显示屏上的 CI1、CI2、CI3、CI4、CI5、CI6、PSU1、PSU2、

APU1-1、APU1-2、APU2-1、APU2-2、BCU、ATM、LG1、LG2 等 16 个触摸键进行显示切换。

④ 信号信息画面。信号信息画面可以用来查看机车各主要设备与微机控制系统 TCMS 之间通过硬导线发出和接收的信息。

在显示屏上有 AUX1、AUX2、DI1、DI2 等 4 个触摸键，查看时，可以进行显示切换。

（4）试验状态画面。试验状态画面可以用来进行机车主司机控制器的试验、起动试验、零级位试验、辅助电源试验、显示灯试验、无人警惕试验、轮缘润滑试验。首先进行试验选择，然后根据显示屏的提示，操作有关的开关，进行试验，通过显示屏的提示，确认机车有关控制、逻辑环节是否工作正常。

该功能主要用于机车出车前或故障修复后的控制、逻辑试验检查。

① 主司机控制器的试验。可以进行调速手柄零位确认、制动 12 级手柄确认试验。

② 起动试验。可以进行主变流器各单元 CI1、CI2、CI3、CI4、CI5、CI6 的控制单元试验，检查其输出电流。

③ 零级位试验。可以进行主变流器 CI1、CI2、CI3、CI4、CI5、CI6 的工作情况的试验检查。

④ 辅助电源试验。可以进行辅助变流器 1、2 的输出电流、输出电压、输出频率试验检查。

⑤ 显示灯试验。可以完成对操纵台上的各类指示灯的通断状态试验。

⑥ 无人警惕试验。可以实现机车静态下的无人警惕功能试验。

⑦ 轮缘润滑试验。根据提示将换向手柄置于向前或向后位，确认对应轮喷阀是否动作，实现机车静态下对轮缘润滑装置的电空功能测试。

⑧ 记录状态画面。可以用来检查故障记录、连续记录、检修记录。

课后讨论与复习题

1. 微机显示屏主显示画面主要显示哪些内容？
2. 微机显示屏主变流器状态画面显示哪些内容？
3. 微机显示屏故障履历画面显示故障的哪些方面？

任务 10.3　网络控制系统

任务说明

本任务主要学习 HXD_3 型电力机车网络控制系统，使学生熟练掌握网络控制系统的基本组成与功能。

任务目标

- 熟练掌握网络控制系统的基本组成。
- 熟练掌握网络控制系统的基本功能。

内容讲解

HXD_3 型电力机车网络控制系统为分布式计算机体系结构，按功能可划分为列车控制级、车辆控制级和传动控制级。HXD_3 型电力机车网络系统拓扑结构如图 10-10 所示。

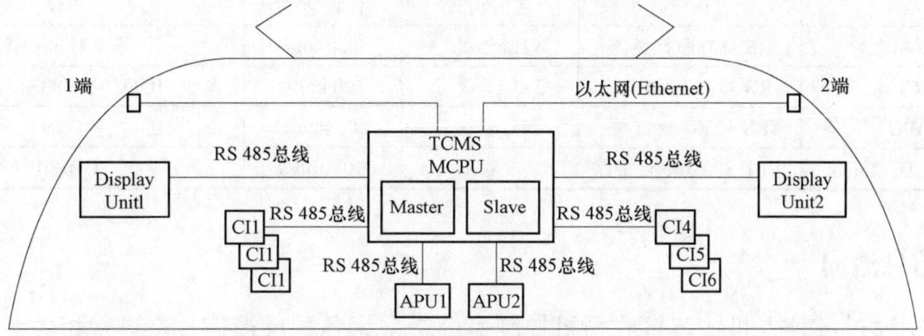

TCMS—控制监视系统装置；Display Unit1、Display Unit2—显示单元 1，2；CI1～CI6—主变流器；APUI，APU2—辅变流器；M-CPU—主控制单元；Master—主系统；Slave—辅系统。

图 10-10　HXD_3 型电力机车网络系统拓扑结构

每台车为 1 个基本运转单元，车内以 TCMS 为中心，分别与显示单元、主变流器、辅助变流器通过 RS 485 接口进行通信，构成星状网络。车与车之间采用总线式 10 Mbit/s 以太网进行信息传输。TCMS 同时完成列车级信息与车辆级信息的转换。

10.3.1　系统特点

（1）HXD_3 型电力机车网络控制系统是包含列车级功能、车辆级功能和传动控制级功能的多计算机系统。列车及车辆级功能由 TCMS 实现，传动控制级功能由 CI 来实现。

（2）系统具有功能强大的多处理器体系，能进行设备的自诊断。系统配置与编程基于强大的软件工具。

（3）车辆级控制设备构成星状网络，通过 RS 485 接口进行点对点通信。中心节点 TCMS 具有 Master、Slave 两套系统，采用双机热备的机制，保证了网络系统的可靠性。

（4）机车与机车之间采用总线式 10 Mbit/s 实时以太网传输信息，传输速度快、传送数据量大。传统的以太网是一种非集中控制的、基于总线的广播式网络，采用载波监听与多路访问/冲突检测工作机制，即总线上的每个节点如果监听到信道空闲就可以传送数据帧，并继续监听下去，一旦监听到发生冲突，就立即放弃该数据帧的发送，并等待一段随机的时间，然后再次尝试发送数据帧。这种机制容易造成数据传输时延，在重载情况下，甚至会使网络崩溃、瘫痪。因此，传统的以太网无法满足列车通信实时性、可靠性的要求。

HXD_3 型电力机车采用的实时以太网是基于 UDP/IP 协议开发的半双工通信网络。总线上各个节点信息由令牌控制，按照先后顺序以广播的形式定期发送，因此避免了冲突的产生。它的传输速率为 10 Mbit/s，接口为符合 IEEE 802.3 标准的串行链路，传输介质是双绞屏蔽线。实时以太网具有传输速率高、实时性强、结构简单、造价低廉、易于维护等特点。

10.3.2　网络控制系统的组成与功能

HXD_3 型电力机车网络控制系统包含控制监视系统装置 TCMS，主变流器 CI1～CI6，辅变流器 APU1、APU2，显示单元 Display Unitl、Display Unit2。TCMS 即是车辆级的控制核心，又是列车级的控制节点，在整个机车控制中占有主导地位。TCMS 与各控制设备的通信接口性能参数如表 10-1 所示。

表 10-1　TCMS 与各控制设备的通信接口性能参数

适用范围	接口	通信制式	传输速率	协议
与显示单元	RS 485 串行链路	4 线/全双工	38.4 kbit/s	东芝标准协议
与 CI	RS 485 串行链路	2 线/半双工	100 kbit/s	基于 HDLC 协议的东芝标准协议
与 APU	RS 485 串行链路	2 线/半双工	9.6 kbit/s	基于 HDLC 协议的东芝标准协议
与它车 TCMS	IEEE 802.3 串行链路	半双工	10 Mbit/s	UDP/IP

10.3.3　信息流向

TCMS 通过各种人机接口接收司机控制命令，采集各种反馈信号，进行相关运算，生成相应控制命令，通过 RS 485 接口发送给主变流器、辅助变流器完成相应功能；通过实时以太网发送给它车的 TCMS，并由该 TCMS 发送至它车的主变流器、辅助变流器执行相应操作。各车内的主变流器、辅助变流器的状态信息以相反的方向传输至 TCMS 进行汇总和处理。TCMS 将计算结果、故障信息、有关参数发送至显示单元，从而完成整车的控制、监视和保护功能。信息流向如图 10-11 所示。

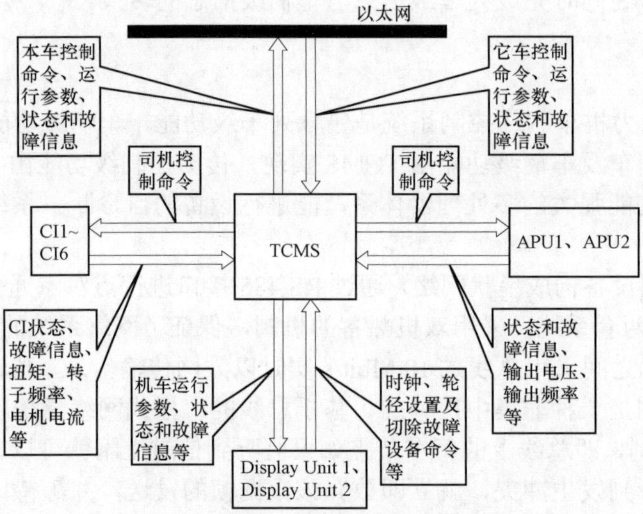

图 10-11　信息流向

10.3.4　TCMS 与 CI、APU 的基本通信协议

该协议是基于 HDLC 协议的东芝标准协议，是东芝公司借鉴欧洲 IEC61375 标准，并针对日本铁路机车车辆内部设备互联的实际需求而独立研制开发的。它保证了网络控制系统通信的高可靠性和强实时性，其基本协议如下：

（1）信号采用 NRZI（non-return to zero, inverted）不归零倒置编码方式，数据帧格式为 HDLC。

（2）数据传输波特率为：100 kbit/s（CI）；9.6 kbit/s（APU）。

（3）采用 16 位循环冗余校验（CRC）方式。

（4）通信接口：光电隔离的 RS 485。

（5）电缆：三绞屏蔽线，包括一对数据线和信号地线。

（6）传输周期：20 ms（CI）；200 ms（APU）。

（7）传输控制：传输控制图如图 10-12 所示。

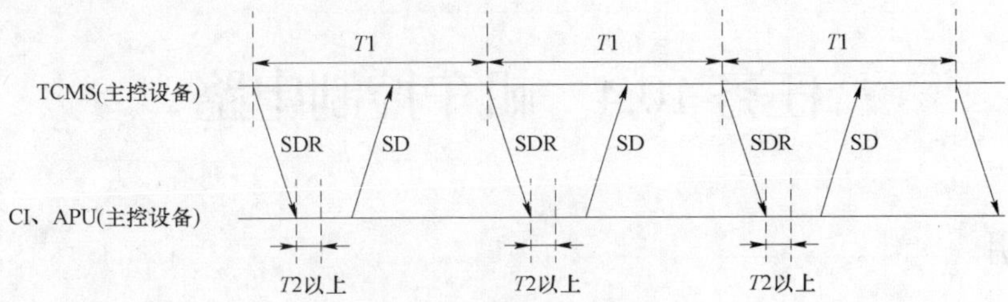

图 10-12　传输控制图

*T*1：20 ms（CI）或 200 ms（APU）；

*T*2：2 ms（CI）或 10 ms（APU）。

如图 10-12 所示，TCMS 作为主控设备向 CI、APU 等被控设备发送状态数据请求（SDR），被控设备接收到该请求帧并经过 *T*2 以上时间间隔后，开始向主控设备发送状态数据（SD）。

（8）传输数据格式。

① TCMS 发送的状态数据请求格式如表 10-2 所示。

表 10-2　TCMS 发送的状态数据请求格式

F	地址	C	地址 1	类别 1	地址 2	类别 2	TEXT1～*N*	CRC	F
8 bit	8 bit	8 bit	8 bit	8 bit	8 bit	8 bit	8 bit×*N*	16 bit	8 bit

其中，F——标志，用于确定数据帧的开始与结束；

地址——目的地址（接收设备地址），设置为广播方式；

C——控制字段；

地址 1——下一个源地址（下一级发送设备地址）；

类别 1——发送数据类别编码，设置为一般信息；

地址 2——源地址（发送设备地址）；

类别 2——发送数据类别编码，设置为一般信息；

TEXT1～*N*——TCMS 发送给各个设备的实时数据；

CRC——帧校验序列，采用生成多项式为 CCITT-1。

② CI、APU 发送的状态数据格式如表 10-3 所示。

表 10-3　CI、APU 发送的状态数据格式

F	地址	C	地址 1	类别 1	TEXT1～*N*	帧检验序列 CRC	标志 F
8 bit	8 bit	8 bit	8 bit	8 bit	8 bit×*N*	16 bit	8 bit

其中，地址——目的地址（接收设备地址），设置为广播方式；

地址 1——源地址（发送设备地址）；

类别 1——发送数据类别编码，设置为一般信息；

TEXT1～*N*——各个设备发送给 TCMS 的实时数据。

课后讨论与复习题

1. HXD_3 型电力机车网络控制系统按功能可划分为哪三级？

2. 试描述 HXD_3 型电力机车网络控制系统的组成。

任务 10.4　机车控制电路

任务说明

通过本任务的学习使学生熟练掌握机车控制电路的基本组成与各种操作。

任务目标

- 熟练掌握机车控制电路的基本组成。
- 熟练掌握机车控制电路各种操作。

内容讲解

10.4.1　控制电源电路

DC110 V 充电电源电路如图 10-13 所示。

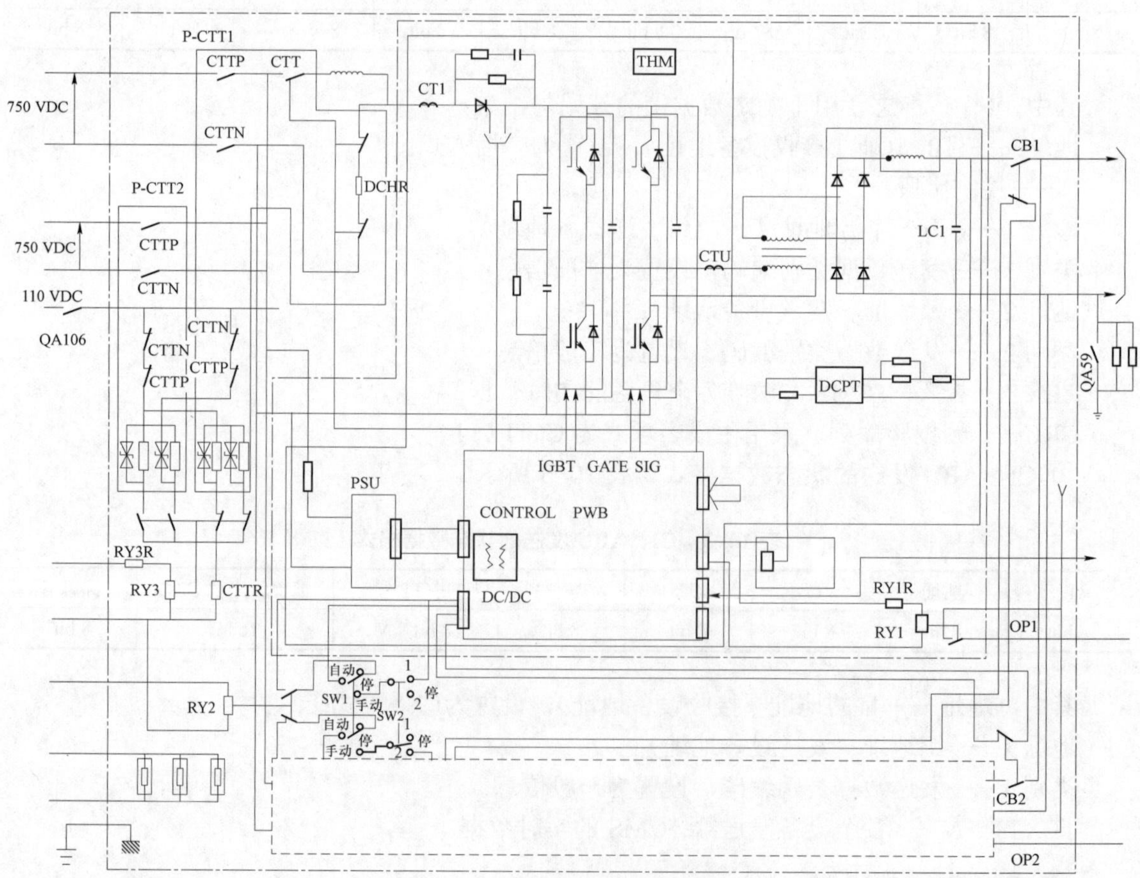

图 10-13　DC110 V 充电电源电路

机车 DC110 V 控制电源采用的是高频电源模块 PSU 与蓄电池并联共同输出的工作方式，再通过自动开关分别送到各条支路，如微机控制、机车控制、主变流器、辅助变流器、车内照明、车外照明等。

PSU 的输入电源来自辅助变流器 UA11 或 UA12 的中间直流回路。当 UA11 和 UA12 均正常时，由 UA12 向 PSU 输入 DC750 V 电源；当 UA12 故障时，转由 UA11 向 PSU 输入 DC750 V 电源。DC110 V 控制电源含两组电源模块，通常只有一组工作，故障发生时另一组自动起动，每组电源模块的输入电压为 DC750 V，输出电压为 DC110（1±2%）V，额定输出电流为 55 A，输出功率为 6 050 W（25 ℃），采用自冷却方式。

PSU 电源装置上设有两个转换开关 SW1 和 SW2，其中 SW1 有两挡，“TCMS”和“手动控制”，SW2 也有两挡，“模块 1”和“模块 2”；其中“TCMS”挡表示由微机自动控制，奇数日，模块 1 工作，偶数日，模块 2 工作。如果其中一组模块出现故障，可自动切换。“手动控制”表示人为设定，如果 SW2 置“模块 1”，表示模块 1 工作；如果 SW2 置“模块 2”，表示模块 2 工作；如果在手动状态下，电源出现故障，不能自动切换。

控制电路自动开关有：微机 1 控制自动开关 QA41、微机 2 控制自动开关 QA42、司机控制 1 自动开关 QA43、司机控制 2 自动开关 QA44、机车控制自动开关 QA45、主变流器自动开关 QA46、辅助变流器自动开关 QA47、车内照明自动开关 QA48、车外照明自动开关 QA49、前照灯自动开关 QA50、辅助设备自动开关 QA51、无线电台自动开关 QA52、自动信号自动开关 QA53、监控装置自动开关 QA54、电控制动自动开关 QA55、低温预热自动开关 QA56、110 V 电源控制自动开关 QA106、门控开关 QA102、自动过分相控制开关 QA71、空调机组控制开关 QA104 和 QA105、撒砂加热控制开关 QA73 等。

在控制电器柜上设置了控制电源电压表 PV71，在两端操纵台上也设置了控制电源电压表 PV41、PV42，用于随时监视控制电源的电压情况，通过微机显示屏也可监视控制电源的电压情况。

在蓄电池充电器上安装有蓄电池检测仪，用于监测蓄电池的充放电流和电压，并能根据事先设定的参数进行数据存储或即时报警。

10.4.2　预备电路

如图 10-14 所示，司机电钥匙开关 SA49（SA50）有两个位置：“合”“分”，当置“合”位置时，机车 I 端即被设定为操纵端。

主司机控制器 AC41（AC42）有两个手柄：方向手柄和调速手柄。方向手柄有“向前”、“向后”和“0”三个位置。调速手柄可以提供牵引级位 0～13 级，制动级位 0～12 级。两个手柄之间设有机械连锁，当调速手柄在“0”位时，方向手柄方可进行转换；方向手柄在“0”位时，调速手柄不能移动，只能在“0”位。

受电弓扳键开关 SB41（SB42）有三个位置，分别为“前受电弓”“后受电弓”“0”位。当 SB41 置“前受电弓”或“后受电弓”位时，受电弓电空阀 YV41 或 YV42 线圈得电，在空气管路压力正常的前提下，受电弓 AP1 或受电弓 AP2 升起；当 SB41 置“0”位，受电弓 AP1 和受电弓 AP2 均降下。

主断路器扳键开关 SB43（SB44）有 3 个位置，分别为“主断分”“主断合”“0”位。该扳键开关为自复式，正常位置是“0”位。当开关置“主断合”位 1 次时，如果主断路器闭合的相关逻辑正常，主断路器 QF1 线圈得电，在空气管路压力正常的前提下，主断路器 QF1 闭合；当扳键开关置“主断分”位 1 次时，主断路器 QF1 线圈失电，主断路器 QF1 分断。

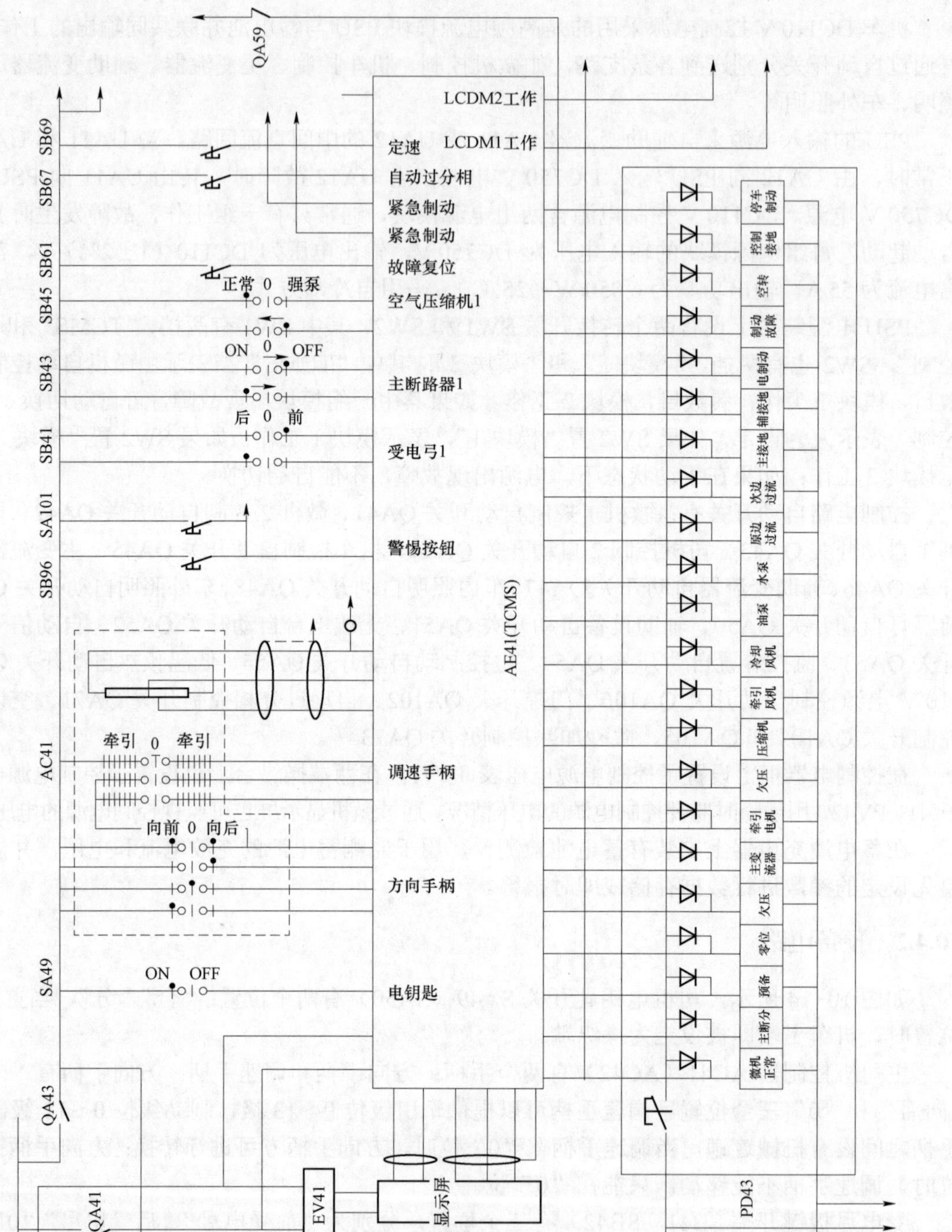

图 10-14　司机指令电路（Ⅰ端）

空气压缩机扳键开关 SB45 有 3 个位置，分别为“正常”“强泵”“0”位。在辅助变流器工作的前提条件下，当开关置“正常”位，并且总风缸空气压力继电器 KP51-1、KP51-2（KP51-1：风压低于 750 kPa 时闭合，风压高于 900 kPa 时断开；KP51-2：风压低于 825 kPa 时闭合，风压高于 900 kPa 时断开）闭合时，空气压缩机接触器 KM13、KM14 依次得电闭合，空气压缩机 1、2 依次投入工作。当风压高于 750 kPa 低于 825 kPa 时 KP51-2 闭合，但 KP51-1

打开，此时只有操纵端压缩机工作。当开关置“0”位，空气压缩机接触器 KM13、KM14 失电分断，空气压缩机停止工作。若总风缸空气压力继电器 KP51 发生故障，空气压力开关不能正常闭合时，可以将扳键开关置“强泵”位，强制空气压缩机接触 KM13、KM14 得电闭合，空气压缩机 1、2 投入工作。

10.4.3 机车逻辑控制和保护电路

机车逻辑控制和保护电路（如图 10–15 所示）主要是将各辅助电动机自动开关、各风速继电器故障隔离开关、高压故障隔离开关、压缩机接触器状态、主断路器状态、辅助变流器库内试验开关、主变流器试验开关、各种接地保护、空气管路系统压力继电器等状态指令送入 TCMS，用于机车的各种工作逻辑及保护逻辑控制，并通过 TCMS 与主变流器和辅助变流器之间的通信，将有关控制指令信息送到主变流器和辅助变流器，达到整车联控目的。

10.4.4 主变流器控制电路

机车两套主变流器装置 UM1、UM2 的控制电路基本一致，如图 10–16 和图 10–17 所示。不同的是，Ⅰ端主变流器装置 UM1 的装置识别设定为 110 V，Ⅱ端主变流器装置 UM2 的装置识别设定为 0 V，下面以Ⅰ端主变流器装置 UM1 的控制进行说明。

机车主变流器装置的控制主要是按照司机控制器给定指令，由 TCMS 通过通信线传递给主变流器控制单元，按照机车牵引制动特性曲线，完成对牵引电动机的控制。

（2）主变流器发生接地、次边过流、牵引电动机过流等故障时，故障信号送至 TCMS，进行故障显示和记录，并在司机显示屏中给出提示，指导司机进行有关故障隔离等操作。主变流器的故障可以通过按“故障复位”按钮进行恢复。

（3）主变流器投入运行前必须具备的信号有：牵引通风机风速继电器 KP41、KP42、KP43 和主变压器油流继电器 KP49 信号。当这些风速或油流继电器均正常闭合时，说明主变流器工作的外围条件具备，可以投入运行。

（4）对主变流器的控制还设置了牵引变流器隔离开关。该开关置于微机显示屏内，是触摸开关。在正常情况下，这些开关均闭合。当由于某种原因，如牵引电动机发生故障、主变流器支路发生接地等，需要对某个牵引变流器支路或牵引电动机进行隔离时，可以通过微机显示屏隔离相应变流器，使之停止工作。这些开关还可以用于牵引电动机转向试验和机车旋轮等。

（5）主变流器的控制用信号还有牵引电动机速度传感器 BV41、BV42、BV43 等信号。每个速度传感器同时送出两个速度信号至主变流器控制装置，用以实现主变流器对牵引电动机的矢量控制，有效地实施机车的防空转、防滑行保护，并对机车的轴重转移进行补偿。

（6）库内动车信号通过库用开关 QS3 或 QS4 送到主变流器控制单元，用于在库内动车时主变流器按照特定的控制程序工作。

（7）主变流器装置试验开关 SA75，用于低压试验或机车出厂前时对主变流器的控制单元进行试验检查，确认其是否工作正常。

（8）为满足主变流器工作需要，在主变流器的控制单元内引入高压电压互感器 TV1 同步信号。

（9）主变流器控制单元与 TCMS 的接口信号除两套通信线外，还设有主变流器隔离、工作、功率预备和故障等信号。

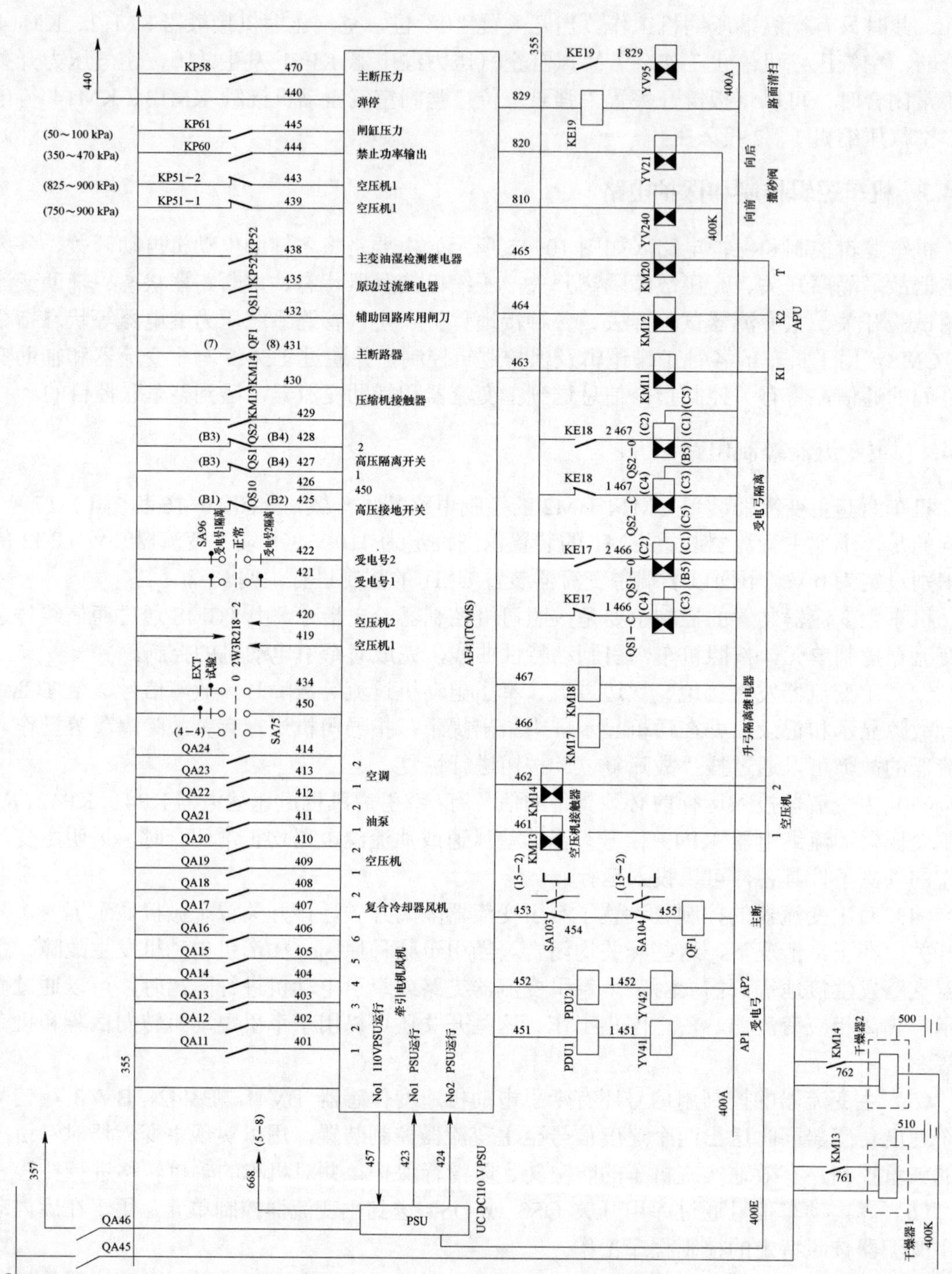

图 10-15 机车逻辑控制和保护电路

10.4.5 辅助变流器控制电路

机车两套辅助变流器装置 UA11、UA12 的控制电路基本一致，如图 10-16 和图 10-17 所示。

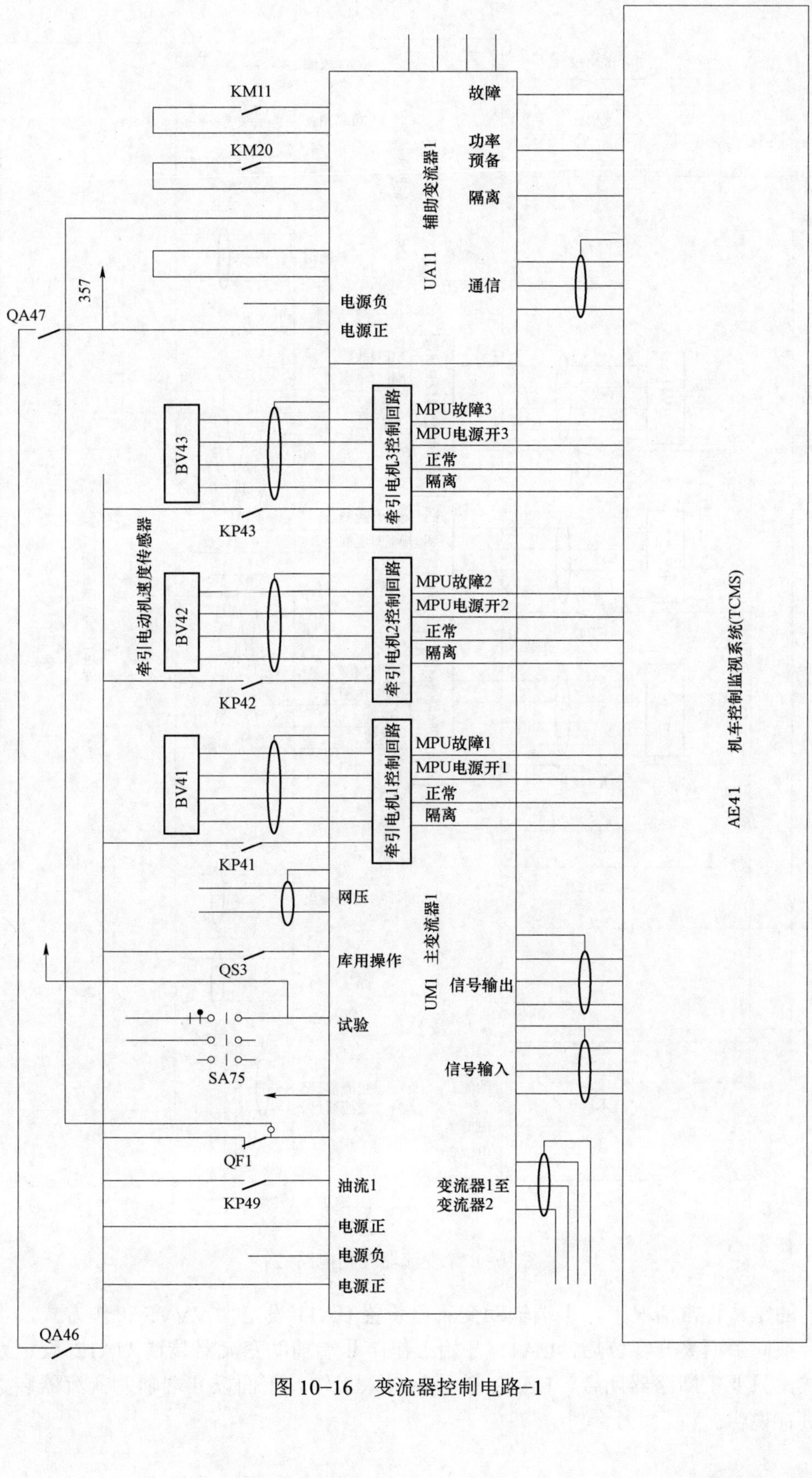

图 10-16　变流器控制电路-1

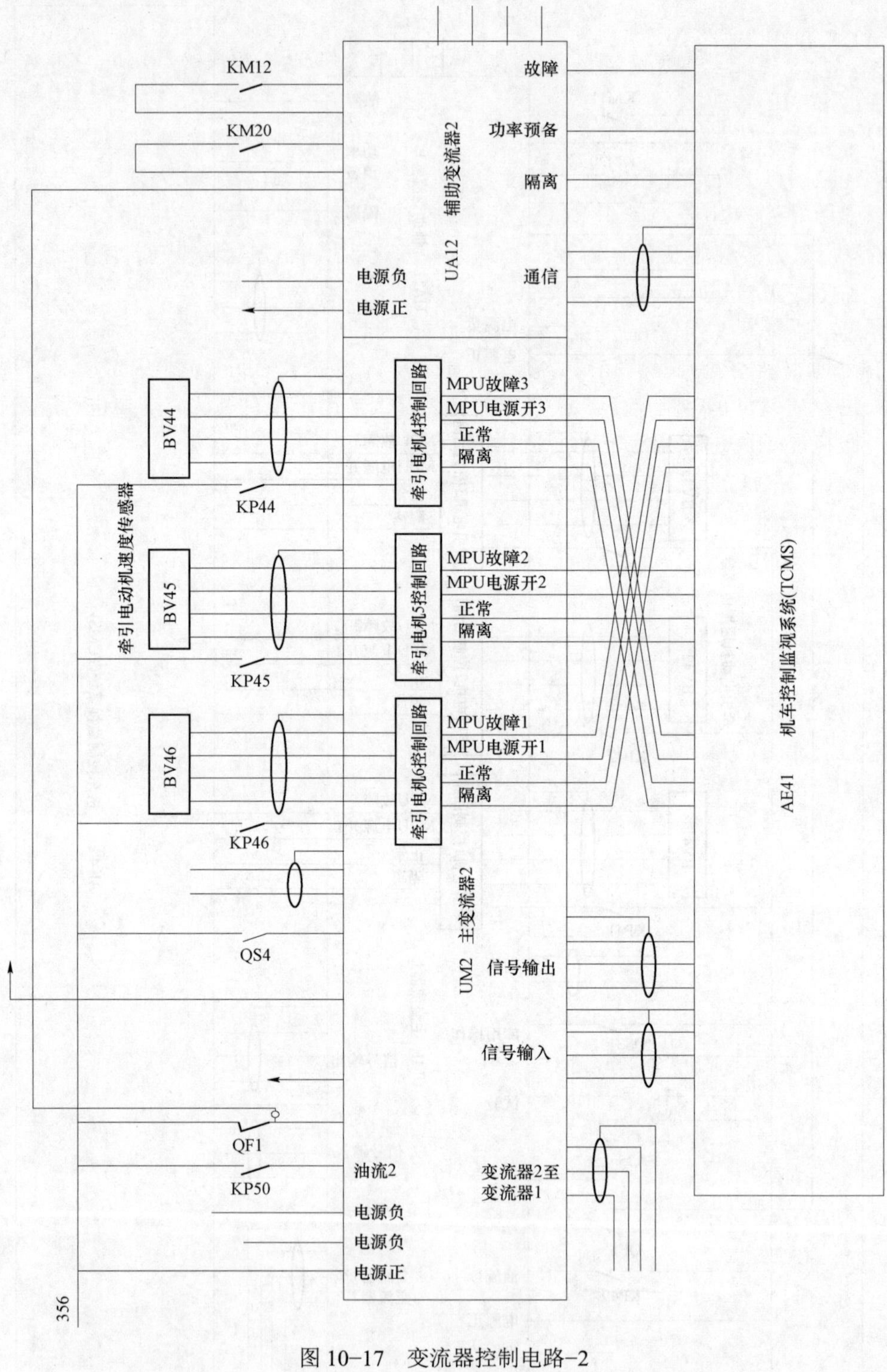

图 10-17 变流器控制电路-2

不同的是，正常情况下，Ⅰ端辅助变流器装置 UA11 设定为 VVVF 工作方式，当主断路器闭合、换向手柄离开零位后，UA11 开始工作；Ⅱ端辅助变流器装置 UA12 设定为 CVCF 工作方式，只要主断路器闭合，UA12 就开始投入工作。下面以Ⅱ端辅助变流器装置 UA12 的控制进行说明。

（1）机车主断路器闭合后，由 TCMS 发出命令，闭合辅助变流器 UA12 输出端的电磁接触器 KM12，并将信息传递给辅助变流器控制单元，由辅助变流器控制单元发出指令，控制辅助变流器 UA12 起动。

（2）当机车某一辅助变流器发生故障，故障的辅助变流器能及时发信息给 TCMS，通过 TCMS 的控制，自动完成输出电磁接触器的动作转换：若辅助变流器 UA11 发生故障，则电磁接触器 KM11 断开，电磁接触器 KM20 闭合；若辅助变流器 UA12 发生故障，则电磁接触器 KM12 断开，电磁接触器 KM20 闭合。故障的辅助变流器将信息传递给另一组辅助变流器，使其工作在 CVCF 方式，同时故障的辅助变流器被隔离，此时所有辅助电动机全部由另一套辅助变流器供电，不受其他指令的控制，牵引通风机和冷却塔通风机将正常满功率工作。

（3）为便于辅助变流器的隔离，在微机显示屏内设置了辅助变流器开放隔离开关，通过触摸开关进行隔离。正常情况下，这些开关均闭合。当由于某种原因，需要进行隔离操作时，可以通过微机显示屏进行相应辅助变流器的隔离。

（4）为确保辅助变流器正常工作，将电磁接触器 KM11、KM12、KM20 的信号引入辅助变流器控制单元。

（5）辅助变流器控制单元与 TCMS 的接口信号除一套通信线外，还设有辅助变流器隔离、功率预备和故障等信号。

10.4.6　机车过分相、定速、警惕装置控制电路

在机车正常运行过程中，如快到分相区时，司机可以按“过分相”按钮 SB67（SB68）1 次，机车进入半自动过分相状态。

首先，机车自动断开主断路器、辅助变流器、主变流器，停止工作，机车通过高压电压互感器检测机车网压变化情况；当确认机车通过了分相区，接触网电压恢复至正常值并延迟一定时间后，自动闭合主断路器，起动辅助变流器、主变流器等，并使机车状态恢复到过分相区前的状态。

机车装有全自动过分相检测装置（EV33）如图 10-18 所示。EV33 设有 4 个信号感应接收装置 T1、T2、T3 和 T4，用于进行分相区前后的信号检测。EV33 与微机 TCMS 之间有以下开关量的传递：信号 497 表示 EV33 状态正常；信号 498 表示机车通过分相区前的预告信号或者

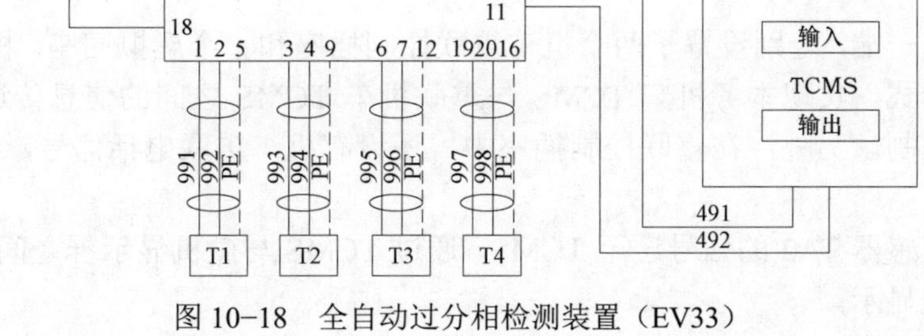

图 10-18　全自动过分相检测装置（EV33）

是通过分相区后的恢复信号；信号 499 表示机车通过分相区前的强迫信号；信号 491 是 TCMS 送给 EV33 的机车Ⅰ端向前运行指令；信号 492 是 TCMS 送给 EV33 的机车Ⅱ端向前运行指令。

当机车运行的线路区段在分相区前后装有地面感应器时，机车全自动过分相检测装置将起作用。该装置通过向微机控制系统提供过分相区的信息：预告信号、恢复信号 498、强迫信号 499。机车每次通过分相区时，司机不需要做任何操纵，机车微机控制系统即可自动跳主断路器，待通过分相区后，又能自动合主断路器，并保证机车恢复至通过分相区前的运行状态。

当机车速度大于或等于 15 km/h，且机车未实施空气制动时，若按下“定速控制”按钮 SB69（SB70），当时的机车运行速度被确定为“目标速度”，机车进入“定速控制”状态。

当机车实际速度大于“目标速度+2 km/h”时，TCMS 控制机车进入电气制动工况；当机车的实际速度降低到“目标速度+1 km/h”时，电气制动力降至 0。

当机车实际速度小于“目标速度−2 km/h”时，TCMS 自动控制机车进入牵引工况；当机车的实际速度升高到“目标速度−1 km/h”时，牵引力降至 0。

机车进入“定速控制”状态后，司机控制器调速手柄的级位变化超过 1 级时，机车“定速控制”状态自动解除。

当机车速度大于或等于 30 km/h，且机车未实施紧急制动时，机车警惕装置进入监视状态。此时每 1 min 内，司机应按警惕装置控制按钮 SB96（SB97）或踩警惕装置控制开关 SA101（SA102）1 次，使警惕装置重新进入监视状态；超过 1 min 未按，警惕装置进入报警状态，蜂鸣器响；再延迟 10 s，如果司机仍未按警惕装置控制按钮 SB96（SB97）或踩警惕装置控制开关 SA101（SA102）1 次，则警惕装置动作，发出紧急制动指令，使机车进入紧急制动状态。

此装置的设立，是为了提醒司机集中精力开车，防止意外情况发生，确保行车安全。警惕装置控制电路如图 10−19 所示。

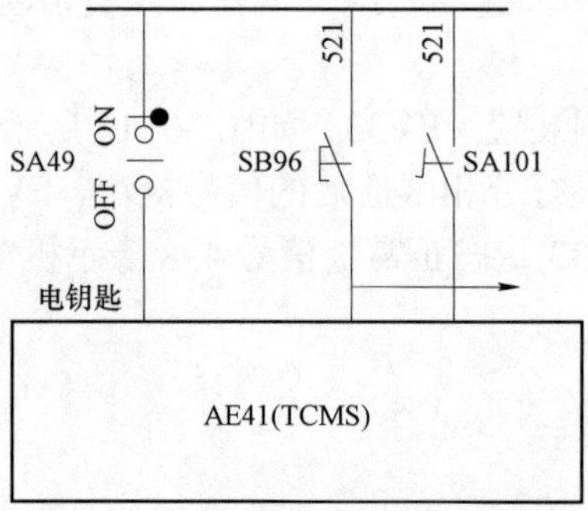

图 10−19　警惕装置控制电路

10.4.7　机车重联控制

在机车的每一端，分别设置了两个机车重联控制插座和一个虚拟插座。机车采用以太网，以网络重联的形式，实现本务机车 TCMS 与重联机车 TCMS 之间的信息传递，可实现 2～4 台机车的重联控制。另外，在重联控制插座中，还设有机车重联电话信号，实现机车重联电话重联。

原边电流互感器 TA2 的信号送至 TCMS，通过 TCMS 与微机显示屏之间的信息传递，实现机车原边电流显示。

机车速度传感器 BV47、BV48 的信号送至 TCMS，通过 TCMS 与微机显示屏之间的信息传递，实现机车速度的显示。

10.4.8　机车制动系统的控制电路

机车制动系统采用的是 CCBⅡ型制动机，该制动系统是基于网络控制的电空制动系统。CCBⅡ型制动机与微机显示屏一起来完成制动系统的诊断、自检、校准、故障记录等。CCBⅡ型制动机主要由 LCDM 制动显示屏、EBV 电子制动阀、集成处理模块 IPM、继电器接口模块 RIM 和电空控制单元 EPCU 等组成，其中集成处理模块 IPM、EBV 电子制动阀及电空控制单元 EPCU 之间采用 Lon-Works 网络技术实现信息传递，集成处理模块 IPM 与 LCDM 制动显示屏之间采用 422 总线方式进行信息传递。机车微机控制系统 TCMS 与 CCBⅡ型制动机之间采用开关量方式，实现信息传递。自动开关 QA55 是制动系统 110 V 电源的总保护开关。

制动系统还设置了 WSP 防滑行保护系统，防止机车进行空气制动时，出现滑行或车轮抱死的情况。为此机车专门设置了 6 个车轴速度传感器，向 WSP 防滑行保护系统提供车轴速度信息，并通过 WSP 发出的指令信息，控制与制动缸连通的双向阀 YV101.H，YV101.V～YV106.H、YV106.V，实现机车制动缸的减压、保压或维持正常。机车防滑控制电路如图 10-20 所示。

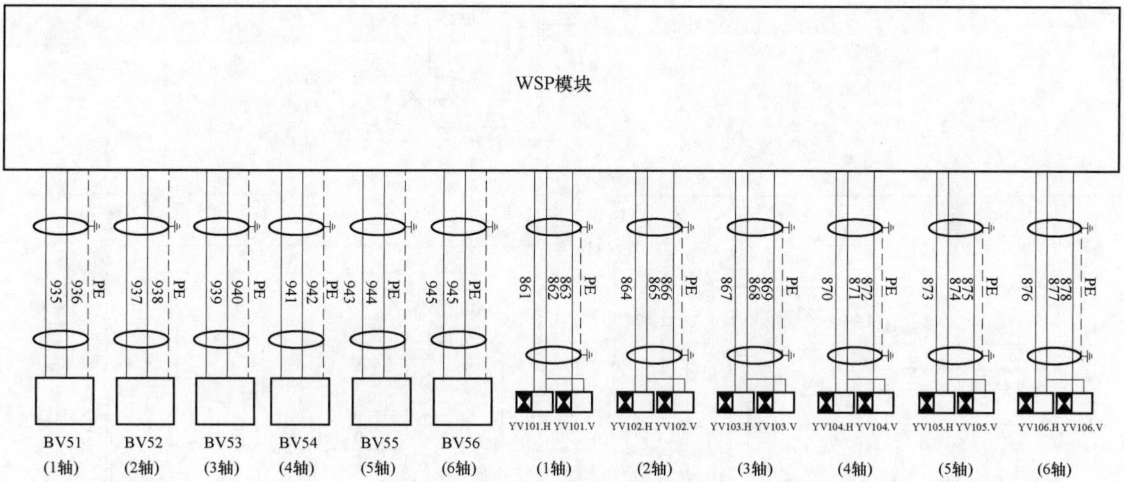

图 10-20　机车防滑控制电路

10.4.9　其他辅助设备的控制

机车刮雨器及风扇等电路如图 10-21 所示。照明、弹簧停车等辅助设备电路如图 10-22（a）、图 10-22（b）所示。

当机车实施弹簧储能停车制动时，KP59 压力继电器断开，指令信息输入 TCMS，控制机车禁止功率输出。反之，该压力继电器闭合，说明机车未投入弹簧储能停车制动。操纵台上的弹停转换开关 SA99（SA100）设有“弹停缓解”和“弹停制动”挡位，可以实现机车弹停动作或弹停缓解。

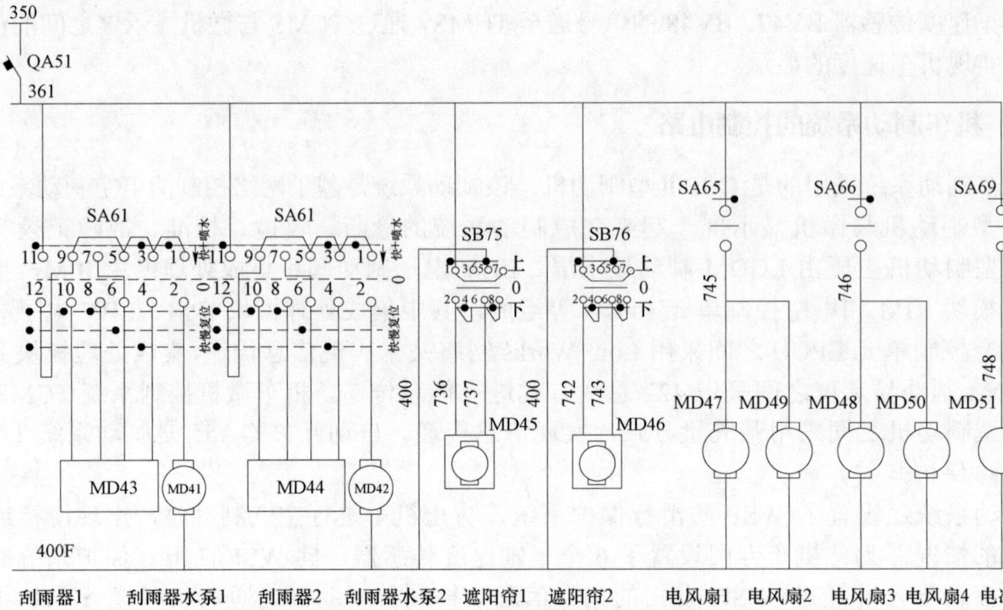

图 10-21　机车刮雨器及风扇等电路

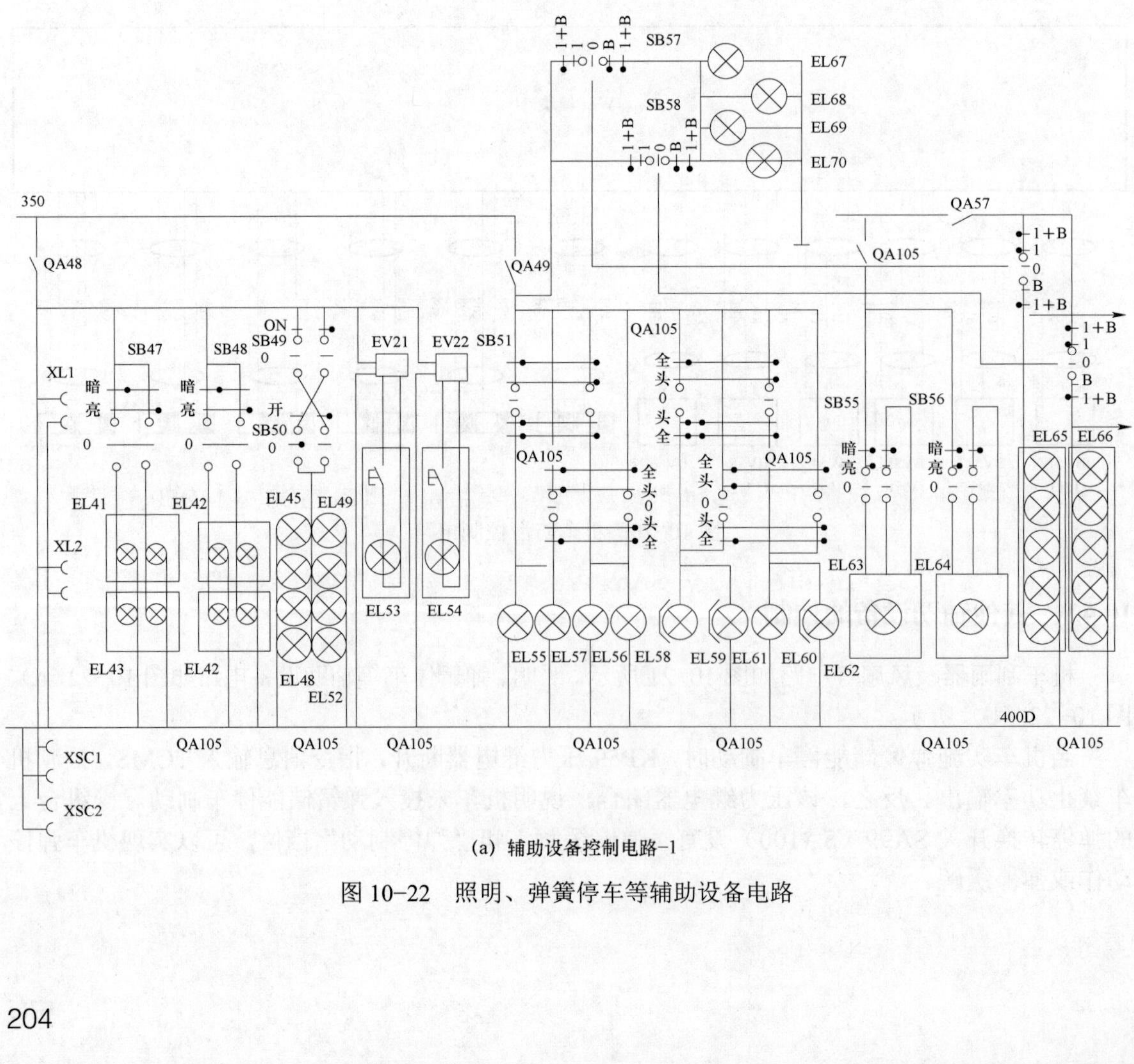

(a) 辅助设备控制电路-1

图 10-22　照明、弹簧停车等辅助设备电路

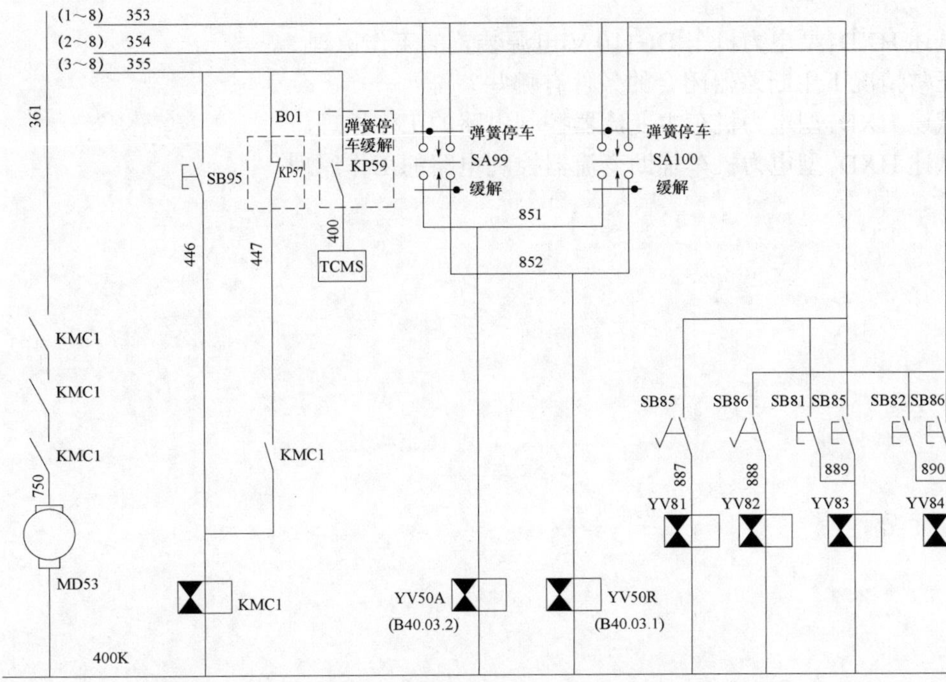

(b) 辅助设备控制电路-2

图 10-22　照明、弹簧停车等辅助设备电路（续）

（1）Ⅰ端司机室刮雨器开关 SA61 可实现对Ⅰ端司机室刮雨器 MD43 工作状态转换控制和Ⅰ端司机室刮雨器水泵 MD41 喷水洗涤控制；Ⅱ端司机室刮雨器控制开关 SA62 可实现对Ⅱ端司机室刮雨器 MD44 工作状态转换控制和Ⅱ端司机室刮雨器水泵 MD42 喷水洗涤控制。

（2）Ⅰ端司机室遮阳帘开关 SB75 可实现对Ⅰ端司机室遮阳帘 MD45 的控制；Ⅱ端司机室遮阳帘控制开关 SB76 可实现对Ⅱ端司机室遮阳帘 MD46 的控制。

（3）Ⅰ端司机室电风扇开关 SA65 可实现对Ⅰ端司机室电风扇 MD47、MD49 的开关转换控制；Ⅱ端司机室电风扇开关 SA66 可实现对Ⅱ端司机室电风扇 MD48、MD50 的开关转换控制。

（4）Ⅰ端司机室电冰箱控制开关 SA69 可实现对Ⅰ端司机室电冰箱 MD51 的控制；Ⅱ端司机室电冰箱控制开关 SA70 可实现对Ⅱ端司机室电冰箱 MD52 的控制。

（5）控制电器柜内的辅助压缩机开关 SB95，可对辅助压缩机 MD53 的运行进行控制。

（6）在机车Ⅰ端、Ⅱ端司机室外侧，设置了 DC110 V 电源插座 XSC1、XSC2，用于司机行车临时使用；在机械间内，设置了 DC110 V 电源车内应急灯插座 XL1 和 XL2，为司机提供应急灯电源。

（7）Ⅰ端司机室脚踏控制开关 SB85，可以实现对Ⅰ端司机室顶的低音喇叭控制；Ⅱ端司机室脚踏控制开关 SB86，可以实现对Ⅱ端司机室顶的低音喇叭控制。

（8）Ⅰ端司机室风笛按钮 SB81 和 SB85，可以实现对Ⅰ端司机室顶的高音喇叭控制；Ⅱ端司机室风笛按钮 SB82 和 SB86，可以实现对Ⅱ端司机室顶的高音喇叭控制。

课后讨论与复习题

1. 试述 HXD_3 型电力机车 DC110 V 电源装置的工作原理。
2. 正常情况下主断路器闭合的条件有哪些？
3. 试述 HXD_3 型电力机车主变流器控制电路的工作原理。
4. 试述 HXD_3 型电力机车辅助变流器控制电路的工作原理。

项目 11 HXD_3型电力机车电气试验及应急故障处理

项目导读

本项目主要进行 HXD_3 型电力机车的高、低压试验。通过试验操作掌握 HXD_3 型电力机车电气试验步骤和试验方法，并能通过试验发现、查找、判断和处理 HXD_3 型电力机车应急故障。

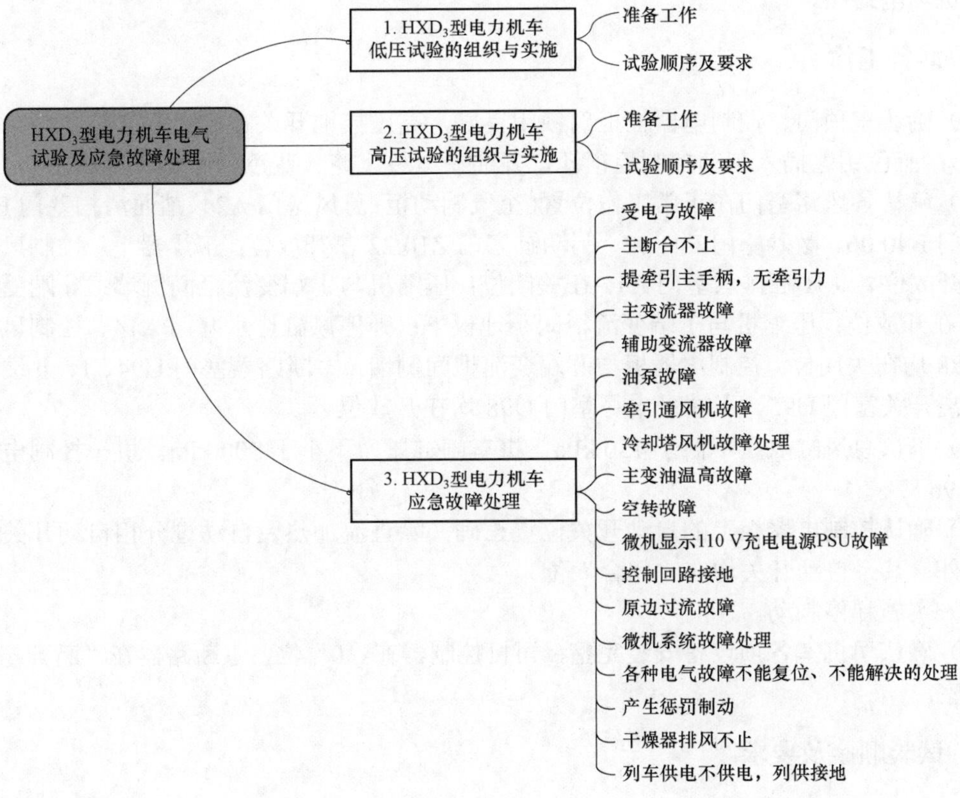

任务 11.1 HXD_3型电力机车低压试验的组织与实施

任务说明

通过 HXD_3 型电力机车的低压试验的学习，能熟练操作 HXD_3 型电力机车模拟驾驶装置，进行低压试验，并能判断每步试验结果的正确与错误；能说出 HXD_3 型电力机车控制电器柜的设备布置、柜内电器的安装位置、各低压电器及其联锁接点的设置结构和具体作用；能熟练操作各故障转换开关，熟练运用故障应急处理方法对试验中出现的常见故障安全、准确、快速地予以处理。

任务目标

- 掌握 HXD_3 型电力机车的低压试验程序。
- 熟悉 HXD_3 型电力机车控制电器柜设备布置，掌握电器屏柜及相关电器的布置位置。
- 熟悉 HXD_3 型电力机车电气线路、低压电器及联锁接点的设置结构和具体作用。

内容讲解

设备、工具：十字头、扁头螺丝刀、手电筒、试灯、万用表、500 V 兆欧表、短接线、绝缘胶布、绝缘垫片、尖嘴钳、卡丝钳。

资料：HXD_3 型电力机车控制电器柜布置图，司机操纵台布置图及显示屏信息内容，HXD_3 型电力机车电路图。

11.1.1　准备工作

（1）确认车顶门、控制电器柜柜门锁闭良好，高压接地开关在“运行”位（两把黄色钥匙插入）；蓝色钥匙插入制动控制柜锁孔，开通受电弓风路（蓝色钥匙呈垂直状态）。

（2）确认各风路塞门在正常工作位置（空气制动柜：总风塞门 A24、踏面清扫塞门 B50.02、弹停塞门 B40.06、撒砂塞门 F41.02、制动缸塞门 Z10.22 在开放位；干燥器下：控制风缸塞门 U77 在开放位、总风缸排水塞门 A12 在关闭位；压缩机与Ⅰ端变流柜间侧墙：Ⅱ端受电弓塞门 U98 在开放位；压缩机与Ⅰ端变流柜间小地板下：弹停风缸排水塞门 A14、控制风缸排水塞门 U88 均在关闭位；控制电器柜与Ⅱ端变流柜间侧墙：主断路器塞门 U94、I、Ⅱ端受电弓高压隔离开关塞门 U95、Ⅰ端受电弓塞门 U98 均在开放位）。

（3）确认总风缸风压不低于 750 kPa，机车闸缸压力不小于 300 kPa。机车控制电路电压不低于 96 V。

（4）确认控制电器柜上的自动开关位置正确（除直流加热及自动过分相自动开关在“断开”位外，其余自动开关均在“闭合”位）。

（5）实施弹停制动。

（6）确认司机室各项设备安装完整，司机控制器在“0”位，主断路器在“断开”位。打开机械室门。

11.1.2　试验顺序及要求

1. 机车电钥匙试验

（1）机车电钥匙置“合”位：观察制动显示屏起动正常，检查制动显示屏各数据、参数设置正确与否。

（2）将自动制动手柄置“抑制”位 1 s 后回“运转”位，单独制动手柄置“全制”位：观察制动显示屏“动力切除”消除，制动显示屏均衡风缸、列车管风压显示 600（500）kPa、机车制动缸风压显示 300 kPa。

2. 微机显示屏试验

（1）状态指示屏“微机正常”“主断分”“零位”“欠压”“辅变流器”“水泵”“停车制动”灯亮。

（2）按下状态指示屏自检按钮，所有状态指示灯亮。

（3）确认微机显示屏显示正常，其网压、控制电路电压显示与仪表模块显示一致。

（4）主、辅变流器切除试验：利用微机显示屏触摸开关，分别将主变流器、辅变流器切除与恢复一次。

3. 辅助压缩机动作试验

按控制电气柜上的“辅压机”开关（自复），辅助压缩机开始工作。观察空气管路柜处的压力表，当气压达到 735±20 kPa 时辅助压缩机自动停止工作。

注意：辅助压缩机不宜长时间和频繁起机，打风时间应在 10 min 内，若超过 10 min 还没有停机，应断开 QA45（机车控制）和 QA51（辅助设备），检查相应空气管路是否泄漏。

4. 受电弓动作试验

将受电弓扳扭开关分别置“前受电弓”“后受电弓”位，进行受电弓试验，检查动作情况。

要求：上升时间＜5.4 s，下降时间＜4 s，接触压力 70±5N。

5. 高压隔离开关动作试验

操作“受电弓隔离开关”，正常时，QS1、QS2 闭合；隔离Ⅰ时，QS1 断开；隔离Ⅱ时，QS2 断开。

6. 受电弓故障检测器动作试验

Ⅰ端/Ⅱ端的受电弓上升后，按“PDU1”/“PDU2”试验开关，确认 VCB 断开，受电弓降下。

注意：Ⅰ端受电弓操作 PDU1，Ⅱ端受电弓操作 PDU2。

7. 零级位试验

按“零级位试验”按钮，进入零级位试验画面，屏幕提示“试验是否开始”，按“确认”按钮后，根据消息框的提示进行试验。其中请将主司机控制器置“0”（是指将换向手柄、调速手柄置“0”位）。

8. 机车照明试验

依次闭合仪表、司机室、走廊、车底、前（副）照灯、标志、阅读灯等照明灯开关，检查各照明灯照明是否良好、逻辑控制关系是否正确。

9. 辅机系统试验

检查遮阳帘、风扇、刮雨器、冰箱（微波炉）工作状态是否良好，功能与控制开关指示位置是否相符合。

10. 弹停装置试验

（1）弹停转换开关置“缓解”位：确认弹停制动缓解，状态指示屏“停车制动”红灯灭。

（2）弹停转换开关置“制动”位：确认弹停装置制动，状态指示屏“停车制动”红灯亮。

11. 主变流器试验

将主变流器试验开关（SA75）置“试验”位，进行以下试验：

（1）主断路器试验。

① 将主断路器扳键开关（SB43 或 SB44）置“主断合”位，听主断路器闭合声；看状态指示屏“主断分”灯灭，微机显示屏显示主断“合”。

② 将主断路器扳键开关 SB43 或 SB44 置“主断分”位，听主断路器断开声；看状态指示屏“主断分”灯亮，微机显示屏显示主断“分”。

（2）牵引试验。

① “前”位牵引试验。

a）换向手柄置“前”位：听充电、工作接触器动作声，看微机显示屏方向指示是否与手柄位置一致。

b）缓慢将调速手柄由“0”推向“牵引”区最大位：看状态指示屏“零”位灯灭，微机显示屏级位显示从 0.0 升至 13.0，各轴扭矩输出显示由 0 升至约 95 kN。

c）缓慢将调速手柄退至“0”位：看微机显示屏级位和牵引力显示逐步回“0”、状态指示屏“零”位灯亮。

d）换向手柄置“0”位：听工作接触器断开声。

② “后”位牵引试验，试验内容同“前”位牵引试验。

（3）电制动试验。

① 换向手柄置于“前”位，将调速手柄拉向“制动区”并逐渐推至最大位：看状态指示屏“零”位灯灭、“电制动”灯亮；听制动系统短暂排风声（机车制动缸有风时）；看微机显示屏手柄级位发生 11.9～1 级变化。

② 调速手柄退回“0”位：看状态指示屏“电制动”灯灭、“零”位灯亮。

③ 缓解机车制动，大闸置“初制动”位，将调速手柄置“制动区”：看状态指示屏“零”位灯灭、“电制动”灯亮；观察机车制动缸缓解。

④ 调速、换向手柄回“0”位。

试验完毕，主变流器试验开关 SA75 恢复至“0”位。

12. 撒砂试验

分别将换向手柄置“前”“后”位，脚踩撒砂开关 SA83（SA84），确认撒砂装置作用良好。

13. 警惕装置试验

在微机显示屏牵引/制动画面单击“检修状态”→输入密码“000”→单击“确认”“状态”“信号信息”→进入信号信息画面→单击“DI2”→进入 DI2 画面第一页，手按警惕按钮或脚踩警惕开关，521 线底色变绿；松开后，底色恢复黑色。

提示内容为：确认主断路器分断→确认受电弓降下→将试验开关 SA75 置“试验”位→将反相器置“前”→将主司机控制器置牵引“1”位→试验正在进行→将主司机控制器置“0”位→试验结束。

课后讨论与复习题

1. 叙述 HXD_3 型电力机车低压试验程序。
2. HXD_3 型电力机车低压试验前应做哪些准备工作？

任务 11.2　HXD_3 型电力机车高压试验的组织与实施

任务说明

通过 HXD_3 型电力机车的高压试验的学习，能熟练操作 HXD_3 型电力机车或模拟驾驶装置，进行高压试验，并能判断每步试验结果的正确与错误；能说出 HXD_3 型电力机车主变流柜的设备布置、柜内电器的安装位置、各高压电器及其联锁接点的设置结构和具体作用；会根据故障现象和显示信息，采取简捷、正确的方法检查出电气线路或电器故障并进行处理。

任务目标

- 掌握 HXD_3 型电力机车的高压试验程序。
- 熟悉 HXD_3 型电力机车主变流柜设备布置，掌握相关电器的布置位置。
- 掌握 HXD_3 型电力机车常见电气故障的现象和显示信息。
- 掌握 HXD_3 型电力机车常见电气故障分析、判断和处理办法。

内容讲解

设备、工具：十字头、扁头螺丝刀、手电筒、试灯、万用表、500 V 兆欧表、短接线、绝缘胶布、绝缘垫片、尖嘴钳、卡丝钳。

资料：HXD_3 型电力机车主变流柜布置图，司机操纵台布置图及显示屏信息内容，HXD_3 型电力机车电气线路图。

11.2.1　准备工作

（1）确认机车各闸刀、试验开关、故障转换开关、风路塞门、车顶门、各屏柜门均在正常位。

（2）确认总风风压不低于 700 kPa，机车制动缸风压不低于 300 kPa。

（3）检查控制电路电压不低于 96 V。

（4）通过微机显示屏将主变流器 CI1～CI6 全部切除。

（5）将非操纵端自动制动手柄锁定在“重联”位，单独制动手柄置“全制”位，锁闭非操纵端司机室门窗。

（6）确认操纵端司机控制器手柄在“0”位、机车电钥匙在“0”位。

（7）确认机车停留在有电区且接地线已撤除、隔离开关已闭合，机车两端地面防护牌、信号旗（信号灯）已撤除，机车周围无闲杂人员且均处于安全区域，高压试验人员均在司机室。

11.2.2　试验顺序及要求

1. 机车电钥匙置“合”位

（1）确认制动显示屏起动正常，检查制动显示屏各数据、参数设置正确。

（2）将大闸置“抑制”位 1 s 后回“运转”位，小闸置“全制”位，确认制动显示屏“动力切除”消除，制动显示屏均衡风缸、列车管风压显示 600（500）kPa、机车制动缸风压显示 300 kPa。

2. 升/降弓试验

（1）后弓试验。

① 将受电弓扳键开关 SB41（SB42）置“后受电弓”位：

a）听升弓电磁阀得电充风声；

b）观察受电弓上升正常，无冲网现象，升弓时间不得大于 5.4 s（从弓头动作时起）；

c）确认网压表及微机显示屏网压显示正常、状态指示屏“欠压”灯灭。

② 将受电弓扳键开关 SB41（SB42）置“0”位：

a）观察受电弓下降正常，无砸车顶现象，降弓时间不得大于 4 s（从弓头动作时起）；

b）确认网压表及微机显示屏显示网压低于 5 kV、状态指示屏“欠压”灯亮。

（2）前弓试验。试验内容同后弓试验。

（3）升起后弓。

3. 主断路器试验

（1）将主断路器扳键开关 SB43（SB44）置“主断合“位。

① 主断路器闭合声及辅变流器 2（APU2）起动后，听水泵、辅变流器风机、油泵投入工作声；

② 看机车状态指示屏“主断分”“辅变流器”“水泵”灯灭；

③ 进入微机显示屏“风机状态”画面，确认变压器油泵 MA21、MA22 及水泵 MA27、MA28 投入工作；

④ 进入微机显示屏“辅助电源”画面，辅变流器 2（APU2）输出频率为 50±1 Hz;

⑤ 观察控制电路电压表及微机显示屏，控制电路电压显示 110 V;

⑥ 进入机械室确认冷却系统水流量计显示流量正常（黑色指针在 200 左右）。

4. 压缩机试验

（1）总风风压低于 750 kPa（0001～0640 号机车）或 680 kPa（0641 号机车之后）时，将压缩机扳键开关 SB45（SB46）置“压缩机”位。

① 听空气压缩机 1、2 间隔 3 s 依次起动;

② 进入微机显示屏“控制状态”画面，看压缩机 CMP1、CMP2 正常投入工作;

③ 当总风风压升至 900 kPa 时，压缩机 1、2 同时停止工作。

（2）当总风缸风压为 750～825 kPa（0001～0640 号机车）或当总风缸风压为 680～750 kPa 时（0641 号机车之后），将压缩机扳键开关 SB45（SB46）置“压缩机”位。此时，仅操纵端压缩机投入工作，当总风风压达到 900 kPa 时自动停止工作。

（3）将压缩机扳键开关 SB45（SB46）置“强泵风”位不松手。

① 看操纵端压缩机投入工作，总风风压升至 950 kPa 时听高压安全阀喷气声;

② 松开压缩机扳键开关 SB45（SB46），操纵端压缩机停止工作。

5. 换向手柄“前”位试验

（1）换向手柄置“前”位。

① 听辅变流器 1（APU1）起动后，牵引及复合冷却风机起动。

② 进入微机显示屏“风机状态”画面，确认牵引通风机 MA11～MA16 起动正常。

③ 进入微机显示屏“辅助电源”画面，看辅变流器 1（APU1）输出频率升至 33 Hz。

（2）换向手柄回“0”位，待 1 min 之后，听各牵引、复合冷却风机停止工作。

6. 电制动试验

（1）换向手柄置“前”位、调速手柄离开“0”位至“制”区最大。

① 看机车状态指示屏“零”位灯灭;

② 进入微机显示屏“辅助电源”画面，看辅变流器 1（APU1）输出频率升至 50±1 Hz;

③ 看微机显示屏显示级位发生 11.9～1 级间变化。

（2）调速手柄回“0”位，看机车状态指示屏“零”位灯亮。

7. 牵引试验

（1）弹停转换开关置“缓解”位，机车状态指示屏“停车制动”红灯灭。

（2）通过微机显示屏触摸开关恢复主变流器 CI1～CI3，看状态指示屏“预备”灯亮。

（3）将调速手柄置牵引“*”位:

① 看机车状态指示屏“零”位“预备”灯灭；

② 微机显示屏显示“1.0”级、牵引电动机 M1～M3 输出扭矩显示 13 kN 左右。

（4）调速手柄退回“0”位。

① 机车状态指示屏“零”位“预备”灯亮；

② 看微机显示屏牵引电动机 M1～M3 输出扭矩变为 0、手柄级位显示“0”级。

（5）通过微机显示屏触摸开关切除主变流器 CI1～CI3、恢复主变流器 CI4～CI6，将调速手柄置牵引“*”位：

① 看机车状态指示屏“零”位“预备”灯灭；

② 微机显示屏显示“1.0”级、牵引电动机 M4～M6 输出扭矩显示 13 kN 左右。

（6）调速手柄退回“0”位：

① 机车状态指示屏“零”位“预备”灯亮；

② 看微机显示屏牵引电动机 M4～M6 输出力矩变为 0、手柄级位显示“0”级。

（7）换向手柄置“0”位，通过微机显示屏触摸开关切除主变流器 CI4～CI6。

8. 辅变流器故障切换试验

（1）断开主断路器，通过 TCMS 屏“开放状态”栏手动切除 APU1，APU1 栏变红。重新闭合主断，听 APU2 起动声，各风机起动运行，通过 TCMS 屏“机器状态”栏“风机状态”界面，确认 WP1、WP2 水泵、MA21、MA22 油泵工作正常，MA11～MA16 牵引通风机、MA17、MA18 复合冷却风机起动正常。

（2）通过 TCMS 屏“机器状态”栏“辅助电源”界面看 APU2 输出电源频率为 50 Hz，看 PSU1（PSU2）装置投入工作，观察控制电压表及 TCMS 屏显示控制电压 110 V。

（3）断开主断路器，恢复 APU1，切除 APU2 试验（试验内容及步骤同上）。

9. PSU 装置转换试验

（1）断电降弓拉回电钥匙开关，通过 TCMS 屏确认试验时正常工作的 PSU 单元，并通过 TCMS 屏检修模式修改系统日期，修改完毕后脱开蓄电池开关，30 s 后恢复蓄电池开关。

（2）重新升弓闭合主断，确认控制电压表及 TCMS 显示屏显示控制电压 110 V，通过 TCMS 屏“辅助电源”界面，确认另一组 PSU 投入工作。

（3）断开主断路器，采用手动转换 PSU 单元，将 PSU 装置柜侧面转换开关转至另一组 PSU 单元，重新闭合主断，确认控制电压表及 TCMS 显示屏显示控制电压 110 V，通过 TCMS 屏“辅助电源”界面，确认另一组 PSU 投入工作。

课后讨论与复习题

1. 叙述 HXD_3 型电力机车高压试验程序。
2. HXD_3 型电力机车高压试验前应做哪些准备工作？

任务 11.3　HXD_3 型电力机车应急故障处理

任务说明

本任务主要学习 HXD_3 型电力机车常见应急故障的处理，通过学习学生会根据故障现象和显示信息，采取简捷、正确的方法检查出电气线路或电器故障并进行处理。

任务目标

- 掌握 HXD_3 型电力机车常见电气故障的现象和显示信息。
- 掌握 HXD_3 型电力机车常见电气故障分析、判断和处理办法。

内容讲解

11.3.1 受电弓故障

（1）检查升弓气路风压是否高于 600 kPa。如低于此值应手动按压气阀柜上的辅压机按钮 SB95，使用辅助压缩机泵风，当风压达到 735 kPa 时，停止手动打风。

（2）换弓升弓试验。

（3）检查气阀柜上 U43.13 黑色塞门打至顺开位。

（4）检查升弓塞门 U98（升弓阀板下方），应置于顺开位。

（5）检查控制电器柜上的各种电器开关位置，应置于正常位置。如有跳开现象，检查确认后，重新闭合开关。

（6）若故障在乘务员接乘时出现，检查管路柜内蓝色钥匙 U99，应处于竖直位，即开放状态。

（7）若机车运行中自动降弓，停车确认受电弓损坏程度，记录刮弓的地点。通过低压电器柜上的受电弓隔离开关 SA96，控制隔离开关 QS1 或 QS2，隔离损坏的受电弓。可以换弓继续运行。

注意：若刮弓导致受电弓破损严重，需要登车顶作业，请求停电，参照执行机安函〔2006〕135 号文件内容，做好必要的安全防护。

11.3.2 主断合不上

（1）检查气压不低于 650 kPa（保证风压继电器 KP58 闭合），若风压低使用辅压机泵风。

（2）检查气阀柜上 U43.14 模块红色塞门打至顺开位。

（3）检查司控器主手柄处于“0”位。

（4）检查两端司机室操纵台上的紧急制动按钮在弹起位。

（5）半自动过分相按钮在正常弹起位。

（6）过分相后合不上主断，关闭三项设备柜内全自动过分相装置，使用手动过分相。

11.3.3 提牵引主手柄，无牵引力

（1）确认各风机起动完毕（换向后，风机起动）。

（2）确认停车制动在缓解位，制动缸压力小于 150 kPa 时操纵台停车制动红色指示灯应熄灭。

（3）确认制动系统 CCB-Ⅱ显示屏不显示动力切除状态。

（4）监控未发出卸载信号。

（5）通过 TCMS 查看机车部件的状态，发现异常，到低压电器柜检查对应的自动开关是否处于闭合位。

11.3.4　主变流器故障

跳主断，故障显示灯亮，微机显示主接地、牵引电动机过流、主变压器牵引绕组过流、中间回路过电压、网压异常等信息。处理方法如下。

（1）将司控器手柄回“0”位，按操纵台“复位”按钮，再合主断提手柄试验。同时注意 TCMS 提示的内容，包括故障信息和电动机牵引力情况。

（2）如合不上主断，或提手柄后就跳主断，应根据提示隔离相应的主变流器（CI），然后再合主断试验牵引。隔离操作需要在 TCMS 屏上手触进行。隔离切除后，机车损失部分动力。

11.3.5　辅助变流器故障

跳主断，故障显示灯亮。微机显示辅助变流器输入过流、辅助回路过载、中间回路过电压、辅助回路接地等故障信息。处理方法如下。

（1）辅助变流器有两组，当一组出现故障，微机会自动转换。查看微机显示屏“开关状态”，KM20 应闭合。

（2）若微机转换异常，在 TCMS 上手触“开放”故障的一组辅助变流器，通过 TCMS 人为转换；也可以断合低压电器柜上的辅助变流器自动开关 QA47 进行复位转换。

（3）若还不能正常转换，需要停车降弓，断开蓄电池总电源 30 s 以上进行复位。

（4）若辅助变流器自动切换到另外一组后，仍然跳主断，并显示辅接地等故障信息，则多数为各风机、压缩机、油泵、水泵、空调电动机等辅助电动机故障可以根据故障提示，把对应的低压控制柜故障电动机脱扣断开，维持机车运行。

注意：当切除一组辅助变流器后，牵引通风机将全速运转，只有一台空压机投入工作。

11.3.6　油泵故障

机车降功率 1/2，微机显示信息，故障显示灯亮。处理方法如下。

（1）如仍有故障，TCMS 检测到信号后会自动将相应的三组牵引变流器（CI）隔离，即切除一个转向架的动力，维持运行。

（2）当两个油泵有一个故障时，先断合几次故障油泵的空气自动开关（QA21、QA22），如能恢复则继续运行。

11.3.7　牵引通风机故障

机车降功 1/2，故障显示灯亮，微机显示风机故障或风速故障。处理方法如下。

（1）若故障无法恢复，TCMS 会自动将相对应的三组牵引变流器（CI）切除，也可在微机屏手触切除，即切除该牵引通风机对应的同一架的 3 个牵引变流器（CI），机车保持 1/2 的牵引力，可维持运行。

（2）当一组风机故障时，可断合几次低压电器柜上相应的空气自动开关。

11.3.8　冷却塔风机故障处理

故障显示灯亮，微机显示冷却塔风机或风速故障。处理方法如下。

（1）若确实出故障，只在 TCMS 上报故障，机车仍能继续牵引。

（2）当一组冷却塔风机故障时，可断合几次相应的空气自动开关（QA17、QA18）。

注意：虽然能正常工作，但变压器油温会逐渐升高，最终会因为油温高而停止动力输出。

可根据牵引吨位、行走路程，判断是否在前方站停车，也可以征求技术人员意见作出判断。

11.3.9 主变油温高故障

跳主断，继电器 KP52 动作，微机显示信息。处理方法如下。

（1）在停车状态下，断合蓄电池复位。若故障消除继续运行。若无效则请求救援。

（2）在停车状态下，用手触摸油箱检查油温，观察机车右侧油温表是否异常，不能高于 90 ℃。若油温高，继电器动作，不允许机车运行，否则影响变压器绝缘、氮气保有量等，需请求救援。

11.3.10 空转故障

空转故障显示灯亮，微机显示电动机空转。处理方法如下。

（1）按“复位”按钮，人工撒砂。

（2）若某个电动机持续空转，通过微机屏切除相应的牵引变流器（CI）。机车损失 1/6 动力。

11.3.11 微机显示 110 V 充电电源 PSU 故障

（1）PSU 有两组，正常是两组均工作。当有一组出现出故障时，微机自动转换。

（2）若不能转换，断主断。可以到电源柜手动把转换开关置于 PSU1 或 PSU2 挡位（如微机显示 PSU1 故障，则转换至 PSU2 档位；如微机显示 PSU2 故障，则转换至 PSU1 档位）。

11.3.12 控制回路接地

操纵台控制回路接地故障显示灯亮，控制回路接地开关 QA59 跳开。处理方法如下。

检查低压电器柜上的各开关，是否有其他开关跳开，若有跳开，尝试重新闭合；若没有发现其他开关跳开，可维持运行，并加强巡检。

11.3.13 原边过流故障

主断跳开，故障显示灯亮，微机显示信息。处理方法如下。

手柄回零，按“复位”按钮，重新闭合主断试验牵引。若无效，则请求救援。

11.3.14 微机系统故障处理

（1）微机屏显示 TCMS1 或 TCMS2 故障，但并不影响机车其他各种功能，维持机车运行。待前方站停车时，如检查发现微机 1 或微机 2 脱扣跳开，重新闭合脱扣。

注意：*在停车之前不能重新闭合脱扣，机车运行中如果合上跳开脱扣，会引起机车紧急制动动作。*

（2）如微机屏显示 TCMS1 或 TCMS2 故障，且机车无动力，则需要停车，断开蓄电池 30 s，让微机控制系统重新起动。

13.1.15 各种电气故障不能复位、不能解决的处理

本机车多数故障微机系统能自动进行转换处理，并提示相关的信息。

若微机系统没有处理或转换异常，而现存故障又严重影响机车牵引时。需要停车降弓，断开蓄电池电源（QA61）30 s 以上，让微机系统重启复位。

注意：机车在断开蓄电池总电源后，列车管压力将以常用制动减压方式减到 0。

11.3.16　产生惩罚制动

（1）此故障发生后，制动屏显示惩罚制动，微机屏显示识别错误，列车管以紧急或常用制动速度排风。此时应将制动机手柄置抑制位，“惩罚制动”消失后缓解开车。在此期间注意制动屏或微机屏给出的提示信息进行必要操作。

（2）“惩罚制动”仍不能消失时，断主断，降受电弓，断开蓄电池开关，30 s 以上再复位，“惩罚制动”消失后缓解开车。

11.3.17　干燥器排风不止

该车装有两套独立的干燥器，当发现空压机打风不止，机车下部排污管排风不止时，可将故障干燥器端的空压机切除（脱扣开关“空压机Ⅰ”对应靠近Ⅰ端司机室空压机，“空压机Ⅱ”对应靠近Ⅱ端司机室空压机），单风泵维持运行。

11.3.18　列车供电不供电，列供接地

（1）查看 TCMS 屏 LG1、LG2 哪路不供电，断供电钥匙，将该路列车供电控制箱内转换开关打置 A 或者 B 组重新加载试验（在“0”位供电不起作用）。

（2）若某路供电接地，断供电钥匙，将该路列车供电控制箱内两位置接地开关打至“接地”位。

（3）若某路供电异常，无法加载 DC600 V。断供电钥匙，将该路列车供电控制箱内两位置开关打置集控“隔离”位。

注意：两侧供电控制箱内均有 1 个三相空气开关，闭合供电钥匙前，要确认空气开关是否在闭合位，防止长时间加载，整流元件无通风机散热烧坏整流元件。

课后讨论与复习题

1. HXD_3 型电力机车受电弓升不起如何处理？
2. HXD_3 型电力机车主断路器合不上如何处理？
2. HXD_3 型电力机车提手柄无牵引力如何处理？
4. HXD_3 型电力机车主变流器接地如何处理？
5. HXD_3 型电力机车牵引电动机接地如何处理？
6. HXD_3 型电力机车冷却塔风机故障如何处理？

参 考 文 献

[1] 张有松．韶山$_4$型电力机车．北京：中国铁道出版社，2001．
[2] 杨兆昆．韶山$_4$改型电力机车乘务员．北京：中国铁道出版社，2005．
[3] 苏桃．电力机车电气设备与控制．北京：北京交通大学出版社，2014．
[4] 华平．电力机车控制．北京：中国铁道出版社，2012．
[5] 付娟．交流调速技术．北京：电子工业出版社，2000．
[6] 李作奇．电力机车控制．北京：北京交通大学出版社，2021．
[7] 李作奇．电力机车牵引与控制．成都：西南交通大学出版社，2022．
[8] 付娟．电力机车控制．成都：西南交通大学出版社，2022．
[9] 张铁竹．交流传动机车牵引与控制．成都：西南交通大学出版社，2014．